Seam Framework
Web 开发宝典
（第 2 版）

（美）
Michael Juntao Yuan
Jacob Orshalick　　著
Thomas Heute

杨明军　顾　剑　　译

清华大学出版社

北　京

北京市版权局著作权合同登记号　图字：01-2009-5137

本书封面贴有 Pearson Education(培生教育出版集团)防伪标签，无标签者不得销售。
版权所有，侵权必究。侵权举报电话：010-62782989　13701121933

图书在版编目(CIP)数据

Seam Framework Web 开发宝典(第 2 版)/(美) 袁俊涛(Yuan，M.J.)，(美) 欧夏利克(Orshalick，J.) 等著；杨明军 顾剑 译.—北京：清华大学出版社，2010.6

书名原文：Seam Framework：Experience the Evolution of Java EE，Second Edition

ISBN 978-7-302-22525-6

I. S… II. ①袁… ②欧… ③杨… ④顾… III. JAVA 语言—程序设计 IV. TP312

中国版本图书馆 CIP 数据核字(2010)第 068273 号

责任编辑：王　军　张立浩
装帧设计：孔祥丰
责任校对：胡雁翎
责任印制：李红英

出版发行：清华大学出版社　　　　　　　　地　　　址：北京清华大学学研大厦 A 座
　　　　　http://www.tup.com.cn　　　　　邮　　　编：100084
　　　　社　总　机：010-62770175　　　　邮　　　购：010-62786544
　　　　投稿与读者服务：010-62776969，c-service@tup.tsinghua.edu.cn
　　　　质　量　反　馈：010-62772015，zhiliang@tup.tsinghua.edu.cn
印　刷　者：北京鑫丰华彩印有限公司
装　订　者：三河市兴旺装订有限公司
经　　　销：全国新华书店
开　　　本：185×260　印　张：25.75　字　数：627 千字
版　　　次：2010 年 6 月第 1 版　　印　　次：2010 年 6 月第 1 次印刷
印　　　数：1～3000
定　　　价：58.00 元

产品编号：033097-01

译 者 序

　　JBoss Seam 是一个功能强大的 Web 应用程序框架，Seam 的英文含义是"缝合"，顾名思义，它是极具粘合力的技术缝合剂，能够将 JSF、EJB3、Ajax 以及 jBPM 等诸多技术缝合在一起。Seam 的剑锋直指下一代的 Web 2.0 应用程序，而它所统一和集成的这些技术正是 Web 2.0 所必需的。Seam 提供了多种不同粒度的上下文状态，其作用域涵盖从对话级别到业务流程级别，将程序员从 HTTP Session 状态管理方法的局限性中解脱出来。JBoss Seam 属于一款集成框架，它为开发人员提供了大量开箱即用的组件，这样就为程序员免除了编写大量样板代码的烦恼。统一的编程模型、简单明晰的状态管理以及大量的现成组件，这些工具使得开发 Web 应用程序成为一件舒心的事情。

　　由 Seam 团队开发成员编写的本书深入阐述了 Seam 的核心概念、运行原理，并使用大量的示例加以诠释。无论是刚从事 Java Web 应用程序开发的新手，还是希望了解 Java EE 最新进展的老手，本书都非常适合。

　　本书主要由**杨明军、顾剑**翻译。**Be Flying 工作室**负责人肖国尊负责本书译员的选定、翻译质量和进度的控制与管理。敬请广大读者提供反馈意见，读者可以将意见发到 be-flying@sohu.com，我们会仔细查阅读者发来的每一封邮件，以求进一步提高今后译著的质量。

译　　者

本书简介

仅仅在初次发行的6个月之后，JBoss Seam 就已经成为企业 Java 领域中最热门的框架，每个月都有超过一万次的下载。Seam 将标准 Java EE 技术与几个非标准但有趣的技术整合成一个一致的、统一的编程模型。这些技术包括 JSF、EJB3、JPA、Hibernate、Facelets、jBPM、JBoss Rules(Drools)、iText 以及更多其他技术。Seam 能够在几乎所有领先的 Java 应用服务器上运行，包括但不仅限于 JBoss 应用服务器和 Tomcat。

本书是由来自 Seam 团队的开发人员撰写的第一本综合性指南。我们将带来有关 Seam 的最新信息，讲解它的设计背后的基本原理，并讨论 Seam 中的各种可选方法。根据我们的实践经验，本书还给出了有关如何使用 Seam 的提示和最佳实践。

当然，考虑到 Seam 正在快速改进的特点，本书将不停地奋力直追几乎每个月都发表的 Seam 新发行版本。本书内容涵盖 Seam 发行版本 2.1.0。在可预见的未来，Seam 的后续发行版本至少应该兼容 2.1.0。为了满足希望始终站在最前沿的读者，我们在 www.michaelyuan.com/blog 和 www.solutionsfit.com/blog 上维护本书的博客，为您带来有关 Seam 的最新更新。请访问本书的博客！

本书使用了一系列示例应用程序来演示如何编写 Seam 应用程序。要下载这些示例应用程序的源代码，请访问网站 http://solutionsfit.com/seam 和 http://www.tupwk.com.cn/downpage。

目　　录

第 I 部分

Seam 入门

在这一部分中将简要地介绍 JBoss Seam 系统以及它的关键特性和优点，并通过一个简单的 Hello World 示例程序诠释了 Seam 如何将数据库、Web UI 和事务性业务逻辑联接起来，以形成完整的应用程序。由于 Seam 和 Facelets 给 JSF 带来的增强，使得 JSF 成为最好的 Web 应用程序框架之一，而且非常适合 Seam 应用程序。对于不希望将时间浪费在设置常见的 Seam/Java EE 配置文件上的读者，这一部分中介绍了一款名为 seam-gen 的工具，它可以自动生成支持 Eclipse 和 NetBeans 集成开发环境(IDE)的项目文件。这是开始学习 Seam 应用程序开发的最好途径。

第 1 章　Seam 的定义

第 2 章　Seam Hello World

第 3 章　推荐使用的 JSF 增强功能

第 4 章　无需 EJB3 的 Seam

第 5 章　快速应用程序开发工具

第 1 章

Seam 的定义

根据美国韦氏词典的解释(http://www.merriam-webster.com/dictionary/seam)，单词 Seam 的意思是"通过缝合的方式，通常在靠近边缘的地方，将两个事物缝合起来"。在企业级软件开发领域使用这个单词时，Seam Framework 就是可以将多个软件组件连接起来的、最为成功的集成框架之一。

在企业级应用程序开发中，集成是最困难的工作之一。一个典型的多层应用程序由许多组件组成，例如事务服务组件、安全组件、保持数据一致性的组件、异步消息发送组件以及 UI 呈现组件等。这些组件是在不同的框架中基于不同的库开发的，并且通常都具有不同的编程模型和可扩展性特征。所以，要想使这些组件能够相互协调工作，就需要有一个集成框架。

Seam Framework 建立在 Java EE 5.0 之上，为企业级 Web 应用程序中的所有组件提供了一种一致的、易于理解的编程模型，并且使程序员从编写大部分样板代码和 XML 配置文件的痛苦中解脱出来。随着集成问题的解决，Seam 使 Web 开发人员可以方便地利用许多有用的工具，而在此之前，这些工具非常难以集成到 Web 应用程序中。例如，通过使用 Seam，现在要编写一个由业务流程和规则驱动的 Web 应用程序，或者直接通过数据库约束来验证的 AJAX 数据输入表单，或者从 Web 应用程序触发某个重复出现的脱机事件，这些都已经不再是难事。

在本书中将通过几个 Web 应用程序示例来展示 Seam 如何使开发工作变得更为简单。但是在进入具体的代码示例之前，首先要搞清楚 Seam 究竟做了什么，并对 Seam 的关键设计原则进行介绍。这样会帮助读者更好地理解在本书给出的应用程序中 Seam 的工作原理。

安装需求：Java 5

Seam 本身是一个基于 Java EE 5 的框架，因此需要 Java 5(或者更高版本)的支持才能正常工作。如果使用的是 Java 6 和 JBoss 应用服务器(AS)，那么必须确保所使用的 JBoss 应用服务器已经针对 Java 6 进行了重新编译。

1.1 集成和增强 Java EE 框架

Java EE 5.0 中的核心框架就是 EJB(企业级 JavaBeans)3.0 和 JSF(JavaServer Faces)1.2。EJB 3.0(后面简称为 EJB3)可以将 POJO(Plain Old Java Object，简单旧式 Java 对象)转换为业务服务对象和数据库持久化对象。JSF 是一种适合于 Web 应用程序的 MVC(Model-View-Controller，模型-视图-控制器)组件框架。大部分 Java EE 5.0 Web 应用程序既有处理业务逻辑的 EJB3 模块，又有负责 Web 前端视图的 JSF 模块。然而，尽管 EJB3 和 JSF 可以做到互补，但它们毕竟还是作为独立的框架来设计，各自都有自己的设计哲学。例如，EJB3 使用注解来配置服务，而 JSF 使用 XML 文件来保存配置信息。此外，EJB3 和 JSF 组件在框架层不能相互感知。因此，为了使 EJB3 和 JSF 组件能够相互协调工作，需要设置一个类似门面(facade)的对象(也就是 JSF 支持 bean)，以便将业务处理逻辑组件联接到网页和样板代码(或称为管道代码)上，这样才能进行跨框架的方法调用。Seam 的部分职责就是将这些技术结合在一起。

Seam 舍弃了 EJB3 和 JSF 之间的伪装层，它提供了一种一致的、基于注解的方法将 EJB3 和 JSF 集成起来。只要使用一些简单的注解，Seam 中的 EJB3 业务逻辑组件就可以直接用来支持 JSF Web 表单和处理 Web UI 事件。Seam 使得开发人员可以使用带注解的 POJO 对象来实现所有应用程序组件。与采用其他 Web 框架开发的应用程序相比较，在实现同一个功能时，采用 Seam 开发出来的应用程序从概念上来讲更为简单，并且所需要编写的代码要少得多(无论是 Java 代码还是 XML 文件)。第 2 章的 Hello World 示例充分展示了一个 Seam 应用程序是多么的简单。

Seam 也使得在 JSF 中曾经难以完成的任务变得更为简单。例如，JSF 的一个较大缺陷就是过于依赖 HTTP POST 方法。在 JSF 中，用户很难把 JSF Web 页面收藏到书签中，然后通过 HTTP GET 方法打开该页面。但是在 Seam 中，生成一个可收藏的 Web 页面(称为 RESTful 页面，详见第 15 章)是非常简单的事情。Seam 提供了许多 JSF 组件标记和注解，以提高 JSF 应用程序的"Web 友好性"和 Web 页面的执行效率。在第 3 章中介绍了 Seam 对 JSF 的许多增强之处以及专门为 JSF 设计的 Facelets 视图框架。然后，在本书第Ⅲ部分中还将讨论一些特殊的主题，例如端到端的验证(第 12 章)和自定义异常处理页面(第 17 章)。第 24 章则会就如何利用 jBPM 业务流程来改善 JSF 页面流进行探讨。

同时，Seam 将 EJB3 的组件模型扩展到 POJO 对象(详见第 4 章)，并且从 Web 层到业务逻辑组件都携带有状态上下文(详见第 6 章)。此外，Seam 还集成了大量领先的开源框架，例如 jBPM、JBoss Rules(也称为 Drools)、iText 和 Spring。Seam 不仅仅是将它们简单地连接在一起，而且极大地增强了这些框架，就像把 JSF 和 EJB3 组合起来的同时又极大地增强了 JSF 和 EJB3 一样。

尽管 Seam 根植于 Java EE 5.0，但是通过 Seam 开发出来的应用程序却不仅限于 Java EE 5.0 服务器。实际上，本书还会展示如何把 Seam 应用程序部署到 J2EE 1.4 应用服务器以及简易 Tomcat 服务器上(详见第 4 章)。这就意味着 Seam 应用程序也可以获得生产支持。

1+1>2

有一种错误的看法认为，Seam 只是把不同的组件联接起来的集成框架。Seam 提供了由自己管理的有状态上下文，这使得 Seam Framework 能够通过注解、EL(Expression Language，表达式语言)表达式等方式，将不同的组件进行深度集成。集成程度取决于 Seam 开发人员个人对于这些第三方框架的了解深浅。下面的 1.2 节将举例说明这一点。

1.2　能够理解 ORM 的 Web 框架

ORM(Object Relational Mapping，对象关系映射)解决方案现在已经广泛用于企业级应用程序。然而，现在大多数的业务和 Web 框架并没有针对 ORM 进行特别的设计。因此，这些框架并不能对横跨整个 Web 交互周期(从用户请求到来的时刻开始，直至该请求的响应完全被解析并返回给用户为止)的持久化上下文进行管理。这样就导致了各种各样的 ORM 错误，包括令人恐惧的 LazyInitializationException 异常，并且需要使用一些危险的"技巧"，例如 DTO(Data Transfer Object，数据传输对象)。

Seam 由 Gavin King 创建，他同时也是当今最流行的 ORM 解决方案 Hibernate 的发明者。Seam 从一开始就是为促进 ORM 最佳实践而设计的。在 Seam Framework 中，不再需要编写 DTO，惰性加载也能正常地工作，而且因为扩展的持久化上下文充当一种自然缓存的角色，从而减少了往返数据库的次数，所以 ORM 的性能也得到了极大的提高。更多相关内容可以参阅第 6 章。

此外，既然 Seam 已经将 ORM 层和业务逻辑层以及表示层都集成到一起，那么就可以直接把 ORM 对象显示出来(详见第 13 章)，并且可以在输入表单上添加数据库验证器注解(详见第 12 章)，还可以将 ORM 异常重定向到自定义错误页面(详见第 17 章)。

1.3　支持有状态的 Web 应用程序

Seam 针对有状态 Web 应用程序而设计。Web 应用程序从本质上来讲是多用户应用程序，而电子商务应用程序天生就是有状态的，并且具有事务性。然而，大多数已有的 Web 应用程序框架都只考虑到了无状态的应用程序。开发人员为了管理用户状态而不得不反复地操作 HTTP 会话对象。这样不仅会导致大量与核心业务逻辑毫无关系的散乱代码，而且会带来许多性能问题。

在 Seam 中，所有基本的应用程序组件天生都是有状态的。这些有状态组件比 HTTP 会话对象更加易于使用，这是因为 Seam 会管理它们的状态。因此，在 Seam 应用程序中不需要再编写让人分散精力的状态管理代码，而只需要对这些有状态组件的作用域、生命周期方法以及其他的状态属性进行注解即可，剩下的工作都可以交给 Seam 完成。与 HTTP 会话对象相比，Seam 的有状态组件也对用户状态提供了更为精细的控制。例如，某个用户在一次 HTTP 会话中可以有多个对话，每个对话都由一系列的 Web 请求和业务方法调用组成。有关 Seam 的有状态组件的更多信息，请参阅第 6 章。

此外，在 Seam 中数据库缓存和事务与应用程序的状态自动地联接在一起。Seam 自动地把数据库更新保存在内存中，并且只在一次对话全部结束之后才将其提交到数据库。对于复杂的有状态应用程序，内存中的缓存极大地减轻了数据库的负载。关于基于对话的数据库事务的更多信息，请参阅第 11 章。

除了上面已经提到的这些内容，通过对开源的 JBoss jBPM 业务流程引擎提供集成的支持，Seam 使 Web 应用程序中的状态管理功能得到大幅度的提升。现在可以指定某个组织中不同人群(消费者、管理人员和技术支持人员等)的工作流，并利用这些工作流来驱动应用程序，而不是依赖于 UI 事件处理程序和数据库来驱动应用程序。有关 Seam 和 jBPM 集成的更多信息，请参阅第 24 章。

声明式上下文组件

Seam 中的每个有状态组件都有一个作用域或上下文。例如，某个购物车组件创建于某次购物对话的开始，并在本次购物对话结束时被销毁，此时购物车中的所有商品应该都已经核实并付款。这样，该购物车组件的作用域就是对话上下文。而应用程序只需要在该组件上通过注解声明该上下文即可，Seam 会自动地管理该组件的创建、状态和移除。

Seam 也提供了不同级别的有状态上下文，其范围从一个简单的 Web 请求，到一个包含多个页面的对话、一个 HTTP 会话、甚至长期运行的业务流程。

1.4 为 Web 2.0 做好准备

Seam 已经对 Web 2.0 应用程序做了完全的优化。Seam 通过多种方式对 AJAX (Asynchronous JavaScript and XML，异步 JavaScript 和 XML，一种在 Web 页面中添加交互性的技术)提供了支持，从方便的无 JavaScript AJAX 组件(参阅第 19 章)，到兼容 AJAX 的现有 JSF 组件(参阅第 20 章)，甚至提供从浏览器直接访问 Seam 服务器组件支持的自定义 JavaScript 库(参阅第 21 章)。Seam 内部提供了一种高级并发模型来高效地管理来自同一用户的多个 AJAX 请求。

AJAX 应用程序所面临的一个巨大挑战就是加重了数据库的负载。与非 AJAX 应用程序相比，AJAX 应用程序会更为频繁地向服务器发出请求。如果所有的 AJAX 请求都要访问数据库，那么数据库将无法处理这种负载。Seam 的有状态持久化上下文充当了一个内存中缓存的角色，它将在某个长期运行的对话中保持数据库的相关信息，以帮助减少往返数据库的次数。

Web 2.0 应用程序的数据往往采用复杂的关系模型(例如，某个社交网站会管理和展示所有成员之间的关系)。对于这些站点而言，ORM 层的惰性加载非常关键；否则，一条查询将有可能级联加载整个数据库。根据前面的讨论，Seam 是迄今为止唯一正确支持惰性加载的 Web 应用程序框架。

1.5 通过双向依赖注入实现 POJO 服务

Seam 是一个轻量级框架,因为它将 POJO 对象作为服务组件来使用。不再需要任何框架接口或者抽象类来将各个组件连接成应用程序。当然,问题在于这些 POJO 对象应该如何相互交互以形成应用程序?又如何与容器服务(例如数据库持久化服务)进行交互?

Seam 通过使用一种流行的设计模式 DI(Dependency Injection,依赖注入)来将各个 POJO 组件连接在一起。在 DI 设计模式中,Seam Framework 管理所有组件的生命周期。当某个组件需要使用其他组件时,它将通过注解向 Seam 声明它依赖于这个组件。Seam 通过应用程序的当前状态来确定应该在何处获得这个依赖组件,并将这个组件"注入"到发出请求的组件。

Seam 扩展了依赖注入概念,Seam 组件 A 可以创建它需要的组件 B,并且可以将它创建的这个组件 B "注出"并返回给 Seam。然后,Seam 又可以继续将这个组件 B 提供给有需求的其他组件(例如组件 C)使用。

这种双向依赖管理在 Seam 中已经广泛应用,即使是最简单的 Seam Web 应用程序(例如第 2 章中提到的 Hello World 示例)。在 Seam 术语中,将这种双向依赖管理称为双向依赖注入(dependency bijection)。

1.6 惯例优先原则

Seam 如此易用与它的关键设计原则分不开:惯例优先原则(convention over configuration),也称为按异常配置(configuration by exception)。其主要理念就是为所有组件都设置一组通用的默认行为(也就是惯例),只有在所期待的组件行为与默认行为不一致时,开发人员才需要明确地对组件进行配置。例如,当 Seam 将组件 A 作为组件 B 的一个属性注入时,组件 A 在 Seam 中的名称就默认地被设置成组件 B 中接收属性的名称。诸如这样的小案例在 Seam 中有很多。从总体上来说,Seam 中的配置元数据要比其他 Java 框架简单得多。这样一来,大多数 Seam 应用程序的配置只需要少量简单的 Java 注解即可完成。开发人员将从降低的复杂性中受益。并且,与其他框架相比,实现同样的功能需要编写的代码也少得多。

1.7 避免滥用 XML

您可能会注意到,Java 注解在 Seam 配置元数据的表达和管理中扮演了一个至关重要的角色。之所以这么设计,其目的就是为了使 Seam Framework 更为易用。

在早期的 J2EE 中,XML 被视为配置管理的圣物。框架设计人员在 XML 文件中放入各种各样的配置信息,甚至包括 Java 类和方法名称,而没有充分考虑到这样做会给开发人员带来什么样的后果。现在回想起来,这是一个严重的错误。XML 配置文件中包含了太多的重复信息:有些信息已经包含在代码文件中,但是为了将代码与相应的配置连接起来,在 XML 配置文件中不得不再次重复。这些重复信息确实容易产生次要的错误,例如因为某个类的名称拼写错误而造成的运行时出错,是很难在运行时追踪到产生问题的根源的。缺乏合理的默认配置信息就会进一步把这个问题扩大化。实际上,在某些框架中,伪装成 XML 文件的样板代码差不多等同于甚至超过应用程序中实际可运行的 Java 代码数量。Java 开发人员将这些 XML 文件称为"XML 地狱"。

企业级 Java 社区认识到了这个问题的严重性,并试图使用 Java 源代码中的注解替代 XML 文件。EJB3 就是 Java 官方组织努力的结果,它提出了在企业级 Java 组件中使用注解。EJB3 使得 XML 文件完全可选,这就朝着正确的方向迈进了一步。Seam 将 EJB3 的注解信息添加进来,并对基于注解的编程模型进行扩展,将其扩展到整个 Web 应用程序。

当然,XML 对于配置数据来说并非完全都是坏事。Seam 的设计人员意识到,XML 最适合于指定 Web 应用程序的页面流,或者定义业务流程工作流。使用 XML 文件可以集中精力管理整个应用程序的工作流,而不会将这些信息散落到各个 Java 源文件中。工作流的信息甚少和源代码相匹配,因此,XML 文件不必要将已经存在于源代码中的信息再次复制到自身中。有关这方面主题的更多内容,请参阅第 24.5 节。

1.8　为方便测试而设计

Seam 是基于方便测试的目的而设计的。所有的 Seam 组件都只是带有注解的 POJO 对象,因此很容易对 Seam 组件进行单元测试:只需要首先利用普通的 Java 关键字 new 创建 POJO 对象的实例,然后再运行测试框架(例如 JUnit 或者 TestNG)中的任意方法即可。如果需要对多个 Seam 组件之间的交互进行测试,那么可以首先将这些组件分别进行实例化,然后再手动建立它们之间的相互关系(即明确调用 setter 方法,而不是依靠 Seam 的"依赖注入"特性)。第 26 章将讲述如何为 Seam 应用程序建立单元测试,以及如何为测试用例模拟数据库服务。

Seam 中的集成测试甚至可能比单元测试更为容易。在 Seam 测试框架中,可以通过编写一些简单的脚本来模拟 Web 用户交互,并对交互的结果进行测试。也可以在测试脚本中使用 JSF EL(Expression Language,表达式语言)来引用 Seam 组件,就像在 JSF Web 页面中所做的一样。类似于单元测试,也可以直接从 Java SE 环境中的命令行直接运行集成测试,不需要专门为了运行这些测试而启动应用服务器。更多细节可以参考第 27 章。

1.9　优秀的工具支持

对于一个关注于开发人员工作效率的应用程序框架来说,工具支持非常关键。随 Seam 一起发布了一个名为 seam-gen 的命令行应用程序生成器(参阅第 5 章)。seam-gen 几乎汇集 Ruby on Rails 提供的所有工具。支持的特性包括从一个数据库生成完整的 CRUD 应用程序,通过支持诸如编辑、保存、重载这样的浏览器操作来实现 Web 应用程序开发的快速周转,以及对测试的支持等。

但更为重要的是,seam-gen 项目并不局限于 Seam Framework,它能够与当今领先的一些 Java 集成开发环境(例如 Eclipse 和 NetBeans)协调工作。有了 seam-gen,就可以立刻开始 Seam 的应用和开发。

1.10　开始编写代码

简而言之，Seam 简化了开发人员开发 Java 企业级应用程序的工作，同时为 Java EE 5.0 添加了许多新的功能强大的特性。从下一章开始，将通过一些真实代码示例来展示 Seam 的工作原理。

书中所有示例应用程序的源代码都可以从网站 http://www.michaelyuan.com/seam 和 http://www.tupwk.com.cn/downpage 上下载。

第 2 章

Seam Hello World

JBoss Seam Framework 的最基本的、应用最广泛的功能就是可以将 EJB3 和 JSF 结合起来。Seam 通过托管组件实现了这两个框架的无缝集成。同时，Seam 将 EJB3 带有注解的 POJO 对象编程模型扩展到了整个 Web 应用程序。在 Seam Framework 中，不再需要强制性的 JNDI 查找，不再需要冗长的 JSF 支持 bean 声明，也不再需要过多的门面业务方法，更不需要再忍受在不同层之间传递对象的痛苦。

继续在 Seam 中使用现有的 Java EE 模式

在传统的 Java EE 应用程序中，JNDI 查找、组件的 XML 声明、值对象、业务门面这样的设计模式都是强制性的。Seam 将这些人为造成的需求替换成带有注解的 POJO 对象。然而，如果确实需要在 Seam 应用程序中使用这些已有的设计模式，它们仍然是可用的。

从概念上来讲，编写 Seam Web 应用程序是一件非常简单的事情。只需要编写下列组件的代码即可：

- 代表数据模型的实体对象。这些实体对象既可以是 JPA(Java Persistence API，Java 持久化应用编程接口，也称为 EJB3 持久化)中的实体 bean，也可以是 Hibernate POJO 对象。实体对象自动映射到关系数据库的表。
- 负责显示用户界面的 JSF Web 页面。这些页面通过表单捕获用户输入并显示数据。页面上的数据字段通过 JSF EL(Expression Language，表达式语言)映射到后端的数据模型。
- 充当 JSF Web 页面 UI 事件处理程序的 EJB3 会话 bean 或带有注解的 Seam POJO 对象，它们负责根据用户输入的数据来更新数据模型。

Seam 负责管理所有这些组件，并在运行时自动将组件注入到正确的页面或对象。例如，当用户单击页面上的某个按钮以提交一个 JSF 表单时，Seam 会自动地对表单的各个字段进行解析，并构造出一个实体 bean。然后，Seam 将这个实体 bean 传递到事件处理程序会话 bean 进行处理，该会话 bean 也是由 Seam 创建的。开发人员不再需要在代码中手动管理组件的生命周期，不再需要管理组件之间的关系，也不再需要样板代码和 XML 文件来管理依赖。

本章将通过构建一个 Hello World 示例来展示 Seam 如何组装 Web 应用程序的。示例应用程序的工作方式如下：用户可以在一个 Web 表单中输入自己的姓名，向 Seam "问好"。提交这个表单后，应用程序将用户的姓名保存到关系数据库，并将所有 "问过好" 的用户姓名显示在给 Seam。该示例项目保存在下载的本书源代码的 helloworld 文件夹中。

如果想成功构建该应用程序，需要安装 1.6 版本以上 Apache Ant(http://ant.apache.org)。首先，编辑 build.properties 文件，以指明 Seam 和 JBoss 应用服务器的安装路径。然后进入 helloworld 目录并运行 ant 命令。构建成功之后的文件为 build/jars/helloworld.ear，可以直接把该文件复制到 JBoss 应用服务器实例的 server/default/deploy 目录下，也可以使用 ant deploy 命令进行部署。现在就可以启动 JBoss 应用服务器；要查看 Hello World 示例，可以直接在浏览器中打开 http://localhost:8080/helloworld/。

安装 JBoss 应用服务器

要正确运行本书中的所有示例，推荐使用 JBoss 应用服务器 4.2.3 GA 版本。可以直接从 http://www.jboss.org/jbossas/downloads 下载 JBoss 应用服务器的压缩格式软件包，然后只需要简单地解压该软件包即可完成 JBoss 应用服务器的安装。如果需要有关 JBoss 应用服务器安装和应用程序部署的更多帮助，可以参阅附录 A。

可以将本书的示例应用程序作为模板来开发自己的 Seam 起步项目(参阅附录 B)。或者，可以使用命令行工具 seam-gen(参阅第 5 章)以自动生成项目模板文件，包括所有的配置文件。本章不会花费太多时间解释源代码项目中目录结构的细节，而是着重讲解在开发 Seam 应用程序的过程中必须由开发人员手动编写或管理的部分代码和配置文件。在掌握这部分内容之后，开发人员就可以在任何项目结构中运用在本章中学到的知识，而不必拘泥于书中提供的模板。

源代码目录

一个 Seam 应用程序由若干 Java 类文件(.class 文件)和 XML 格式(.xml)或文本格式(.txt)的配置文件组成。本书示例项目的 Java 源代码文件位于 src 目录，Web 页面放置在 view 目录中，而所有的配置文件都位于 resources 目录。更多相关细节请参阅附录 B。

2.1　创建数据模型

Hello World 应用程序的数据模型很简单，就是一个包含 name 和 id 这两个属性的 Person 类。@Entity 注解的作用就是告诉容器，应该将这个类映射到关系数据库的一个表，并且将每个属性映射到该表的一列。每个 Person 实例对应该表的一行数据。Seam 坚持按异常配置(configuration by exception)，因此所有容器简单地将类名和属性名作为相应的数据库表名和列名。然后，属性 id 的@Id 注解和@GeneratedValue 注解表明列 id 包含了主键，并且应用服务器将为保存在数据库中的每一个 Person 对象自动地生成主键的值。

```
@Entity
@Name("person")
public class Person implements Serializable {

  private long id;
  private String name;

  @Id @GeneratedValue
  public long getId() { return id;}
  public void setId(long id) { this.id = id; }

  public String getName() { return name; }
  public void setName(String name) {
    this.name = name;
  }
}
```

Person 类中最重要的注解就是@Name，它指定 Person 实体 bean 在 Seam 中的字符串注册名。这样，在其他 Seam 组件(例如 JSF Web 页面和会话 bean)中就可以使用 person 名称来引用这个托管 Person 实体 bean。

2.2 将数据模型映射到 Web 表单

在 JSF 页面中，Person 实体 bean 对应 Web 表单的输入文本字段。#{person.name}符号对应名为 person 的 Seam 组件的 name 属性，这个 Seam 组件就是刚才所讨论的 Person 实体 bean 的一个实例。用来引用 Java 对象的#{...}标记称为 JSF EL，在 Seam 中将广泛使用 JSF EL。

```
<h:form>
Please enter your name:<br/>
<h:inputText value="#{person.name}" size="15"/><br/>
<h:commandButton type="submit" value="Say Hello"
                 action="#{manager.sayHello}"/>
</h:form>
```

2.3 处理 Web 事件

在 ManagerAction 会话 bean 中，通过该类的@Name 注解可以知道该类在 Seam 中的注册名为 manager。此处使用@Stateful 注解是因为有状态会话 bean 在 Seam 中会工作得最好(更多细节可以参阅本节最后的内容)。ManagerAction 类有一个带有@In 注解的 person 字段。

```
@Stateful
@Name("manager")
public class ManagerAction implements Manager {

  @In
  private Person person;
```

@In 注解的作用就是告诉 Seam 在执行 ManagerAction 会话 bean 中的任意方法之前，将 person 组件(由 JSF 表单数据组成)赋给 person 字段，也就是本章前面所述的"依赖注入"。可以为这个注入的组件(person 组件)指定任意名称，方式为@ In (value="any name")。如果像上面代码中那样没有为其指定名称，那么 Seam 将认为这个注入的组件的类型和名称与接受注入的字段的类型和名称完全一致。

当用户单击页面上的 Say Hello 按钮时，将触发 ManagerAction.sayHello()方法(EL 标记为 #{manager.sayHello}，其作用就是将 UI 事件处理程序与表单提交按钮连接在一起)。该方法只是将注入的 person 对象通过 JPA EntityManager 保存到数据库中，而这个名为 EntityManager 的 JPA 是通过@PersistenceContext 注解注入的。然后，ManagerAction.sayHello()方法将搜索数据库，以查询所有的 Person 对象，并将搜索的结果保存在名为 fans 的 List<Person>列表中。这个 fans 列表将显示在一个页面上，这个页面即为单击 Say Hello 按钮之后打开的页面。

```
@PersistenceContext
private EntityManager em;

public void sayHello () {
  em.persist (person);

  fans = em.createQuery("select p from Person p").getResultList();
}
```

有一点非常重要，那就是 fans 对象的生命周期必须跨越两个 Web 页面。这就是要使用有状态会话 bean(ManagerAction)而不是无状态会话 bean 的部分原因。

2.4　导航到下一个页面

一旦用户单击了 Say Hello 按钮，应用程序就应该将数据保存起来，并导航到 list.jsp 页面以显示列表中的所有爱好者。在 Web 应用程序发布包(WAR 文件，更多细节请参阅 2.7 节)中有一个 WEB-INF/pages.xml 文件，其中就定义了页面导航规则。下面是 hello.jsp 页面上发生的操作(即单击 Say Hello 按钮)的导航规则。这里的导航规则一目了然。

```
<page view-id="/hello.jsp">
  <navigation from-action="#{manager.sayHello}">
    <redirect view-id="/list.jsp"/>
  </navigation>
</page>
```

Seam 的 Web 页面导航

上面所述的 pages.xml 文件是一个 Seam 特有的文件，它增强了标准 JSF 导航流的控制。在第 3 章中将就 Seam 对 JSF 的增强进行更多讨论。

list.jsp 页面包含一个 JSF 对象 dataTable，它的作用就是遍历 fans 列表，并将所有的

Person 对象逐行显示出来。符号 fan 是对 fans 列表进行遍历时用到的循环变量。图 2-1 显示了该 Web 页面。

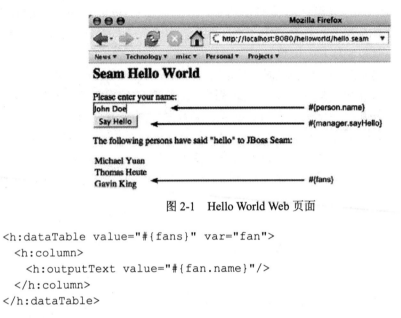

图 2-1 Hello World Web 页面

```
<h:dataTable value="#{fans}" var="fan">
  <h:column>
    <h:outputText value="#{fan.name}"/>
  </h:column>
</h:dataTable>
```

现在的问题就是：JSF Web 页面如何通过#{fans}来引用 fans 组件？Seam 如何得知 fans 组件映射到 ManagerAction.fans 字段？您可能已经猜到，ManagerAction 组件通过@Out 注解将自己的 fans 字段"注出"到 fans 组件。

```
@Stateful
@Name("manager")
public class ManagerAction implements Manager {

  @Out
  private List <Person> fans;
```

2.5 EJB3 bean 接口和强制性方法

到目前为止，本章对一个简单的 Hello World 示例差不多已经全部分析完毕，唯一剩下的内容就是 ManagerAction 会话 bean 类实现了 Manager 接口。为了遵循 EJB3 的会话 bean 规范，需要一个接口来列出会话 bean 中的所有公共方法，以及一个强制性的带有@Remove 注解的方法。下面就是 Manager 接口的代码。然而，现代集成开发环境的工具很容易自动生成这个接口。

```
@Local
public interface Manager {
  public void sayHello ();
  public void destroy ();
}
```

```
......

@Stateful
@Name("manager")
public class ManagerAction implements Manager {

  ......

  @Remove
  public void destroy () { }
}
```

　　这就是 Hello World 示例所需要的全部代码。下面两节将讨论其他编写和配置 Seam 应用程序的方法。如果想直接开始编写代码，根据需要对 helloworld 示例项目进行定制，以开始实践一些小型数据库应用程序，那么可以直接跳过本章剩下的内容。

2.6　有关 Seam 编程模型的更多知识

　　现在本书已经大致讨论了 Hello World 示例应用程序，但是仍然没有涉及一些重要主题，例如前面的代码中没有涉及的其他编程方法和重要特性。本节将讨论这些主题，以便帮助读者更进一步理解 Seam。读者也可以直接跳过本节，以后再回过头来查看其中的内容。

2.6.1　Seam 内置组件

　　在 Seam 中，除了已经命名的应用程序组件(即包含@Name 注解的类)之外，还包括一组内置组件，以支持访问运行时上下文和基础设施。Seam 的这些内置组件同样使用@In 注解来“注入”，要在 JSF Web 页面中引用这些内置组件，也同样使用 JSF EL。

　　例如，Seam 中的 FacesMessages 组件用来支持访问当前 JSF 上下文中的 JSF 消息(使用 \<h:messages>标记来显示)。可以把这个 FacesMessages 组件注入到任意 Seam 组件中。

```
@Name("manager")
public class ManagerAction implements manager {

  @In
  Person person;

  @In
  FacesMessages facesMessages;

  public void sayHello () {

    try {
     // ......
    } catch (Exception e) {
     facesMessages.add("Has problem saving #{person.name}");
    }
```

```
      ......
   }
}
```

另一个例子就是 Seam 的对话列表组件,该组件向用户提供了一种可以在两个工作区之间进行切换的简便方式。用户只需要在 Web 页面中引用#{conversationList}组件即可,更多相关细节可以参阅第 9 章。

开发人员可以在 components.xml 文件中初始化和配置 Seam 内置组件。本章稍后将讲解配置文件,更为详细的组件配置示例可以参阅第 4 章和第 16 章。

2.6.2　测试的简便性

在第 1 章中就已经提到过,Seam 是基于能够方便地、不受容器限制地进行测试的目的而构建的。在 helloworld 示例项目中包括两个测试用例(位于 test 文件夹之内),分别用来进行单元测试和集成的 JSF 测试。Seam 的测试基础设施可以模拟数据库、JSF、Seam 上下文以及其他基于普通的 Java SE 环境的应用服务器服务。只需要运行 ant test 命令即可进行这些测试。有关 Seam 应用程序测试的更多知识,可以参阅第 26 章和第 27 章。

2.6.3　基于 getter/setter 方法的双向注入

何谓"双向注入(bijection)"? 您可能已经猜到,双向注入是用来描述依赖注入(@In)和注出(@Out)的通用术语。

在 Hello World 示例中已经演示了如何把 Seam 组件双向注入到字段变量。当然,也可以使用 getter 和 setter 方法来完成组件的双向注入。例如,下面的代码就可以正常工作:

```
private Person person;
private List <Person> fans;

@In
public void setPerson (Person person) {
  this.person = person;
}

@Out
public List <Person> getFans () {
  return fans;
}
```

尽管上述的 getter/setter 方法没有什么实际意义,但是通过 getter/setter 方法进行双向注入的真正价值在于:开发人员可以在 getter/setter 方法中添加自定义逻辑来控制双向注入过程。例如,可以验证注入的对象,或者动态地从数据库中检索要注出的对象。

2.6.4　避免过多的双向注入

双向依赖注入是一种非常有用的设计模式。然而,与其他设计模式一样,它也存在着滥用的问题。太多的双向依赖注入会使得代码更加难以理解，这是因为开发人员不得不指明每个组件的注入位置。而且，太多的双向注入还会带来更多的性能开销，因为双向注入发生在运行时。

在 Hello World 示例中，有一个简单的办法可以减少甚至消除双向注入：只需要让数据组件成为相应业务组件的属性即可。按照这个方法，只需要在 JSF 页面中引用业务组件，不再需要双向注入来把业务组件和数据组件联接在一起。例如，可以将 ManagerAction 类改写为：

```
@Stateful
@Name("manager")
public class ManagerAction implements Manager {

  private Person person;
  public Person getPerson () {return person;}
  public void setPerson (Person person) {
    this.person = person;
  }

  private List <Person> fans;
  public List<Person> getFans () {return fans;}

  ......
}
```

然后在 Web 页面上可以像下面这样引用这个 bean 的属性：

```
<h:form>
Please enter your name:<br/>
<h:inputText value="#{manager.person.name}"/>
<br/>
<h:commandButton type="submit" value="Say Hello"
                  action="#{manager.sayHello}"/>
</h:form>
......
<h:dataTable value="#{manager.fans}" var="fan">
  <h:column>
    <h:outputText value="#{fan.name}"/>
  </h:column>
</h:dataTable>
```

上面讨论的方法之所以可行，是因为 Seam 有多种支持依赖管理的方式。一般来说，将数据组件封装到相应的数据访问组件中是一个切实可行的优秀办法。特别是对于有状态业务组件，情况更是如此(详见 7.1.2 节)。

2.6.5　通过 EntityManager 访问数据库

Java 持久化 API(JPA，也称为 EJB3 实体 bean 持久化)EntityManager 负责管理关系数据

库表和实体 bean 对象之间的映射关系。EntityManager 由应用服务器在运行时创建。开发
人员可以使用@PersistenceContext 注解来注入 EntityManager 实例。

　　EntityManager.persist()方法将一个实体 bean 对象保存为它所映射的关系数据库表中的
一行数据。EntityManager.query()方法通过运行类似于 SQL 的查询语句将数据库中的数据检
索出来并作为一个实体 bean 对象的集合。要了解更多关于如何使用 EntityManager 和查询
语言的知识,可以参考 JPA 文档。在本书中只使用最简单的查询。

　　默认情况下,EntityManager 将数据保存到内嵌的 HSQL 数据库。如果在本地的 JBoss
应用服务器上运行 Web 应用程序,那么可以使用如下方法来打开 HSQL 数据库的图形用户
界面控制台:在浏览器中打开 http://localhost:8080/jmx-console,然后选择 database=localDB,
service=Hypersonic,并在 startDatabaseManager()方法下单击 Invoke 按钮。现在就可以从控
制台执行任意的数据库 SQL 命令。如果 Seam 应用程序还需要使用 HSQL 之外的数据库,
那么可以参考第 28 章。

2.7　配置和打包

　　接下来将重点讲述配置文件和应用程序打包。当然,如果希望首先学习 Seam 的编程技
巧,以后再关注配置和部署的问题,那么可以直接跳过本节,等将来需要的时候再回过头来
查看其中的内容。这是因为 Seam 实际上可以自动生成几乎所有的配置文件,并通过 seam-gen
命令行实用程序构建运行脚本(参阅第 5 章)。此外,在示例应用程序的源项目中也包含了完
整的配置文件,对这些已有的配置文件进行简单的改造就可以重用它们(参阅附录 B)。

　　本节关注的重点在于 Seam EJB3 组件的配置。至于 Seam POJO 对象的配置(以及 JBoss
应用服务器之外的其他应用服务器的潜在部署问题),可以参阅第 4 章。绝大部分 Seam 配
置文件都是 XML 文件。但是,本书前面已经提到,Seam 已经使开发人员脱离 J2EE 和 Spring
中的 XML 噩梦,为什么还是需要用到 XML 文件? 这是因为,事实证明 XML 具有某些优
点。XML 文件非常适合于部署时的配置(例如 Web 应用程序的根 URL 和后端数据库的位
置),正是由于使用了 XML 文件来进行部署时的配置,开发人员才可以在不更改和不重新
编译代码的情况下对部署进行更改。而且,XML 文件还擅长将位于同一个应用服务器中的
不同子系统结合在一起(例如,可以使用 XML 文件对 JSF 组件与 Seam EJB3 组件的交互进
行配置)。也可以将 XML 文件用于与表示层相关的内容(例如 Web 页面和页面导航流)。

　　开发人员应该极力避免将 Java 源代码中已经存在的信息重复写入到 XML 文件中。开
发人员需要的只是如何将信息以一种更为简便的方式表达出来,以更加易于维护。本书马
上就会介绍,Hello World 这个简单的 Seam 应用程序示例中只包含了几个 XML 配置文件。
这些 XML 配置文件都很简短,而且没有重复在 Java 代码中已经存在的信息。换句话说,
Seam 中不存在所谓的 "XML 代码"。

　　而且,这些 XML 文件中的绝大部分内容相对来说都是静态的,所以开发人员可以很
轻松地在自己的 Seam 应用程序中重用这些文件。有关如何将示例应用程序作为模板以重
用到自己的应用程序中的知识,可以参考附录 B。接下来,本书将详细讲述示例应用程序
的配置文件以及打包结构。

JBoss 应用服务器 4.2.x 和 5.x

本节所讲述的内容适用于 JBoss 应用服务器 4.0.5 版本的部署情况。对于 JBoss 应用服务器 4.2.x 和 5.x 版本，开发人员需要参照 29.2 节对部署配置作相应更改。

接下来讲述如何配置和打包 Hello World 示例应用程序。为了构建一个可部署的、运行于 JBoss 应用服务器之上的 Seam 应用程序，开发人员需要将所有的 Java 类文件(.class 文件)和配置文件都进行打包，以形成一个 EAR(Enterprise Application aRchive, 企业级应用程序包)文件。本示例中的 EAR 文件是 helloworld.ear，它包含了三个 JAR 文件和两个 XML 配置文件：

```
helloworld.ear
|+ app.war    // Contains web pages etc.
|+ app.jar    // Contains Seam components
|+ lib
   |+ jboss-seam.jar  // Required Seam library
   |+ jboss-el.jar    // Required Seam library
|+ META-INF
   |+ application.xml
   |+ jboss-app.xml
```

源代码目录

在源代码目录树中，resources/WEB-INF 目录包含了说明 app.war/WEB-INF 的配置文件，resources/META-INF 目录包含了说明 app.jar/META-INF 和 helloworld.ear/META-INF 的配置文件，resources 根目录则包含了说明 app.jar 的根目录的配置文件。更多细节请参阅附录 B。

application.xml 文件列出了 EAR 包中的 JAR 文件，并指定了该应用程序的根 URL。

```
<application>
  <display-name>Seam Hello World</display-name>

  <module>
    <web>
      <web-uri>app.war</web-uri>
      <context-root>/helloworld</context-root>
    </web>
  </module>

  <module>
    <ejb>app.jar</ejb>
  </module>

  <module>
    <java>lib/jboss-seam.jar</java>
  </module>

</application>
```

jboss-app.xml 文件指定了应用程序的类加载器。每个 EAR 应用程序包都应该有一个用于类加载器的唯一字符串名。此处在类加载器名称中使用应用程序名称，以避免潜在的冲突(更多相关细节请参阅附录 B)。

```
<jboss-app>
  <loader-repository>
    helloworld:archive=helloworld.ear
  </loader-repository>
</jboss-app>
```

jboss-seam.jar 和 jboss-el.jar 文件是来自于 Seam 发行包的 Seam 库 JAR 文件，它们都位于 EAR 的默认 lib 目录之下，并自动地加载到 EAR 的类路径中。app.war 和 app.jar 文件由开发人员构建，下面将重点讲述这两个文件。

2.7.1 WAR 文件

app.war 文件是按照 Web 应用程序包(Web Application aRchive，WAR)规范打包而成的 JAR 文件，它包含了 Web 页面以及标准的 JSF/Seam 配置文件。开发人员也可以将 JSF 相关的库文件放置在 WEB-INF/lib 目录下(例如 jboss-seam-ui.jar 文件，参阅第 8 章)。

```
app.war
|+ hello.jsp
|+ index.html
|+ WEB-INF
   |+ web.xml
   |+ pages.xml
   |+ faces-config.xml
   |+ components.xml
```

所有的 Java 企业版 Web 应用程序都需要有 web.xml 文件。JSF 使用该文件来配置 JSF 控制器 servlet，而 Seam 使用该文件来拦截所有的 Web 请求。该文件中的配置信息相当标准。

```
<web-app version="2.4"
         xmlns="http://java.sun.com/xml/ns/j2ee"
         xmlns:xsi="..."
         xsi:schemaLocation="...">

  <!-- Seam -->
  <listener>
    <listener-class>
      org.jboss.seam.servlet.SeamListener
    </listener-class>
  </listener>

  <context-param>
    <param-name>
      javax.faces.STATE_SAVING_METHOD
    </param-name>
```

```
    <param-value>server</param-value>
  </context-param>

  <servlet>
    <servlet-name>Faces Servlet</servlet-name>
    <servlet-class>
      javax.faces.webapp.FacesServlet
    </servlet-class>
    <load-on-startup>1</load-on-startup>
  </servlet>

  <servlet-mapping>
    <servlet-name>Faces Servlet</servlet-name>
    <url-pattern>*.seam</url-pattern>
  </servlet-mapping>

</web-app>
```

faces-config.xml 文件是一个标准的 JSF 配置文件。Seam 使用该文件将 Seam 拦截器添加到 JSF 的生命周期之中。

```
<faces-config>
  <lifecycle>
    <phase-listener>
      org.jboss.seam.jsf.SeamPhaseListener
    </phase-listener>
  </lifecycle>
</faces-config>
```

pages.xml 文件包含了多页面应用程序的页面导航规则。在本章前面部分已经对此文件进行了讨论。

components.xml 文件包含了 Seam 相关的配置选项。该文件包含的内容除了 jndi-pattern 属性之外，也是严格独立于应用程序的。对于 Seam 来说，jndi-pattern 属性必须包含 EAR 文件的基名称，以便通过 JNDI 的完整名称访问 EJB3 的 bean。

```
<components ...>

  <core:init jndi-pattern="helloworld/#{ejbName}/local"
             debug="false"/>

  <core:manager conversation-timeout="120000"/>

</components>
```

2.7.2　Seam 组件 JAR 包

app.jar 文件包含了所有的 EJB3 bean 类文件(不管是实体 bean 还是会话 bean)，以及和 EJB3 相关的配置文件。

```
app.jar
|+ Person.class          // entity bean
|+ Manager.class         // session bean interface
|+ ManagerAction.class   // session bean
|+ seam.properties       // empty file but needed
|+ META-INF
   |+ ejb-jar.xml
   |+ persistence.xml
```

seam.properties 文件是一个空文件，但是在此是必需的文件。Seam 运行时环境将在所有的 JAR 文件中搜索该文件。如果搜索成功，Seam 将加载相应的 JAR 文件中的类，并处理所有的 Seam 注解。

ejb-jar.xml 文件包含了一些额外的配置信息，这些信息或者重写 EJB3 bean 中的注解信息，或者是对 EJB3 bean 中注解信息的补充。在一个 Seam 应用程序中，ejb jar.xml 将 Seam 拦截器添加到所有的 EJB3 类中。开发人员可以在所有的 Seam 应用程序中重用该文件。

```
<ejb-jar>
  <assembly-descriptor>
    <interceptor-binding>
      <ejb-name>*</ejb-name>
      <interceptor-class>
        org.jboss.seam.ejb.SeamInterceptor
      </interceptor-class>
    </interceptor-binding>
  </assembly-descriptor>
</ejb-jar>
```

persistence.xml 文件为 EntityManager 配置后端数据库源。在本示例中仅使用内嵌到 JBoss 应用服务器中的默认 HSQL 数据库(即 java:/DefaultDS 数据源)。更多有关 persistence.xml 文件的细节以及如何使用其他类型的数据库后端(例如 MySQL)，可以参阅第 28 章。

```
<persistence>
  <persistence-unit name="helloworld">
    <provider>
      org.hibernate.ejb.HibernatePersistence
    </provider>
    <jta-data-source>java:/DefaultDS</jta-data-source>
    <properties>
      <property name="hibernate.dialect"
              value="org.hibernate.dialect.HSQLDialect"/>
      <property name="hibernate.hbm2ddl.auto"
              value="create-drop"/>
      <property name="hibernate.show_sql"
              value="true"/>
    </properties>
  </persistence-unit>
</persistence>
```

上面所述即为一个简单的 Seam 应用程序所需要的所有配置文件和打包。当继续讲解更高级的主题时，还会涉及更多的配置选项和库文件。再次强调，Seam 应用程序开发入门的最简单方法就是暂时完全不理会这些配置文件，直接从一个已有的应用程序模板开始入手(参阅第 5 章或附录 B)。

2.8　Seam 应用程序的简易性

这就是 Hello World 应用程序的全部内容。包括 3 个简单的 Java 类、一个 JSF 页面，以及几个包含大量静态信息的配置文件，这样就形成了一个完整的数据库驱动的 Web 应用程序。整个应用程序所需的 Java 代码不超过 30 行，并且不包含任何 "XML 代码"。然而，如果开发人员具有 PHP 开发的背景知识，他就会询问："到底是如何简单？如果换做使用 PHP 开发的话，所需的代码更少？"

这个问题的答案就是：从概念上来讲，Seam 应用程序要比使用 PHP 或其他的脚本语言开发编写的应用程序更为简单。Seam 组件模型使得开发人员可以使用一种可控的、可维护的方式向应用程序中添加更多的功能。本书马上将会介绍，Seam 组件使开发有状态的、事务性的 Web 应用程序变得相当简单。对象关系映射框架(也就是实体 bean)使得开发人员能够专注于抽象数据模型，而不需要处理和数据库相关的 SQL 语句。

本书的余下部分将讨论如何使用 Seam 组件开发日益复杂的应用程序。下一章将开始介绍如何利用 Facelets 和 Seam UI 库来改进 Hello World 示例。

第 3 章

推荐使用的 JSF 增强功能

第 2 章中的 Hello World 示例演示了如何采用标准的 EJB3 和 JSF 构建一个 Seam 应用程序。Seam 选择 JSF 作为其 Web 框架有如下几点原因：JSF 是 Java EE 5.0 中的一种标准技术，得到了广大用户和开发商的大力支持，所有的 Java 应用服务器都支持 JSF；JSF 完全基于组件，所拥有的组件开发商社区生机勃勃；JSF 还包含了一种功能强大的统一的表达式语言(EL，使用#{...}标记)，可以在贯穿整个应用程序的 Web 页面、工作流描述以及组件配置文件中使用；JSF 还得到了许多主流 Java 集成开发环境中的可视化 GUI 工具的大力支持。

然而，JSF 也存在着一些问题和设计不合理之处，例如屡遭批评的过于冗长和过于以组件为中心(即未能做到对 HTTP 请求透明)。此外，作为一个标准框架，JSF 的更新也比民间的开源项目(例如 Seam 本身)更为缓慢，也正因为如此，JSF 在纠正设计问题和添加新功能方面也不如开源项目灵活。所以，Seam 通过与其他开源项目合作来不断改进和增强 JSF。对于 Seam 应用程序，本书强烈建议开发人员使用如下 JSF 增强功能：

- 使用 Facelets 作为 Web 页面框架。按照 Facelets XHTML 规范编写 Web 页面，而不是按照 JSP 规范编写。Facelets 比 JSF 框架中的标准 JSP 具有更多优点，详情请参阅 3.1.1 节。
- 使用 Seam JSF 组件库以支持特定的 JSF 标记，这些 JSF 标记将充分利用 Seam 特有的 UI 功能，以及 Seam 的 JSF 扩展表达式语言。
- 设置 Seam 过滤器，以捕获和管理 JSF 重定向、错误消息和调试信息等。

本书的余下部分将假设您已经安装并启用上述 3 项 JSF 增强功能(安装指南请参阅 3.3 节)。8.1.1 节将解释在 JSF 页面呈现过程中 Seam 如何支持惰性加载，以及 Seam 如何对 JSF 消息的使用进行扩展，而不仅仅是简单的错误消息。本书的第Ⅲ部分将讲述如何把数据组件直接集成到 JSF Web 页面中。这种直接集成使得 Seam 可以把重要功能添加到 JSF 中，包括端到端的验证器(第 12 章)、易于使用的数据表(第 13 章)、可收藏为书签的 URL(第 15 章)，以及自定义错误处理页面(第 17 章)。本书的第Ⅳ部分将讨论如何将第三方 AJAX UI 小部件整合到 Seam 应用程序中。24.5 节将讨论如何使用 jBPM 业务流程来管理 JSF/Seam 应用程序的页面流。这将使得开发人员能够在页面导航规则中使用 EL 表达式，并制定与应用程序状态相关的导航规则。

JSF 2.0

本章所讨论的许多第三方 JSF 增强功能都在努力进入即将发布的 JSF 2.0 规范，因此本章也将帮助开发人员进行面向 JSF 2.0 的迁移。使用 Seam 和此处提到的框架，您现在就可以体验到 JSF 2.0 的高效率！

本章将首先探讨这些额外的框架如何改进 JSF 开发体验。首先讲解如何使用 Facelets 和 Seam UI 库开发应用程序。然后，在 3.3 节中将列举出需要对 Hello World 示例做哪些改动，以支持 Facelets 和 Seam UI 组件。这个新的示例项目名为 betterjsf，可以在本书源代码包中找到。可以将该项目作为自己的应用程序的起点。

3.1　Facelets 简介

JSP(Java Server Pages)实际上是 JSF 中的一种"视图"技术。在一个标准的 JSF 应用程序中，包含了 JSF 标记和可视化组件的 Web 页面都可以使用 JSP 编写。然而，JSP 并不是编写 JSF Web 页面的唯一选择。名为 Facelets 的开源项目(https://facelets.dev.java.net)可以让开发人员使用 XHTML 来编写 JSF Web 页面。与 JSP 相比，XHTML 在网页可读性、开发效率、运行时性能等诸多方面均有显著的提升。尽管 Facelets 还不是一个 JCP(Java Community Process，Java 社区进程)标准，但是仍然强烈建议在 Seam 应用程序中尽可能地使用 Facelets。

3.1.1　使用 Facelets 的原因

首先，Facelets 使 JSF 的性能提高了 30%～50%，因为 Facelets 绕过了 JSP 引擎而直接使用 XHTML 页面作为视图技术。也正因为这一点，Facelets 还避免了 JSF 1.1 和 JSP 2.4 规范之间的潜在冲突，JBoss 应用服务器 4.x 版本支持这两个规范(详情如下)。

JSF 和 JSP 之间的潜在冲突

在 Hello World 示例中，使用 JSP 文件(例如 hello.jsp 文件)来创建 JSF 应用程序中的 Web 页面。在 JSP 容器处理这些 JSP 文件的同时，JSF 引擎也对这些文件进行处理。这样就增加了 JBoss 应用服务器 4.x 版本中 JSP 2.0 容器和 JSF 1.1 运行时环境之间发生冲突的可能性。更多有关这些冲突问题和示例的详细解释，可以参考 Hans Bergsten 所著的优秀论文 "Improving JSF by Dumping JSP" (www.onjava.com/pub/a/onjava/2004/06/09/jsf.html)。

这些冲突可以在 JBoss 应用服务器 5.x 版本中得到解决，在该版本中已经实现了对 JSP 2.1 及其以上版本和 JSF 1.2 及其以上版本的支持。然而，如果您现在使用的是 JBoss 4.x 版本的应用服务器，那么解决这种冲突的最好方法就是避免使用 JSP，而使用 Facelets。

其次，开发人员可以在 Facelets 页面中使用任意 XHTML 标记。这样就不再需要将 XHTML 标记和无格式限制的文本封装到<f:verbatim>中。这些<f:verbatim>标记增加了编写和阅读基于 JSP 的 JSF 页面的难度。

第三，Facelets 支持在浏览器中调试页面。如果 Facelets 在呈现某个页面时发生错误，它就会提示开发人员该错误在源文件中的准确位置，并提供具体的相关上下文信息(详情请参阅 17.5 节)。而 JSP/JSF 对错误发生的处理却是对错误栈进行深入的跟踪，由此可见 Facelets 的错误处理要高明得多。

最后可能也是最重要的一点，Facelets 为 JSF 提供了一个模板框架。有了 Facelets，开发人员就可以使用类似于 Seam 的依赖注入模型来组装页面，而无需在每一个页面中都手动添加页眉、页脚和侧栏组件。

关于 JSP

既然 Facelets 这么优秀好用，为什么我们还要不厌其烦地使用 JSP/JSF 组合呢？JSP 已经是 Java EE 中的一种标准技术，而 Facelets 尚未成为标准。这就意味着 JSP 得到多方支持，而 Facelets 在与某些第三方 JSF 组件进行集成时还存在着一定的问题。同时，JSP 规范委员会也从 Facelets 处吸取了不少有益的经验。下一代 JSP 将会更好地与 JSF 协调工作。

3.1.2　使用 Facelets 的 Hello World 示例

本章前面已经讨论过，一个基本的 Facelets XHTML 页面与实现相同功能的 JSP 页面有着根本的区别。为了阐明这一点，将 Hello World 示例应用程序(详见第 2 章)从 JSP 移植到 Facelets，并将新的应用程序放入 betterjsf 项目。下面是 Web 页面的 JSP 版本 hello.jsp:

```
<%@ taglib uri="http://java.sun.com/jsf/html" prefix="h" %>
<%@ taglib uri="http://java.sun.com/jsf/core" prefix="f" %>

<html>
<body>
<f:view>

<f:verbatim>
<h2>Seam Hello World</h2>
</f:verbatim>

<h:form>
<f:verbatim>
Please enter your name:<br/>
</f:verbatim>

<h:inputText value="#{person.name}" size="15"/><br/>
<h:commandButton type="submit" value="Say Hello"
                 action="#{manager.sayHello}"/>
</h:form>

</f:view>
</body>
</html>
```

将其与下面所述的 Facelets XHTML 版本 hello.xhtml 做一下比较：

```html
<html xmlns="http://www.w3.org/1999/xhtml"
      xmlns:ui="http://java.sun.com/jsf/facelets"
      xmlns:h="http://java.sun.com/jsf/html"
      xmlns:f="http://java.sun.com/jsf/core">
<body>

<h2>Seam Hello World</h2>

<h:form>
Please enter your name:<br/>
<h:inputText value="#{person.name}" size="15"/>
<br/>
<h:commandButton type="submit" value="Say Hello"
                 action="#{manager.sayHello}"/>
</h:form>

</body>
</html>
```

很明显，与 JSP 页面相比，使用 Facelets 技术的 XHTML 页面更加整洁，可读性也更佳，这是因为 XHTML 页面中没有像 JSP 页面那样充满<f:verbatim>标记。此外，Facelets XHTML 页面中的名称空间声明遵循 XHTML 标准。除了这些方面之外，这两个页面看起来类似。所有的 JSF 组件标记都是一样的。

3.1.3　使用 Facelets 作为模板引擎

对于开发人员来说，能够使用 XHTML 模板可能是 Facelets 最为吸引人的功能。接下来查看具体的工作原理。

一个典型的 Web 应用程序由具有相同布局的多个 Web 页面组成。这些 Web 页面通常都具有相同的页眉、页脚和侧栏菜单。如果没有模板引擎，开发人员必须在每个页面中重复这些页面元素。这样就导致了大量包含复杂 HTML 格式标记的冗余代码。更为糟糕的是，如果开发人员需要对某个页面元素执行细微的改动(例如改变页眉中的某个单词)，就需要编辑所有的页面。从已知的有关软件开发流程的知识来看，这种复制-粘贴操作最缺乏效率，同时也最容易出错。

当然，解决这个问题的办法就是将页面的布局信息提取到一个单独的位置，避免在多个页面中重复这些相同的信息。Facelets 的模板页面就是布局信息的单一来源。Seam Hotel Booking 示例(源代码中的 booking 项目)中的 template.xhtml 文件就是一个模板页面：

```html
<html xmlns="http://www.w3.org/1999/xhtml"
      xmlns:ui="http://java.sun.com/jsf/facelets"
      xmlns:h="http://java.sun.com/jsf/html">
<head>
  <title>JBoss Suites: Seam Framework</title>
  <link href="css/screen.css" rel="stylesheet" type="text/css" />
```

```
</head>
<body>

<div id="document">
  <div id="header">
    <div id="title">...</div>
    <div id="status">
      ... Settings and Log in/out ...
    </div>
  </div>
  <div id="container">
    <div id="sidebar">
      <ui:insert name="sidebar"/>
    </div>
    <div id="content">
      <ui:insert name="content"/>
    </div>
  </div>
  <div id="footer">...</div>
</div>
</body>
</html>
```

    template.xhtml 文件中定义了页眉、页脚、侧栏以及主要内容区域的布局(参见图 3-1)。显然，每个页面的侧栏以及主要内容区域所包含的内容是不同的，因此在模板中使用<ui:insert>标记作为占位符。在每个 Facelets 页面中，对 UI 元素进行相应的标记，这样页面引擎就知道如何使用相应的内容来填充模板占位符。

图 3-1 模板布局

多模板页面

实际上，本章前面提到的"模板是应用程序布局信息的'单一'来源"这一说法并不完全正确。Facelets 在管理多个模板页面方面非常灵活。在 Facelets 应用程序中，开发人员可以为不同的主题或网站的不同部分设置多个模板页面。当然，把布局信息提取出来以避免代码重复这个基本理念仍然适用。

CSS 的扩展用法

Seam Hotel Booking 示例中包含的所有页面，包括 template.xhtml 页面，都是使用 CSS(Cascading Style Sheet，层叠样式表)来定义样式的。强烈建议在 Seam/Facelets 应用程序中使用 CSS，因为 CSS 简单明了并且易于理解。更为重要的是，CSS 将页面样式和页面内容相互独立开来。这样 Web 设计人员就可以专注于页面样式的设计，而无需考虑页面中的 JSF/Seam 符号和标记。

当然，如果您更喜欢在 template.xhtml 文件中使用 XHTML 表来进行页面布局设计，当然也是可以的方法，但是一定要确保将<ui:insert>标记放置在嵌套表中的正确位置。

每个 Facelets 页面都对应一个 Web 页面。通过"注入"将内容添加到模板中出现<ui:insert>占位符的位置。下面是 Seam Hotel Booking 示例应用程序中的 main.xhtml 页面：

```
<ui:composition xmlns="http://www.w3.org/1999/xhtml"
                xmlns:ui="http://java.sun.com/jsf/facelets"
                xmlns:h="http://java.sun.com/jsf/html"
                xmlns:f="http://java.sun.com/jsf/core"
                template="template.xhtml">
  <ui:define name="content">
   <ui:include src="conversations.xhtml" />

   <div class="section">
     <h:form>
       <h1>Search Hotels</h1>
       ......
     </h:form>
   </div>

   <div class="section">
     <h:dataTable value="#{hotels}" ...>
       ......
     </h:dataTable>
   </div>

   <div class="section">
     <h1>Current Hotel Bookings</h1>
   </div>

   <div class="section">
     <h:dataTable value="#{bookings}" ...>
```

```
      ......
    </h:dataTable>
  </div>
  </ui:define>

  <ui:define name="sidebar">
    <h1>Stateful and contextual components</h1>
    <p>......</p>
  </ui:define>
</ui:composition>
```

从上面的代码可以看出，在 main.xhtml 文件代码的开头就声明了将使用 template.xhtml 作为模板来格式化布局。其中的<ui:define>元素对应模板中具有相同名称的<ui:insert>占位符，其排列顺序可以是任意的顺序。在运行时，Facelets 引擎将根据模板呈现 Web 页面。

3.1.4　数据列表组件

当前 JSF 规范的最大不足就是缺乏一种对数据列表进行迭代的标准组件。<h:dataTable>组件可以将数据列表显示为 HTML 表，但它不是一个标准的迭代组件。

Facelets 解决这个问题的方法就是提供一个<ui:repeat>组件来对任意的数据列表进行遍历。例如，下面的 Facelets 页面代码片段就可以将一个数据列表以不采用表的格式进行显示：

```
<ui:repeat value="#{fans} var="fan">
  <div class="faninfo">#{fan.name}</div>
</ui:repeat>
```

在 3.4.1 和 3.4.2 节中，您将看到 Facelets 的<ui:repeat>组件还适用于完全非 HTML 的环境。

本节只是对 Facelets 可以完成的工作进行简单的介绍。希望开发人员能够对 Facelets 进行进一步的探索(https://facelets.dev.java.net/)，以充分利用 Facelets 这个优秀的框架。

3.2　Seam 对 JSF 的增强

Seam 本身对 JSF 也进行了一些增强，这些增强功能既可以用于 Facelets XHTML 页面，也可以用于 JSP 页面。可以在 JSF 视图页面中使用 Seam UI 标记，可以使用 Seam 的 JSF EL 扩展，也可以使用 Seam 过滤器以使 Seam 能够与 JSF 的 URL 重定向以及错误处理机制更好地协同工作。这些 Seam JSF 组件还可以与本书尚未讨论的 Seam Framework 功能协同工作。在本节中将大概地浏览一下这些增强功能，但是更多的细节将在本书的后续章节中介绍。如果您没有足够的耐心，也可以直接跳到 3.3 节，其中将指导您如何安装 Seam 的这些 JSF 组件。

3.2.1　Seam UI 标记

Seam UI 标记使得普通的 JSF UI 组件能够访问 Seam 托管的运行时信息。这样就有助于 Seam 的业务组件和数据组件能够更加紧密地与 Web UI 组件集成在一起。Seam UI 标记可以粗略地分为如下几类：

验证　Seam 的验证标记使得开发人员可以在实体 bean 上使用 Hibernate 验证器注解，以便对 JSF 输入字段进行验证。Seam 验证标记还可以让开发人员在验证失败时对整个无效(或者有效)的输入字段进行修饰。更多有关如何使用这些验证组件的知识，请参阅第 12 章。

对话管理　Seam 的一个关键概念就是允许生命周期任意长的 Web 对话(详见第 8 章)。一般情况下，通过 HTTP POST 操作中的隐藏字段将对话中的各个 Web 页面联系在一起。但是如果用户希望在单击了某个普通超链接之后仍然留在同一个对话中，应该如何处理？Seam 中提供的一些标记可以生成能够感知对话的超链接。更多详情请参阅 8.3.6 和 9.2.2 节。

业务流程管理　Seam 提供的这样一种标记可以将 Web 页面内容和后台的业务流程关联起来(参阅第 24 章)。

性能　<s:cache>标记可以包装应该缓存在服务器上的页面内容。当再次呈现该页面时，就可以直接从缓存中检索出这些缓存起来的内容，而无需动态地呈现(参阅第 30 章)。

JSF 的替代标记　某些 Seam 标记是 JSF 中一些标记的直接替代标记，用于弥补 JSF 的某些不足。目前此类替代标记只有一个，即<s:convertDateTime>标记，该标记可以修复 JSF 恼人的默认时区问题。

可选的显示输出　除了标准的 HTML 输出之外，Seam 还提供了一些 JSF 标记，可以根据 Facelets 模板来呈现 PDF 或电子邮件输出结果。而且，Seam 还提供了可以把 Wikitext 片段呈现为 HTML 元素的标记。关于 Seam 标记库支持的可选显示技术的更多细节，请参阅 3.4 节。

在本书后面，当讨论与这些 Seam UI 标记相关的特定 Seam 功能时将介绍相关标记的用法。现在只以<s:convertDateTime>标记为例来演示如何使用 Seam UI 标记。<s:convertDateTime>标记替代了 JSF 的转换器标记<f:convertDateTime>，可以将后端的 Date 或 Time 对象转换为遵循服务器本地时区的格式化输入/输出字符串。JSF 的<f:convertDateTime>标记存在着不足之处，它只能默认地将时间戳转换为 UTC 时区。而 Seam 的<s:convertDateTime>标记在这方面则聪明得多。如果希望在 Web 页面中使用 Seam 的用户界面标记，就需要在名称空间中声明 Seam taglib，如下所示：

```
<html xmlns:ui="http://java.sun.com/jsf/facelets"
      xmlns:h="http://java.sun.com/jsf/html"
      xmlns:f="http://java.sun.com/jsf/core"
      xmlns:s="http://jboss.com/products/seam/taglib">
......

The old hello date is:<br/>
<h:outputText value="#{manager.helloDate}">
<s:convertDateTime/>
</h:outputText>
```

```
Please enter a new date:<br/>
<h:inputText value="#{manager.helloDate}">
<s:convertDateTime/>
</h:inputText>

</html>
```

3.2.2 Seam 的 JSF 表达式语言增强

在第 2 章中曾经说明 JSF 表达式语言的#{...}标记非常有用。然而，在标准 JSF 表达式语言中，后端组件的"属性"(值表达式)和"方法"(方法表达式)都是一样的。这样一来，EL 方法表达式就不能带有任何调用实参。例如，person 组件的 name 属性可以写成如下：

```
<h:inputText value="#{person.name}" size="15"/>
```

如下所示，manager 组件的事件处理程序方法 sayHello()以同样的方式编写，并且该方法不能带有任何调用实参。如果该方法需要对某些对象进行操作，那么必须在调用此方法之前就把所有的相关对象全部注入到该组件中。

```
<h:commandButton type="submit"
                 value="Say Hello"
                 action="#{manager.sayHello}"/>
```

使用 Seam JSF EL 扩展，现在就能够以普通的方式调用任意的组件方法，以改善代码的可读性：

```
#{component.method()}
```

现在，这个方法中也可以附带调用实参。因此，对于下面的示例，不再需要将 person 组件注入到 manager 组件中。这也就减少了对依赖注入的需求，使得应用程序的代码更易于理解。

```
<h:commandButton type="submit"
                 value="Say Hello"
                 action="#{manager.sayHello(person)}"/>
```

下面就是使用新的 sayHello()方法之后的 ManagerAction 类：

```
@Stateless
@Name("manager")
public class ManagerAction implements Manager {

  private Person person;
  @Out
  private List <Person> fans;

  @PersistenceContext
  private EntityManager em;
```

```
public void sayHello (Person p) {
  em.persist (p);
  fans = em.createQuery("select p from Person p").getResultList();
  }
}
```

增强的 EL 还允许使用逗号来分隔多个方法调用实参。如果某个后端方法包含一个字符串实参，那么就可以使用下面的方式直接将该实参传入 EL：

```
... action="#{component.method('literal string')}"/>
```

由此可见，新的 Seam JSF EL 可以使代码更易于理解、更优雅。

3.2.3　表达式语言的使用范围

Seam 不仅对 JSF EL 的语法进行扩展，而且还使 EL 的使用范围不再局限于 JSF Web 页面。在 Seam 应用程序中，可以使用 JSF 表达式来替代在配置文件(参阅 9.2.1 节)、测试用例(参阅第 26 章和第 27 章)、JSF 消息(参阅 8.1.2 节)和 jBPM 过程(参阅第 24 章)中的静态文本。

JSF EL 用途的扩展极大地简化了应用程序的开发。

3.2.4　Seam 过滤器

Seam 提供了一个功能强大的 servlet 过滤器。在 JSF 处理 Web 请求之前以及生成 Web 响应之后，过滤器都会进行许多额外的处理，这就使得 Seam 组件与 JSF 之间能够更好地集成。

- 过滤器在 JSF 的 URL 重定向期间保留了对话上下文。这就使得 Seam 对话的默认作用域能够跨越请求页面和重定向之后的响应页面(参阅第 8 章)。
- 过滤器可以捕获未被捕获的运行时错误，并重定向到用户自己定制的错误处理页面，如果有必要，还可以重定向到 Seam 调试页面(参阅第 17 章)。
- 过滤器提供了对 Seam 用户界面中的 JSF 文件上传组件的支持。
- 过滤器允许非 JSF 的 servlet 或 JSP 页面通过 Seam 的 Component 类对 Seam 组件进行访问。

有关如何在 web.xml 中安装 Seam 过滤器的信息，请参阅 3.3 节。

3.2.5　有状态的 JSF

Seam 最重要的特性可能就在于它是一个有状态的应用程序框架。有状态设计对于 JSF 而言具有重要的意义。例如，它使得 JSF 和 ORM 解决方案(例如 Hibernate，参阅 6.1 节)能够更加紧密地集成在一起，也使得 JSF 消息能够跨页面传播(参阅 8.1.2 节)。本书余下部分将通篇讨论 Seam 的有状态设计如何改进 Web 应用程序开发。

3.3　添加对 Facelets 和 Seam UI 的支持

为了支持 Facelets 和 Seam UI 框架，开发人员首先必须在应用程序中打包必不可少的 JAR 库文件。这包括 3 个放置在 app.war 归档中 WEB-INF/lib 目录下的 JAR 文件，它们包含了对各种标记的定义。其中，jsf-facelets.jar 文件提供了对 Facelets 的支持，jboss-seam-ui.jar 和 jboss-seam-debug.jar 文件提供了对 Seam 的支持。此外还有一个名为 jboss-el.jar 的 JAR 文件，它位于 EAR 文件 mywebapp.jar 中，提供了对在 Web 模块(app.war)和 EJB3 模块(app.jar) 中使用 JSF 表达式语言的支持。

```
mywebapp.ear
|+ app.war
   |+ web pages
   |+ WEB-INF
      |+ web.xml
      |+ faces-config.xml
      |+ other config files
      |+ lib
         |+ jsf-facelets.jar
         |+ jboss-seam-ui.jar
         |+ jboss-seam-debug.jar
|+ app.jar
|+ lib
   |+ jboss-el.jar
   |+ jboss-seam.jar
|+ META-INF
   |+ application.xml
   |+ jboss-app.xml
```

为了能够使用 Facelets 和 Seam 的 JSF EL 的增强功能，开发人员需要在 faces-config.xml 文件中加载一个特殊的视图处理程序，这个视图处理程序位于 app.war 归档中的 WEB-INF 目录下(也有可能位于项目源代码中的 resources/WEB-INF 目录下)。这个视图处理程序从 Facelets 模板和页面中呈现 HTML Web 页面。下面就是 faces-config.xml 文件中的相关代码片段：

```
<faces-config>
  ......
  <application>
    <view-handler>
      com.sun.facelets.FaceletViewHandler
    </view-handler>
  </application>
<faces-config>
```

在一个 Facelets 应用程序中，既然使用的是 XHTML 文件而不是 JSF 页面，那么 Web 页面的后缀名当然就是.xhtml。但是，必须在 web.xml 文件(和 faces-config.xml 文件位于同一个目录)中将这个改动通知 JSF 运行时环境：

```
<web-app>
  ......
  <context-param>
    <param-name>javax.faces.DEFAULT_SUFFIX</param-name>
    <param-value>.xhtml</param-value>
  </context-param>
</web-app>
```

最后要做的工作就是在这个 web.xml 文件中设置 Seam 过滤器和资源 servlet。SeamFilter 为错误页面、JSF 重定向和文件上传提供了支持。而 Seam 的资源 servlet 则提供了对 jboss-seam-ui.jar 中图像和 CSS 文件的访问支持，这些图像和 CSS 文件都是 Seam UI 组件 所必需的内容。此外，资源 servlet 还允许在 JavaScript 脚本中直接访问 Seam 组件(参阅第 21 章)。

```
<web-app>
  ......
  <servlet>
    <servlet-name>Seam Resource Servlet</servlet-name>
    <servlet-class>
      org.jboss.seam.servlet.ResourceServlet
    </servlet-class>
  </servlet>

  <servlet-mapping>
    <servlet-name>Seam Resource Servlet</servlet-name>
    <url-pattern>/seam/resource/*</url-pattern>
  </servlet-mapping>

  <filter>
    <filter-name>Seam Filter</filter-name>
    <filter-class>
      org.jboss.seam.web.SeamFilter
    </filter-class>
  </filter>

  <filter-mapping>
    <filter-name>Seam Filter</filter-name>
    <url-pattern>/*</url-pattern>
  </filter-mapping>

</web-app>
```

3.4　对 PDF 文档、电子邮件和富文本的支持

到目前为止已经讨论了由 Facelets 和 jboss-seam-ui.jar 库所提供的 JSF 增强功能，这些 是几乎所有 Seam Web 应用程序都需要的易用性和集成性等重要功能。本节将讨论几个由 Seam 提供的附加的 UI 功能。当然，要使用这些功能，必须在应用程序中打包更多的 JAR

文件，并为其提供更多的配置信息，将在本章后面对此进行描述。也可以只选择自己所需的 UI 功能集，并将其集成到应用程序中，这样可以将配置的复杂性降到最低。

3.4.1 生成 PDF 报表

Facelets 的 XHTML 文件默认生成的是 HTML Web 页面。然而，现实世界中的 Web 应用程序有时也会需要生成 PDF 输出，以便生成可打印版本的文档，例如报表、法律文书、票据和收据等。Seam 的 PDF 库利用了开源的 iText 工具集来生成 PDF 文档。下面就是可以输出 PDF 文档的一个简单 Facelets 文件 hello.xhtml：

```
<p:document xmlns:p="http://jboss.com/products/seam/pdf"
            title="Hello">
  <p:chapter number="1">
    <p:title>
      <p:paragraph>Hello</p:paragraph>
    </p:title>
    <p:paragraph>Hello #{user.name}!</p:paragraph>

    <p:paragraph>The time now is

      <p:text value="#{manager.nowDate}">
        <f:convertDateTime style="date" format="short"/>
      </p:text>

    </p:paragraph>
  </p:chapter>

  <p:chapter number="2">
    <p:title>
      <p:paragraph>Goodbye</p:paragraph>
    </p:title>
    <p:paragraph>Goodbye #{user.name}.</p:paragraph>
  </p:chapter>
</p:document>
```

虽然 hello.xhtml 文件的后缀名为 xhtml，但它实际上是一个带有 Seam PDF UI 标记的 XML 文件。当用户加载 hello.seam 这个 URL 时，Seam 会生成相关的 PDF 文档，并将浏览器重定向到 hello.pdf。然后，浏览器通过相关的 PDF 阅读器插件直接显示该 PDF 文档，或者提示用户把该 PDF 文件保存起来。此外，通过在 URL 中添加 HTTP 参数 pageSize，您甚至可以指定所生成的 PDF 文档的页面大小。例如，hello.seam?pageSize=LETTER 这个 URL 就可以生成一份信纸尺寸的 hello.pdf 文档。pageSize 的有效选项还有 A4、LEGAL 等。

开发人员也可以在 xhtml 页面中使用 JSF EL 表达式。当呈现 PDF 文档时，Seam 可以动态解析这些 EL 表达式，就像普通 Web 页面中所包含的 EL 表达式一样。还可以使用 JSF 转换器控制文本的格式，使用<f:facet>标记控制表的格式，或者使用 Facelets 的<ui:repeat>标记由动态数据构建列表或者表。相关标记的更多细节可以参阅 Seam Reference Documentation(http://seamframework.org/Documentation)。

要想使用 Seam 的 PDF 标记，还需要将 jboss-seam-pdf.jar 和 itext.jar 这两个库文件包含在 WAR 应用程序归档的 WEB-INF/lib 目录下。

```
mywebapp.ear
|+ app.war
   |+ web pages
   |+ WEB-INF
      |+ web.xml
      |+ faces-config.xml
      |+ other config files
      |+ lib
         |+ jsf-facelets.jar
         |+ jboss-seam-ui.jar
         |+ jboss-seam-debug.jar

         |+ jboss-seam-pdf.jar

         |+ itext.jar
|+ app.jar
|+ lib
   |+ jboss-el.jar
   |+ jboss-seam.jar
|+ META-INF
   |+ application.xml
   |+ jboss-app.xml
```

然后，需要在 components.xml 文件中对与 PDF 相关的 Seam 组件进行配置。其中，属性 useExtensions 指明了是否应该将 hello.seam 这个 URL 重定向到 hello.pdf URL。如果将该属性设置为 false，那么就不会进行重定向，Web 应用程序将从.seam URL 处把 PDF 数据直接传给浏览器，这样做的后果就是在某些浏览器上可能会引发易用性方面的问题。

```
<components  xmlns:pdf="http://jboss.com/products/seam/pdf"
             xmlns:core="http://jboss.com/products/seam/core">
  <pdf:documentStore useExtensions="true"/>

  ......

</components>
```

最后需要为.pdf 文件建立 servlet 过滤器。然后，只有在刚才介绍的 components.xml 配置中把 useExtensions 属性设置为 true 之后，才需要用到这些过滤器。

```
<web-app ...>

  ......

  <filter>
    <filter-name>Seam Servlet Filter</filter-name>
    <filter-class>
      org.jboss.seam.servlet.SeamServletFilter
```

```
      </filter-class>
    </filter>

    <filter-mapping>
      <filter-name>Seam Servlet Filter</filter-name>
      <url-pattern>*.pdf</url-pattern>
    </filter-mapping>

    <servlet>
      <servlet-name>
        Document Store Servlet
      </servlet-name>
      <servlet-class>
        org.jboss.seam.pdf.DocumentStoreServlet
      </servlet-class>
    </servlet>

    <servlet-mapping>
      <servlet-name>
        Document Store Servlet
      </servlet-name>
      <url-pattern>*.pdf</url-pattern>
    </servlet-mapping>
  </web-app>
```

　　Seam 的 PDF 库还支持生成经过数字签名的 PDF 文档。但是，本书不讨论公钥的配置，更多细节可以参阅 Seam Reference Documentation 和 iText 相关文档。

3.4.2　基于模板的电子邮件

　　从 Web 应用程序中发送电子邮件并不是一件难事，但却是一项让人感到厌烦的任务。标准 JavaMail API 要求开发人员将电子邮件信息作为字符串字面量嵌入到 Java 代码中，这样就很难撰写一个包含富文本的电子邮件(即包含复杂文本格式并嵌入图像的 HTML 电子邮件)。对于非开发人员来说，要想设计和撰写这么一封电子邮件则几乎是不可能完成的任务。电子邮件设计和风格上的不足是许多 Web 应用程序中的一个主要缺陷。

　　Seam 提供了一种基于模板的方式来处理电子邮件的方法，业务人员或者页面设计人员可以采用 Web 页面的形式来撰写电子邮件。下面就是一个具体的电子邮件模板页面 hello.xhtml：

```
<m:message  xmlns="http://www.w3.org/1999/xhtml"
            xmlns:m="http://jboss.com/products/seam/mail"
            xmlns:h="http://java.sun.com/jsf/html">
<m:from name="Michael Yuan" address="myuan@redhat.com"/>
<m:to name="#{person.firstname} #{person.lastname}">
  #{person.address}
</m:to>
<m:subject>Try out Seam!</m:subject>
<m:body>
<p>Dear #{person.firstname},</p>
```

```
<p>You can try out Seam by visiting
<a href="http://labs.jboss.com/jbossseam">
  http://labs.jboss.com/jbossseam
  </a>.</p>
<p>Regards,</p>
<p>Michael</p>
</m:body>
</m:message>
```

当某个 Web 用户需要发送 hello.xhtml 消息时，首先要做的就是单击页面中的某个按钮或链接，以调用某个 Seam 支持 bean 的方法对 hello.xhtml 页面进行呈现。下面就是一个发送 hello.xhtml 电子邮件的示例方法。从中可以发现，收信人地址可以在运行时通过 #{person.address} EL 表达式动态地确定。同样，发信人地址以及其他的邮件相关内容都可以通过 EL 表达式来动态地确定。

```
public class ManagerAction implements Manager {

  @In(create=true)
  private Renderer renderer;

  public void send() {
    try {
      renderer.render("/hello.xhtml");
      facesMessages.add("Email sent successfully");
    } catch (Exception e) {
      facesMessages.add("Email sending failed: " + e.getMessage());
    }
  }
}
```

如果某一封电子邮件有多个收信人，那么可以通过 Facelets 的<ui:repeat>标记插入多个<m:to>标记。此外，还可以通过 Facelets 的<ui:insert>标记，以模板为基础撰写电子邮件。

要想使用 Seam 有关电子邮件的相关标记，首先需要绑定 jboss-seam-mail.jar 这个库文件，并将其放置到 WAR 归档中的 WEB-INF/lib 目录下：

```
mywebapp.ear
|+ app.war
   |+ web pages
   |+ WEB-INF
      |+ web.xml
      |+ faces-config.xml
      |+ other config files
      |+ lib
         |+ jsf-facelets.jar
         |+ jboss-seam-ui.jar
         |+ jboss-seam-debug.jar

         |+ jboss-seam-mail.jar
   |+ app.jar
```

```
|+ lib
   |+ jboss-el.jar
   |+ jboss-seam.jar
|+ META-INF
   |+ application.xml
   |+ jboss-app.xml
```

然后，需要配置一个 SMTP 服务器来实际发送电子邮件，通过 Seam 的 mailSession 组件在 components.xml 文件中进行这项配置工作。其中可以指定 SMTP 服务器的主机名、端口号以及用于登录的用户凭证。下面就是配置 SMTP 服务器的一个示例：

```
<components xmlns="http://jboss.com/products/seam/components"
            xmlns:core="http://jboss.com/products/seam/core"
            xmlns:mail="http://jboss.com/products/seam/mail">

  <mail:mailSession host="smtp.example.com"
                    port="25"
                    username="myuan"
                    password="mypass" />
  ......

</components>
```

3.4.3 富文本的显示

面向社区的 Web 应用程序中经常需要显示一些用户自己发表的内容(例如论坛帖子、用户评论等)。这就出现了一个严重的问题，即如何支持在用户自己发表的内容中显示富文本。允许 Web 用户提交任意 HTML 格式的文本是不可能的，因为未经检验的 HTML 非常不安全，容易遭受各种跨站点脚本的攻击。

一种可行的解决方案就是使用所见即所得的富文本编辑器插件来捕获用户的输入，这种插件可以在提交表单给服务器时对用户的输入内容进行审查。有关此问题的更多细节，可以参考 21.3.2 节。

在此还要讨论另外一种解决方案，就是提供一个非 HTML 标记集合给 Web 用户，使得用户可以利用这些标记来对内容进行格式化。当应用程序显示这些内容时，再自动地将这些非 HTML 标记转换为 HTML 标记。这种非 HTML 文本标记语言的一个典型代表就是现在流行的 Wikitext，该标记语言广泛用于 wiki 社区站点(例如 http://wikipedia.org 站点)。将 Wikitext 标记的内容转换成 HTML 格式文本这项工作由 Seam 的<s:formattedText>UI 组件负责完成。下面就是一个具体的示例，假设#{user.post}这个 Seam 组件包含下面的文本内容：

```
It's easy to make *bold text*, /italic text/,
|monospace|, -deleted text-, super^scripts^,
or _underlines_.
```

用户界面元素<s:formattedText value="#{user.post}"/>将在 Web 页面上产生如下所示的 HTML 文本：

```
<p>
It's easy to make <b>bold text</b>,
<i>italic text</i>, <tt>monospace</tt>
<del>deleted text</del>, super<sup>scripts</sup>,
or <u>underlines</u>.
</p>
```

虽然在 jboss-seam-ui.jar 库文件中已经包含了对<s:formattedText>标记的支持，但是该标记依靠 ANTLR(ANother Tool for Language Recognition，语言识别的另一个工具，参阅 www.antlr.org)解析器对 WikiText 语法进行处理。因此，要想使用<s:formattedText>标记，还需要将 ANTLR 的 JAR 库文件打包到 WAR 归档中：

```
mywebapp.ear
|+ app.war
   |+ web pages
   |+ WEB-INF
      |+ web.xml
      |+ faces-config.xml
      |+ other config files
      |+ lib
         |+ jsf-facelets.jar
         |+ jboss-seam-ui.jar
         |+ jboss-seam-debug.jar

         |+ antlr-x.y.z.jar
|+ app.jar
|+ lib
   |+ jboss-el.jar
   |+ jboss-seam.jar
|+ META-INF
   |+ application.xml
   |+ jboss-app.xml
```

包含 ANTLR 解析器的 Seam Framework 不仅可以支持 Wikitext，而且可以支持其他的标记语言。例如，也许在某一天需要对经过审查的 HTML(即移除了所有潜在安全漏洞的 HTML 文本)、BBCode(广泛适用于联机表单的一种标记语言)或其他标记语言提供支持，此时包含了 ANTLR 解析器的 Seam Framework 都可以完美实现这种支持。有关这方面的内容可以参考 Seam 文档，以查看最新的更新。

3.5　国际化

总体来说，JSF 为国际化提供了非常优秀的支持。为了能够正确地支持 Web 页面中的本地编码，开发人员需要为 XHTML 页面选择一个默认的编码。比较安全的一种选择是使用 UTF-8 编码：

```
<?xml version="1.0" encoding="UTF-8"?>
......
```

然而，JSF 存在的一个问题就是它并不能始终以正确的编码格式来提交 POST 或 GET 数据。为此，需要在 components.xml 文件中建立一个过滤器，以便在 HTTP 请求中强制实施 UTF-8 编码：

```
<web:character-encoding-filter encoding="UTF-8"
                               override-client="true"
                               url-pattern="*.seam" />
```

JSF 的另外一个重要方面就是，它能够为 UI 中的本地化字符串选择不同的区域设置。在 Seam 中，您可以在 components.xml 文件中定义应用程序所支持的区域设置：

```
<international:locale-config default-locale="en"
                            supported-locales="en fr de"/>
```

此外，Seam 还为用户提供了一种标准的 JSF 机制，通过该机制可以为 UI 选择正确的区域设置：

```
<h:selectOneMenu value="#{localeSelector.localeString}">
  <f:selectItems value="#{localeSelector.supportedLocales}"/>
</h:selectOneMenu>
<h:commandButton action="#{localeSelector.select}"
                 value="#{messages['ChangeLanguage']}"/>
```

在 app.war/WEB-INF/classes 目录下的消息包中定义了本地化的字符串。例如，en(英语)区域设置字符串的定义位于 messages_en.properties 文件中。

第 4 章

无需 EJB3 的 Seam

JBoss Seam 的最初设计理念是基于 Java EE 5.0 之上的一个框架，成为连接 JSF 和 EJB3 的桥梁。然而，Seam 具有高度的灵活性，它本身也是一个独立完备的系统。也就是说，事实上 Seam 并不严格依赖于 JSF 或 EJB3。在 Seam 中，任何一个具有@Name 注解的 POJO 对象都可以转化成为托管组件。因此，仅仅通过 POJO 对象就可以构建 Seam 应用程序，并且这种 Seam 应用程序不但可以部署在 J2EE 1.4 版本的应用服务器之上，而且可以部署在普通的 Tomcat 服务器之上。

在本章中将对 betterjsf 示例进行修改，使用 POJO 对象而不是 EJB 会话 bean 来处理数据访问和业务逻辑，修改之后的示例更名为 hellojpa。与 betterjsf 相比，hellojpa 显然更为简单，对运行时基础设施的要求也更少。然而，仅使用 POJO 而不使用 EJB3 也会带来一些折中。本章最后将就这些折中进行讨论。

4.1 仅使用 POJO 的 Seam 应用程序示例

Seam POJO 组件比相应的 EJB3 会话 bean 更为简单。因为它不需要实现任何接口，只需要给 POJO 对象添加一个@Name 注解，以赋予该 POJO 对象一个名称。

```
@Name("manager")
public class ManagerPojo {

    ......

}
```

本书前面已经讨论过,@PersistenceContext 注解使得 EJB3 容器可以注入一个 EntityManager 对象。既然现在已经不再需要 EJB3 容器，那么只需要使用 Seam 的@In 注解注入一个 Seam 托管的 JPA 对象 EntityManager 即可，其工作方式与 EJB3 容器托管的 EntityManager 的工作方式相同。下面就是 ManagerPojo 类的完整代码：

```
@Name("manager")
public class ManagerPojo {

  @Out
  private List <Person> fans;

  @In
  private EntityManager em;

  public void sayHello (Person p) {
    em.persist (p);
    fans = em.createQuery("select p from Person p").getResultList();
  }

}
```

4.2 配置

如果希望在没有 EJB3 容器的情况下部署一个应用程序,那么就需要对 Seam 进行必要的配置,以接管原本由 EJB3 容器处理的一些必不可少的服务。本节将演示如何配置 hellojpa 这个 POJO 应用程序示例,以便将其部署到与 J2EE 1.4 兼容的 JBoss 应用服务器和普通的 Tomcat 服务器之上。

在此关注的是 betterjsf 应用程序示例(使用 EJB3 会话 bean)和 hellojpa 应用程序示例(使用 POJO 对象)在配置上的差别。在理解了这些差别之后,开发人员就可以据此对使用会话 bean 的 EJB3 应用程序及其配置进行修改,以便将其转换为使用 POJO 对象的应用程序,并能够部署到 J2EE 服务器之上。

首先,开发人员需要建立一个适用于非 EJB3 环境的持久化上下文和 EntityManager。在 persistence.xml 文件(位于 app.jar/META-INF/目录)中,开发人员必须指定一个缓存提供程序,以及一个能够查找事务管理器的机制。这些原本都是由 EJB3 容器自动提供给会话 bean 的服务,但是现在使用的是 POJO 对象,没有用到 EJB3 容器。下面就是适用于部署到 JBoss 应用服务器的 persistence.xml 示例文件。通过查找 JBoss JTA 事务管理器,就可以使用 Seam 托管的 EntityManager。

```
<persistence>
  <persistence-unit name="helloworld" transaction-type="JTA">
    <provider>
      org.hibernate.ejb.HibernatePersistence
    </provider>

    <jta-data-source>
      java:/DefaultDS
    </jta-data-source>

    <properties>
      <property name="hibernate.dialect"
```

```
             value="org.hibernate.dialect.HSQLDialect"/>
    <property name="hibernate.hbm2ddl.auto"
             value="create-drop"/>
    <property name="hibernate.show_sql"
             value="true"/>
    <property name="hibernate.cache.provider_class"
             value="org.hibernate.cache.HashtableCacheProvider"/>
    <property name="hibernate.transaction.manager_lookup_class"
      value="org.hibernate.transaction.JBossTransactionManagerLookup"/>
    </properties>
  </persistence-unit>
</persistence>
```

如果希望将 Seam POJO 应用程序部署到非 JBoss 的应用服务器之上，只需要对 persistence.xml 进行定制，以使其适用于特定的应用服务器。典型做法就是改变 JNDI 与数据源的绑定、特定数据库的 Hibernate 方言，最为重要的是改变事务管理器查找类。例如，如果希望将应用程序部署到 WebLogic 服务器之上，那么就需要 WeblogicTransactionManagerLookup 类。

如果希望将应用程序部署到普通的 Tomcat 服务器之上，那么还需要对配置文件做一些细微的改动。Tomcat 服务器没有 JTA 事务管理器，也不存在事务管理器查找类。因此，必须使用 RESOURCE_LOCAL 事务。下面就是适用于 Tomcat 服务器的 persistence.xml 配置文件：

```
<persistence>
  <persistence-unit name="helloworld"
                    transaction-type="RESOURCE_LOCAL">
    <provider>
      org.hibernate.ejb.HibernatePersistence
    </provider>

    <non-jta-data-source>
      java:comp/env/jdbc/TestDB
    </non-jta-data-source>

    <properties>
      <property name="hibernate.dialect"
               value="org.hibernate.dialect.HSQLDialect"/>
      <property name="hibernate.hbm2ddl.auto"
               value="create-drop"/>
      <property name="hibernate.show_sql"
               value="true"/>
      <property name="hibernate.cache.provider_class"
               value="org.hibernate.cache.HashtableCacheProvider"/>
    </properties>
  </persistence-unit>
</persistence>
```

Tomcat 数据库连接

Tomcat 没有绑定内嵌数据库，因此需要在 persistence.xml 文件中明确地配置 java:comp/env/jdbc/TestDB 数据源。相关讨论将在 28.5 节进行，示例应用程序名为 tomcatjpa。

接下来，就应该为 Seam 构建一个 EntityManager 对象并将其注入到 POJO 中，为此必须在 components.xml 文件中引导该对象。core:entity-manager-factory 组件对 persistence.xml 文件进行扫描，并对名为 helloworld 的持久化单元(参阅前面的代码清单)进行实例化。然后 core:managed-persistence-context 组件将从持久化单元 helloworld 构建名为 em 的 EntityManager。这样就保证了 ManagerPojo 类中的@In (create=true) EntityManager em;语句能够正常工作，因为此时 ManagerPojo 已经将名为 em 的 EntityManager 注入到同名的字段变量中。既然整个应用程序现在已经不包含 EJB3 组件，开发人员也不再需要为 core:init 组件指定 jndiPattern 属性。

```
<components ...>

  <core:init debug="true"/>

  <core:manager conversation-timeout="120000"/>

  <core:entity-manager-factory name="helloworld"/>

  <core:managed-persistence-context name="em"
    entity-manager-factory="#{helloworld}"/>

</components>
```

其他 EJB3 的相关配置，例如 ejb-jar.xml 和 components.xml 中的 jndi-pattern 属性，都已经不再需要。

4.3 打包

对于 J2EE 1.4 服务器上的部署，始终可以像 2.7 节中提到的那样将应用程序打包成 EAR 格式。然而，既然 hellojpa 是基于 POJO 的应用程序，根本没有用到任何 EJB 组件，那么就可以将其打包成更为简单的 WAR 格式。在 WAR 文件中可以放置所有的框架 JAR 文件，以及包含了应用程序 POJO 类和 persistence.xml 文件的 app.jar 文件，这些 JAR 文件都位于 WEB-INF/lib 目录下。下面就是可部署于 JBoss 应用服务器 4.2.3 GA 版本之上的 hellojpa.war 文件的打包结构：

```
hellojpa.war
|+ index.html
|+ hello.xhtml
|+ fans.xhtml
|+ ......
|+ WEB-INF
```

```
|+ lib
   |+ jboss-seam.jar
   |+ jboss-seam-el.jar
   |+ jboss-seam-ui.jar
   |+ jboss-seam-debug.jar
   |+ jsf-facelets.jar
   |+ app.jar
      |+ META-INF
         |+ persistence.xml
      |+ ManagerPojo.class
      |+ Person.class
      |+ seam.properties
|+ web.xml
|+ faces-config.xml
|+ components.xml
|+ jboss-web.xml
|+ pages.xml
```

部署于其他应用服务器所需的 JAR 文件

上面列出的 hellojpa.war 包中的 JAR 库文件适用于 JBoss 应用服务器的部署。如果计划将 WAR 文件部署到非 JBoss 的应用服务器或者低于 4.0 版本的 JBoss 应用服务器之上，那么可能还需要更多的 JAR 库文件。例如，如果希望部署到 JBoss 应用服务器 4.2.0 之上，那么还需要绑定 Hibernate 3 版本的 JAR 库文件；如果希望部署到 WebLogic 应用服务器 9.2 版本之上，则还需要 JSF RI 的 JAR 库文件、Apache 的通用 JAR 库文件以及几个第三方 JAR 库文件。更多有关在不同应用服务器之上进行部署时所需的 JAR 库文件详情，可以参阅 Seam 官方发行包中的 jpa 示例。

jboss-web.xml 文件替代了 EAR 文件中的 jboss-app.xml 文件，用于局部类加载器和根 URL 上下文的配置。jboss-web.xml 并不是必需的文件，但是当有多个应用程序部署到同一个服务器之上时，有这个文件更好。下面就是 jboss-web.xml 文件的一个示例：

```
<jboss-web>
  <context-root>/hellojpa</context-root>
  <class-loading java2ClassLoadingCompliance="false">
    <loader-repository>
      jpa:loader=jpa
      <loader-repository-config>
        java2ParentDelegation=false
      </loader-repository-config>
    </loader-repository>
  </class-loading>
</jboss-web>
```

jboss-web.xml 显然是 JBoss 特有的配置文件。没有该文件，应用程序仍然可以正常运行，此时根 URL 默认地设置为 WAR 包的文件名。有关部署到其他应用服务器之上时应该如何配置，请参考各个应用服务器的相关手册。

4.4 使用 POJO 的折中

现在您已经了解如何将一个基于 EJB3 会话 bean 的 Seam 应用程序转换为基于 POJO 对象的 Seam 应用程序，并且清楚使用 POJO 可以使代码更加简单，部署更加灵活。那么，为什么不放弃 EJB3，转而全面采用 POJO 呢？答案就是 POJO 的功能不如 EJB3 组件的功能丰富，因为 POJO 对象不能使用 EJB3 容器服务。Seam POJO 没有的 EJB3 服务包括：

- POJO 不支持声明式方法级事务。然而，开发人员可以对 Seam 进行配置，指定数据库事务的生命周期从收到 Web 请求开始，直至响应页面呈现完毕为止。更多细节可以参阅 11.2 节；
- Seam POJO 不能是消息驱动的组件；
- 不支持@Asynchronous 方法；
- 不支持容器托管的安全服务；
- 不支持事务级或者组件级的持久化上下文。Seam POJO 中所有的持久化上下文都是"扩展的"(更多细节请参阅 8.1.1 节)；
- 不能集成到容器的管理体系结构中(如 JMX 控制台服务)；
- 不能对 Seam POJO 进行远程方法调用(Remoting Method Invoke，RMI)；
- Seam POJO 不能是@WebService 组件；
- 不能进行 JCA(J2EE Connector Architecture，J2EE 连接器体系结构)集成。

除此之外，EJB3 会话 bean 是一个标准的组件模型，不仅支持 Seam，而且支持其他的应用程序模块访问应用程序的业务逻辑和持久逻辑。如果您的应用程序在基于 Seam 的 Web 模块之外还有一个重要的子系统，那么最好基于 EJB3 会话 bean 来进行开发，这样可以提高代码的可重用性。

从上面所述可以看出，本书余下部分的大部分示例应用程序仍然基于 EJB3 开发。然而，将它们转换成基于 POJO 的应用程序是很容易的一件事情。例如，示例应用程序 jpa 就是示例应用程序 integration 的 POJO 版本，integration 示例在第 12~15 章中会有讲述；而 tomcatjpa 示例则是 jpa 示例的 Tomcat 可部署版本，其中具有所有必要的数据源连接(参阅 28.5 节)。

第 5 章

快速应用程序开发工具

在前面两章中可以看到 Seam 应用程序的代码编写非常容易，只需要对几个配置文件进行管理。说句公道话，这些配置文件也非常简单(不存在"XML 代码")，而且不同项目的配置文件绝大部分都相同。但是尽管如此，开发人员还是需要跟踪这些配置文件，这就有了开发工具的用武之地！

seam-gen 是随 Seam 发行包一起发布的快速应用程序生成器，其主要工作方式就是通过一些命令行操作，为 Seam 项目生成一系列人工制品。通常使用该工具来完成以下工作：

- 自动生成一个空的 Seam 项目，该项目已经自带了一些通用的配置文件、编译脚本、Java 代码目录和 JSF 视图页面等；
- 为 Seam 项目自动生成完整的 Eclipse 和 NetBeans 项目文件；
- 通过逆向工程，从关系数据库表构建实体 bean 对象；
- 为通用的 Seam 组件生成模板文件。

seam-gen 采用的是基于命令行脚本的方式，这就使得 seam-gen 可以在任何一个开发环境中工作，并且这种方式在 Ruby on Rails 中已经被证明是成功的方式。但是，与 Ruby on Rails 中不同的是，seam-gen 还可以与不同的集成开发环境协同工作，特别是为 Eclipse 和 NetBeans 这两个集成开发环境提供了非常优秀的集成开发支持。本章要讲解的就是如何利用 seam-gen 开始一个项目。

5.1 先决条件

seam-gen 需要 Apache Ant 1.6 及其以上版本的支持。实际上，本书示例中的所有编译脚本都基于 Apache Ant。因此，如果尚未安装 Apache Ant，那么请从 http://ant.apache.org 下载并安装 Apache Ant。

seam-gen 可以为 JBoss 应用服务器 4.2.x 版本中的部署生成代码和配置文件(安装指南请参阅附录 A)。但是，seam-gen 不能为 J2EE 1.4 服务器和普通的 Tomcat 服务器中的部署提供支持(参阅第 4 章)。注意，对项目配置进行几处手动修改之后，就可以将自动生成的项目部署到其他 J2EE 或 Java EE 5 应用服务器上。关于如何利用其他的应用服务器将在第 29 章进行讨论，也可以登录 www.seamframework.org/Documentation/ServersAndContainers 了解相关信息。

seam-gen 项目使用 Facelets(参阅 3.1 节)作为其视图框架。因此，必须以 XHTML 文件格式创建 JSF Web 页面。

5.2　快速教程

Seam 发行包中包含了两种版本的 seam-gen，一种是运行于 Linux、Unix 和 Mac 平台上的 seam 脚本，另一种是运行于 Windows 平台上的 seam.bat 脚本。在 Linux 和 Unix 平台上，可能还需要更改 seam 脚本的权限，以使其能够以命令行的方式执行(即执行命令 chmod +x seam)。

本节剩下的部分将演示 seam-gen 的使用步骤，并以第 3 章中讨论的 betterjsf 应用程序为例，讲述 seam-gen 如何生成和编译一个完整的应用程序。

5.2.1　设置 seam-gen

首先要做的工作就是告诉 seam-gen 需要生成什么样的项目。在 Seam 发行包的根目录中输入以下命令：

```
seam setup
```

该脚本将询问有关项目的一些问题，例如项目的名称、JBoss 应用服务器的安装路径、Eclipse 的工作区，以及数据库服务器等。下面就是一个对话示例。在回答 seam 脚本的提问时，可以直接按下 Enter 键，以接受方括号内的默认值。

```
setup:
     [echo] Welcome to seam-gen :-)
    [input] Enter your Java project workspace (the directory that
            contains your Seam projects) [C:/Projects] [C:/Projects]
c:/projects/seamgen
    [input] Enter your JBoss home directory [C:/Program Files/
            jboss-4.2.2.GA] [C:/Program Files/jboss-4.2.2.GA]
C:/oss/jboss-4.2.2.GA
    [input] Enter the project name [myproject] [myproject]
helloseamgen
     [echo] Accepted project name as: helloseamgen
    [input] Do you want to use ICEFaces instead of RichFaces [n]
            (y, [n])
n
    [input] skipping input as property icefaces.home.new has already
            been set.
    [input] Select a RichFaces skin [blueSky] ([blueSky], classic,
            ruby, wine, deepMarine, emeraldTown, japanCherry, DEFAULT)
classic
    [input] Is this project deployed as an EAR (with EJB components)
```

```
                    or a WAR (with no EJB support) [ear] ([ear], war)
ear
    [input] Enter the Java package name for your session beans
            [com.mydomain.helloseamgen] [com.mydomain.helloseamgen]
book.helloseamgen
    [input] Enter the Java package name for your entity beans
            [book.helloseamgen] [book.helloseamgen]
book.helloseamgen
    [input] Enter the Java package name for your test cases
            [book.helloseamgen.test] [book.helloseamgen.test]
book.helloseamgen.test
    [input] What kind of database are you using? [hsql] ([hsql],
            mysql, oracle, postgres, mssql, db2, sybase,
            enterprisedb, h2)
hsql
    [input] Enter the Hibernate dialect for your database
            [org.hibernate.dialect.HSQLDialect]
            [org.hibernate.dialect.HSQLDialect]

    [input] Enter the filesystem path to the JDBC driver jar
            [../lib/hsqldb.jar] [../lib/hsqldb.jar]

    [input] Enter JDBC driver class for your database
            [org.hsqldb.jdbcDriver] [org.hsqldb.jdbcDriver]

    [input] Enter the JDBC URL for your database [jdbc:hsqldb:.]
            [jdbc:hsqldb:.]

    [input] Enter database username [sa] [sa]

    [input] Enter database password [] []

    [input] Enter the database schema name (it is OK to leave
            this blank) [] []
    [input] Enter the database catalog name (it is OK to leave
            this blank) [] []
    [input] Are you working with tables that already exist in
            the database? [n] (y, [n])
n
    [input] Do you want to drop and recreate the database tables
            and data in import.sql each time you deploy? [n]
            (y, [n])
y
```

下面就是关于如何回答 seam-gen 问题的一些提示，其中许多提示都是关于如何处理数据库服务器的选项。对于初学者来说，这是快速上手 JBoss 应用服务器中的内嵌 HSQL 数据库的最快捷方式。至于其他的数据库选项，如果开发人员准备测试或部署应用程序，可以参考第 28 章。

- Java 项目工作区。这其实是一个 Eclipse 术语。如果并没有用到 Eclipse，那么应该输入具体的目录路径，以便告诉 seam-gen 要将 Seam 项目存储到什么位置。在一个工作区之内可以同时存放多个 Seam 项目。此外，如果输入的是一个相对路径，那么将以 seam-gen 目录为根目录，再根据输入的相对路径来创建 Seam 项目。

- JBoss 的主目录。该目录是指 JBoss 应用服务器的安装目录。

- 项目名称。项目名称与 seam-gen 所生成的项目目录名称一致。通过编译脚本对应用程序进行编译，最终得到的是 projectname.jar、projectname.war 和 projectname.ear 这 3 个文件。

- 假设项目中使用的不是 JBoss Richfaces 就是 ICEfaces(当然，这并不是说只能使用这两种技术，只是这两种技术可以使项目配置自动化)。有了 RichFaces 的支持，应用程序就具有了换肤的功能。这些实际上是为应用程序提供外观的主题。关于换肤这个主题，可以参考 http://livedemo.cxadel.com/richfaces-demo/index.jsp。

- 可以选择应用程序最终的打包形式，既可以是 EAR 归档，也可以是 WAR 归档。大多数情况下，推荐使用 EAR 归档，因为在 JBoss 应用服务器上，EAR 归档提供了对 EJB3 的良好支持。当然，如果您的应用程序中只使用了 Seam POJO 对象，并没有用到 EJB3 会话 bean，而且只计划将应用程序部署到 J2EE1.4 服务器之上，那么您完全可以使用 WAR 归档。但是一定要注意，seam-gen 生成的 WAR 文件不能部署在普通的 Tomcat 服务器之上。更多有关 Tomcat 服务器之上的部署建议，请参阅第 4 章。

- Java 包的名称。该名称用于后面的 seam-gen 代码生成任务，例如从数据库表生成实体 bean，以及生成页面表单和对应表单操作等。当然，如果不需要在开发应用程序的过程中使用 seam-gen，那么就无需介意这个 Java 包的名称，只需要接受默认值即可；就算要在后续生成骨架类的任务中用到 seam-gen，也可以通过手动更改或者重构的方式来更改这个 Java 包的名称。因此，不必过于在意该选项。

- 数据库类型。该选项可用来为自己的应用程序选择合适的关系数据库。如果应用程序部署在 JBoss 应用服务器之上，那么直接接受默认的 hsql 数据库即可，因为该数据库是 JBoss 应用服务器内嵌的 HSQL 数据库，在默认情况下映射到 JNDI 名称 java:/DefaultDS。当然，对于生产应用程序来说，开发人员可能会选择更为健壮的数据库服务器，例如 MySQL。更多有关生产数据库的信息，请参考第 28 章。

- Hibernate 方言。该选项依赖于数据库的选择。对于默认的 HSQL 数据库来说，对应的 Hibernate 方言就是 org.hibernate.dialect.HSQLDialect；对于 MySQL 数据库来说，Hibernate 方言就是 org.hibernate.dialect.MySQLDialect。需要注意的是，在输入方言时必须输入完整的 Hibernate 类名。更多有关数据库方言的细节，请参考 Hibernate 的文档。

- JDBC 驱动程序。该选项同样依赖于数据库的选择。对于默认的 HSQL 数据库来说，其驱动程序已经绑定在 JBoss 应用服务器中，因此在此直接按下 Enter 键即可。对于 MySQL 或其他数据库来说，必须下载正确的 JDBC 驱动程序，并在此输入该 JDBC 驱动程序的 JAR 文件存放的路径。

- **JDBC 驱动程序类**。该选项即为选择的数据库的 JDBC 驱动程序类。对于默认的 HSQL 数据库来说，对应的类就是 org.hsqldb.jdbcDriver；对于 MySQL 数据库来说，该类就是 com.mysql.jdbc.Driver。关于其他类型的数据库，请参考相应的 JDBC 文档。
- **JDBC URL**。该选项的作用就是告诉应用程序如何连接具体的数据库。对于默认的 HSQL 数据库来说，对应的 URL 就是 jdbc:hsqldb:.；对于 MySQL 数据库来说，该 URL 就是 jdbc:mysql://host:3306/dbname，此处的 dbname 即为数据库的名称。
- **数据库的用户名和密码**。该选项和数据库服务器相关。对于默认的 HSQL 数据库，用户名是 sa，密码为空。
- **数据库的模式和目录名**。该选项用于从数据库中的表生成实体 bean 的逆向工程。本书中将不会用到该功能。
- 最后两个问题询问的是如何通过控制 Hibernate 持久化引擎中的 hbm2ddl 属性的设置来管理数据库中的表。如果处于开发模式，那么最后一个问题就应该回答 y（“是”）。这将设置 hbm2ddl 属性为 create-drop（即将在部署应用程序时创建表，将在撤消部署应用程序时销毁表）。如果最后一个问题的回答是 n（“否”），倒数第二个问题的回答是 y（“是”），那么 hbm2ddl 属性将被设置为 update。否则，hbm2ddl 属性将被设置为 validate。

开发人员对上述这些 Seam 设置过程中的问题的回答将存储在 seam-gen 目录下的 build.properties 文件中。在此之后，如果需要对某些设置进行改动，但是又不希望重复整个回答问题的流程，那么只需直接编辑 seam-gen/build.properties 文件即可。

5.2.2　生成骨架应用程序

为了生成一个带有配置文件和编译脚本的骨架应用程序模板，开发人员需要在 Seam 的安装目录中运行如下命令：

```
seam new-project
```

这样就在 Eclipse 的工作区中创建了一个新的项目目录，该目录的名称与项目的名称是一致的。在当前的示例中，项目位于 C:/projects/seamgen/helloseamgen 中，目录初始结构如下所示。该项目目录的布局和本书中的示例应用程序（详见附录 B）以及官方的 Seam 示例应用程序非常相似。该目录还包含了为 NetBeans 和 Eclipse 这两个 IDE 提供集成支持的文件，本章稍后将讨论这些文件。

```
helloseamgen
|+ .classpath                        // Eclipse support
|+ .settings                         // Eclipse support
|+ exploded.launch                   // Eclipse support
|+ helloseamgen.launch               // Eclipse support
|+ debug-jboss-helloseamgen.launch   // Eclipse support
|+ .project                          // Eclipse support
|+ nbproject                         // NetBeans support
|+ hibernate-console.properties      // Hibernate Tools support
|+ seam-gen.properties               // Properties defined in setup
```

```
|+ build.properties              // JBoss Home, etc.
|+ build.xml                     // Build script
|+ bootstrap                     // Seam Test support
|+ lib                           // Library JARs
|+ src                           // Java source code
|+ view                          // Facelets XHTML files
|+ resources                     // Configuration files
```

项目名称

此处的示例项目为 helloseamgen，但是直接使用 projectname 来泛指 seam-gen 生成的一般项目名称。

从上面的目录结构可以看出，src 文件夹分为 3 个源文件类型：src/main、src/hot 和 src/test。这些源文件类型定义如下：

src/main　这个 src 目录中包括的所有类都将部署到应用程序类路径，并被认为是静态的(不可热部署)。JPA 实体类应该总是放在这个目录中。

src/hot　这个特殊的 src 目录应该包括希望在开发期间热部署的类。要想知道什么类可以热部署以及如何启用这项功能，请参阅 5.2.5 节。

src/test　所有测试类都放在这个 src 目录中。seam-gen 使用 TestNG 作为测试框架。如果喜欢的话，也可以换成 JUnit，但要使用 Seam Test，就需要采用 TestNG。

每个 seam-gen 项目都是完全自包含的。可以构建、测试并部署应用程序，而不需要引用或链接到项目目录之外的任何 JAR 文件。

要想试用这个骨架应用程序，只需要进入 projectname 目录并输入 ant。此时应该在 dist 目录中构建 projectname.ear 文件，然后将其部署到 JBoss AS。启动 JBoss AS 并使用浏览器打开 http://localhost:8080/projectname/，就应该可以看到一个漂亮的欢迎页面。

5.2.3　理解配置文件

通过借鉴 Ruby on Rails，seam-gen 也支持配置文件的概念。具体的思想是，应用程序在开发、测试和生产阶段可能需要不同的数据库设置。因此，项目为每种场合提供了可选的数据库配置文件。在 resources 目录中，有以下数据库配置文件：

```
projectname
|+ ......
|+ resources
   |+ projectname-dev-ds.xml
   |+ projectname-prod-ds.xml
   |+ import-dev.sql
   |+ import-prod.sql
   |+ import-test.sql
   |+ components-dev.properties
   |+ components-prod.properties
   |+ components-test.properties
   |+ ......
```

```
|+ META-INF
   |+ persistence-dev.xml
   |+ persistence-prod.xml
   |+ persistence-test.xml
   |+ ......
```

*dev*文件是开发阶段的数据库配置文件(也就是 dev 配置文件)。如果 EAR 或 WAR 归档文件是针对 dev 配置文件构建的，就会把 persistence-dev.xml 和 import-dev.sql 文件打包成归档中的 persistence.xml 和 import.sql 文件。而 projectname-dev-ds.xml 文件将作为 projectname-ds.xml 文件被复制到服务器的 deploy 目录中，用来配置 HSQL 开发数据库。

在开发期间，可能希望使用内嵌的 HSQL 数据库和一组简单的导入数据实现快速的周转。下面是 projectname-dev-ds.xml 文件示例，它只是把内嵌的 HSQL 数据源映射到 JNDI 名称 projectnameDatasource，这实际上与 JBoss AS 中已有的默认值 java:/DefaultDS 相同。

```xml
<datasources>

  <local-tx-datasource>
    <jndi-name>projectnameDatasource</jndi-name>
    <connection-url>jdbc:hsqldb:.</connection-url>
    <driver-class>
      org.hsqldb.jdbcDriver
    </driver-class>
    <user-name>sa</user-name>
    <password></password>
  </local-tx-datasource>

</datasources>
```

类似地，*prod*文件用于生产时配置(prod 配置文件)。当首次生成项目时，*prod*文件与*dev*文件一样。它们都是根据您在 seam 设置中提供的答案来生成的。可能需要修改*prod*文件以使用实际的生产数据库，例如 MySQL。详细信息请参阅第 28 章。

*test*文件中包括用于容器外测试的数据库配置信息。它通常使用由测试运行器引导的 HSQL 数据库。详细信息请参阅第 IV 部分。

要修改项目的构建配置文件，可以使用 seam-Dprofile=[profile] [target]指定的配置文件来执行构建命令，或者编辑 build.xml 文件并修改 profile 属性的值：

```xml
<project ...>

  <!-- development (default) -->
  <property name="profile" value="dev" />
  <!-- production
    <property name="profile" value="prod" />
  -->
  <!-- test
    <property name="profile" value="test" />
  -->

</project>
```

您可能注意到 seam-gen 项目使用通配符属性来确定 debug 属性的值：

```
<core:init debug="@debug@" />
```

通配符的值是在运行时根据 components.properties 文件定义中的设置来确定的。任何属性都可以使用通配符，只要通配符名称使用@符号包起来(例如@myWildCard@)。这对于根据部署环境来切换 components.xml 属性来说非常有用，而且可视为最佳实践。类似于 seam-gen 使用环境特有的 persistence.xml 定义的方法，为每种环境定义了一个 components.properties 文件：

```
resources
|+ components-dev.properties
|+ components-prod.properties
|+ components-test.properties
......
```

上面指定的每个 components.properties 文件都是作为项目的一部分生成的，而且具有合理的默认值。与以前一样，从选中的配置文件(也就是 dev、test 或 prod)中选择合适的配置文件。

根据环境切换 debug 属性就是一个可以说明这种方法非常有用的明显示例。此外，在配置自己的自定义组件时，这种方法可用来根据配置文件修改设置。例如，假如知道正在访问的某项服务的 IP 地址和端口。可以根据环境来修改这个 IP 地址和端口，这就使得该配置成为通配符方法的绝佳候选方法。

5.2.4 开发应用程序

现在是时候使用 Java 代码、XHTML 页面和应用程序特有的配置来填充骨架模板。对于 helloseamgen 示例而言，这项工作相当简单。首先，将 betterjsf 项目的 view/目录中的所有文件复制到 helloseamgen 项目中对应的目录。seam-gen 项目已经设置为支持将 Facelets 作为视图框架(参阅 3.1 节)。

现在就可以把源文件放到 seam-gen 创建的 src/main 文件夹中。将 ManagerAction、它的接口 Manager 以及 Person 实体复制到 src/main 文件夹中。现在把这些类编译并部署到应用程序类路径中。

因为本书主要讲解如何开发 Seam 应用程序，因此这里不会深入介绍 helloseamgen 示例的细节。感兴趣的读者可以阅读第 2 章和第 3 章。

如果要在 seam-gen 中运行复杂的示例，那么除了复制 src/和 view/目录下的内容之外，还需要执行其他操作。例如，要想运行 Natural Hotel Booking 示例(参阅第 8 章)，就应该同时把 resources/WEB-INF/navigation.xml、resources/WEB-INF/pages.xml 以及 resources/import.sql 文件复制到 seam-gen 项目中。确保在回答 seam-gen 设置的最后一个问题时给出的答案是 y，这样这个演示应用程序才能够正确地初始化数据库表。

5.2.5 构建和部署

构建并部署应用程序是一件简单的事情，只需要在项目目录中执行 ant 命令即可。在本节中讨论如何构建并部署 EAR 归档。如果在设置 seam 时选择构建 WAR 存档，那么打包结构将稍微有所不同，但过程是一样的。

　　ant 命令编译所有 Java 类，将类、XHTML 文件以及配置文件一起打包到 dist/projectname.ear (这个文件中包含 projectname.jar 和 projectname.war)，然后将 projectname.ear 部署到 JBoss AS。projectname.ear 应用程序使用在 rcsources/projectname-ds.xml 文件中定义的数据源(即数据库连接)，因此也要把*-ds.xml 文件部署到 JBoss AS。

部署到 JBoss AS

　　要在 JBoss AS 中部署 projectname.ear 和 projectname-ds.xml，只需要将这两个文件复制到$JBOSS_HOME/server/default/deploy 目录中即可。

　　如果只想构建 projectname.ear 文件，而不想部署它，那么运行 ant archive 任务。

　　build.xml 脚本还可以用来以"展开式(exploded)"格式构建和部署应用程序。展开式归档实际上就是一个目录，该目录中包含的内容与归档文件相同。创建好的展开式 projectname.jar/war/ear 归档位于项目的 exploded-archives 目录中。Ant 命令 ant explode 将展开式 projectname.ear 归档部署到 JBoss AS。一般说来，展开式部署是开发期间首选的部署方法。

　　展开式部署允许重新部署修改过的任何 XHTML 文件或 pages.xml 文件，而无需重启整个应用程序。为了启用增量式热部署功能，必须把 Seam 和 Facelets 设置成调试模式。默认情况下，seam-gen 应用程序在 dev 配置文件中启用调试。下面这行代码取自 components.xml 文件，它把 Seam 和 Facelets 配置成调试模式：

```
<core:init debug="true" />
```

　　展开式部署的好处在于，它支持对应用程序进行增量式修改，而无需每次修改时都重启 JBoss AS。如果对 XHTML 文件或 pages.xml 文件进行任何修改，都不需要重启。但是，对实体或 EJB 组件的修改仍然需要重启。具体的实现方法是，执行 ant restart 任务，它只把修改过的文件复制到 JBoss AS 中的展开式归档中，并更新 application.xml 文件中的时间戳，以便使 JBoss AS 重新部署更新后的应用程序。然后，刷新浏览器就可以看到更新后的应用程序。

利用 POJO 增量式重新部署实现快速周转

　　虽然 EJB 组件和实体需要重启应用程序，但是 Seam 支持通过利用 POJO(放在 src/hot 文件夹中)的增量式重新部署来实现快速的编辑/编译/测试循环。Seam 提供了一个特殊的类加载器，它可以自动加载部署到 WEB-INF/dev 目录中的已经修改过的类。这个方法有一些限制：

- 不适用于 EJB3 bean 和实体，但在未来的版本中将支持前者；
- 不支持 components.xml 定义的组件；
- 位于 WEB-INF/dev 目录之外的类不能访问这些类；
- 必须启用 Seam 调试模式(本章前面讨论过)，而且必须把 jboss-seam-debug.jar 放到 WEB-INF/lib 中(seam-gen 项目默认包括这个文件)；
- 必须在 web.xml 文件中配置 Seam 过滤器(seam-gen 项目默认包括这个文件)。

---

seam-gen 应用程序拥有 JBoss AS 部署所需的所有 JAR 库文件。这包括用来支持 RichFaces、Drools(参阅第 18 章)、jBPM(参阅第 24 章)的所有 JAR 文件，但是不包括 Hibernate 以及在其他应用服务器(参阅第 4 章)上部署时可能需要用到的其他 JAR 文件。

5.2.6　运行测试用例

本章前面讨论过，在 seam-gen 项目中测试类和 TestNG 配置文件放在 src/test 目录中。TestNG 配置文件的文件名必须是*Test.xml。在本书第IV部分中将会介绍更多有关 Seam Test 框架的内容。

要运行这些测试，只需执行 ant test 任务。测试结果位于 testng-report 目录中。注意，这些测试是通过 Seam Test 框架来执行的。seam-gen 是目前设置 Seam Test 以用于项目测试的最简单方法(也是推荐方法)。

如果正尝试在 seam-gen 项目中重复本书的示例应用程序，那么可以将该示例的 test 目录中的所有文件复制到 seam-gen 项目的 src/test 目录中，然后将 testng.xml 文件重命名为 HelloWorldTest.xml。

5.3　使用 IDE

seam-gen 项目可以用于几款领先的 Java IDE 中。特别是，seam-gen 为 NetBeans 和 Eclipse 这两款开源 IDE 提供了内置支持。借助 JBoss Tools(www.jboss.org/tools)，Eclipse 用户可以得到广泛的 Seam 支持。虽然 JBoss Tools 并不是必需的工具，但是推荐使用它，因为它的功能可以辅助 Seam 开发。考虑到有些人希望使用 Eclipse 而非 JBoss Tools，因此，本节首先讲解基本的 Eclipse 支持，然后再给出 JBoss Tools 支持。

5.3.1　NetBeans

seam-gen 项目有一个 nbproject/project.xml 文件，它定义了 NetBeans 项目。在 NetBeans 的 Open Project(打开项目)向导中选择项目目录，就可以打开该项目。图 5-1 给出了 NetBeans 中 seam-gen 项目的外观。src 目录中的所有 Java 源文件都可以进行 NetBeans 内省(introspection)。view 和 resources 目录下的文件也和 build.xml 文件一起出现于项目中。在 NetBeans 编辑器中可以打开任何 Java 源文件、XHTML 和 XML 文件。NetBeans 自动执行语法高亮显示和语法检查。还可以使用 NetBeans 的内置可视向导来编辑这些文件(例如 web.xml)。

Facelets XHTML 文件的编辑器支持

推荐使用 NetBeans Facelets 支持模块(必须是 snapshot 04 或更新版本)，这是因为它为在 NetBeans 编辑器中编辑 Facelets XHTML 文件提供了标记自动完成、语法检查、格式化以及其他支持。可以从 https://nbfaceletssupport.dev.java.net 下载该模块。

如果没有安装 Facelets 模块，那么 Facelets XHTML 文件将作为普通文本文件或普通 XHTML 文件打开，而没有 Facelets 标记支持。

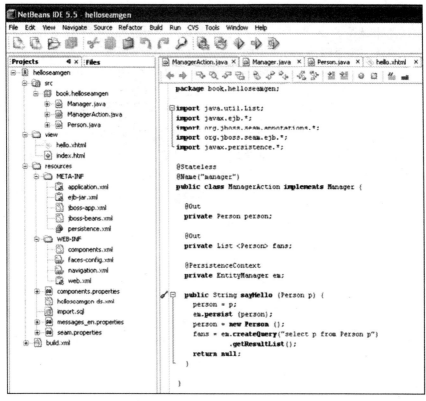

图 5-1　NetBeans 中的 seam-gen 项目

　　要编译、构建并部署项目，可以右击项目名称，然后选择菜单项 Deploy Project(参阅图 5-2，有时该菜单项的标签为 Redeploy Project)。当部署应用程序并运行它之后，可以对项目中的任何文件进行修改、保存，然后调用 Deploy Project 命令，只把修改过的文件再次部署到服务器中。刷新 Web 浏览器就可以立即看到效果。

图 5-2　项目的 Build 和 Deploy 操作菜单项

现在您可能注意到，在项目的弹出菜单中有一个 Debug Project 菜单项。可以使用 NetBeans 调试器来调试 Seam 项目，但是有一些限制：不能在 EJB3 会话 bean 组件内部设置断点或监视变量。其原因是 Seam 生成了一个运行时代理来调用会话 bean 方法，这会使调试器混淆。但是，可以调试 Seam POJO 组件(参阅第 4 章)和实体 bean。当然，如果会话 bean 调用了其他对象，那么可以在这些对象中设置断点和监视变量。

要调试应用程序，必须首先在调试模式下(端口 8787，参阅下面的侧栏)运行应用服务器的 JVM。然后就可以在源代码编辑器中设置断点和监视变量，构建应用程序并部署它。右击项目，然后选择 Debug Project 菜单项来启动调试器。现在可以使用 Web 浏览器来访问部署好的应用程序。当触发断点时，应用程序会暂停(也就是说，浏览器会等待)，并且 NetBeans 显示当前的调试信息。图 5-3 给出了当调试器到达某个 Seam POJO 的 UI 事件处理程序方法中的某个断点时 IDE 的显示结果。

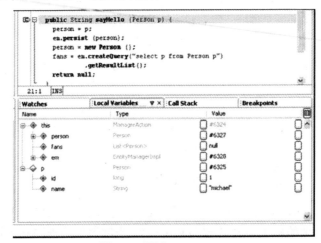

图 5-3 调试 Seam POJO

在调试模式下运行 JBoss AS

在 Windows 中，编辑 bin/run.bat 文件并取消注释下面这行(只一行)代码：

```
set JAVA_OPTS=-Xdebug -Xrunjdwp:transport=
dt_socket,address=8787,server=y,suspend=y %JAVA_OPTS%
```

在 Unix/Linux/Mac OS X 中，需要手动把下面这行(只一行)代码添加到 bin/run.sh 脚本中：

```
JAVA_OPTS="-Xdebug -Xrunjdwp:server=y,transport=
dt_socket,address=8787 $JAVA_OPTS"
```

如果在 8787 之外的端口上运行调试器，或者正在调试远程机器上的 JVM，那么应该相应地修改 seam-gen 项目中的 nbproject/debug-jboss.properties 文件：

```
jpda.host=localhost
jpda.address=4142
jpda.transport=dt_socket
```

NetBeans 有着极佳的 Facelets/JSF 支持和内置调试功能，这使得它成为 Seam 应用程序开发的极佳选择。尽管如此，在下面几节中将会介绍，借助 JBoss Tools，Seam 在 Eclipse 中也有直接的支持。

5.3.2 Eclipse

要想在 Eclipse 中打开 seam-gen 项目，请启动 Eclipse，并将工作区设置成在 seam setup 任务中输入的工作区目录。然后，选择 File | Import | Existing Projects into Workspace 命令以导入项目。在这个向导中，定位到包含项目的目录，如图 5-4 所示，然后单击 Finish 按钮。

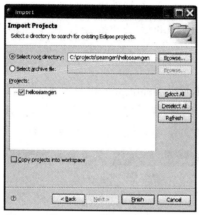

图 5-4 将 seam-gen 项目导入 Eclipse

项目已经打开(如图 5-5 所示)。可以向 src/main、src/hot 以及 src/test 目录中添加 Java 源文件，向 view 目录中添加 Facelets XHTML 页面。还可以编辑 resources 目录中的配置文件。必须滚动该页面才能看到 view 和 resources 目录。

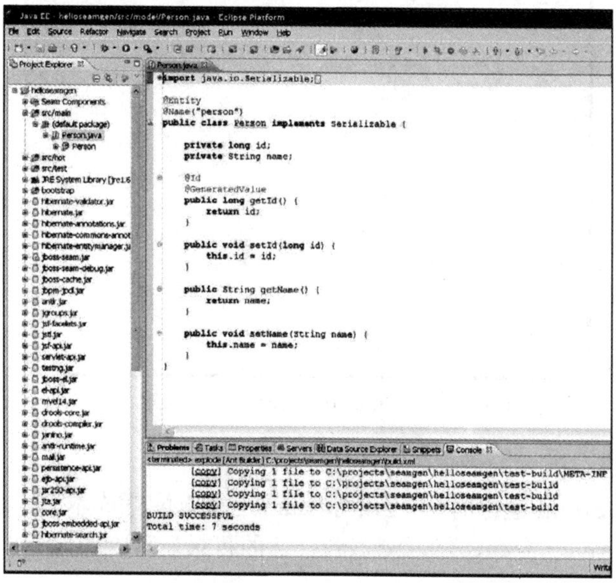

图 5-5 导入到 Eclipse 中的 seam-gen 项目

与 NetBeans 类似，Eclipse 可以将其调试器连接到正在运行的应用服务器。连接参数的设置请参考 NetBeans 一节的内容。通过生成展开式归档并将其部署到本地的 JBoss 实例，seam-gen 提供的 Ant 启动配置可以确保部署瞬间完成。每次检测到修改时，构建任务都会把修改过的文件复制到展开式归档中，确保两次修改之间的快速周转时间。

5.3.3 JBoss Tools 与 JBoss Developer Studio

虽然不是必需的操作，但是建议安装 JBoss Tools(www.jboss.org/tools)插件，以便使 Eclipse 直接支持 Seam 项目。可以从 JBoss Tools 更新站点 http://download.jboss.org/jbosstools/updates/stable 安装这个插件。注意，这个插件需要 Eclipse 3.3。另一个选择是 JBoss Developer Studio，它需要在 www.jboss.com/products/devstudio 中购买。JBoss Developer Studio 提供了一个经过认证的 Eclipse 软件包，其中包括 JBoss Tools。下面一节同时适用于 JBoss Tools 和 JBoss Developer Studio。

前一节中的步骤描述了如何将 seam-gen 项目导入到 Eclipse。完成导入之后，第一步就是将该项目初始化为 Seam 项目。首先右击该项目，然后打开 Properties 菜单。在 Properties 菜单下选择 Seam Settings 菜单项，这会显示 Seam 项目的设置(如图 5-6 所示)。

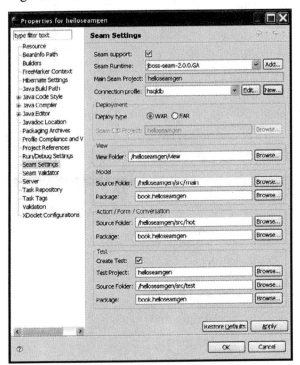

图 5-6   使用 JBoss Tools Seam 特性来配置项目

下面的要点为这些配置的设置提供指南。

Seam runtime(Seam 运行时)   应该将 Seam 运行时配置成本地安装的 Seam 发行包的主目录。只需选择 Add ...命令，然后浏览到合适的目录。现在该运行时应该出现在选项的下拉列表中。

deployment(部署)　这将基于运行 seam-gen 时创建的 Seam 项目的类型进行部署。只需选择合适的选项即可。

view(视图)　确保将其设置成 seam-gen 生成的 view 文件夹。

model(模型)　这个源代码文件夹始终被 seam-gen 设置为$project.name/src/main，但是这个包将基于在生成该项目时提供的设置。

action/form/conversation(操作/表单/对话)　seam-gen 始终将这个源代码文件夹设置为$project.name/src/hot，但是这个包将基于在生成该项目时提供的设置。

test(测试)　这是一个可选设置，它定义了 Seam 测试的位置。seam-gen 总是将这个源代码文件夹设置为$project.name/src/test，但是这个包将基于在生成该项目时提供的设置。

一旦完成设置，单击 OK 按钮并打开 Web Development 透视图(如图 5-7 所示)。

图 5-7　为 JBoss Tools 的其他功能选择 Web Development 透视图

这个透视图提供了几种新功能。首先查看生成的项目的 hello.xhtml 页面(如图 5-8 所示)。

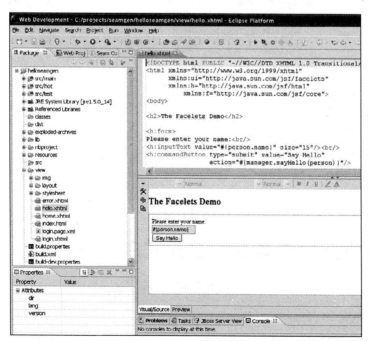

图 5-8　JBoss Tools 提供的 Preview 面板用来开发 XHTML 页面

可以在不部署应用程序的情况下预览页面。当修改 hello.xhtml 页面时，Preview 面板会自动更新以反映这些修改。此外，本章前面曾经提到过，对这个页面的修改将自动复制到展开式服务器部署，这就使得这些修改也能够立即在服务器上得到体现。

项目中的 Seam 组件将自动注册到 IDE。Seam Components 选项卡列出项目中的所有 Seam 组件以及它们对应的作用域。这项功能对于快速解决作用域问题来说非常有用(如图 5-9 所示)。

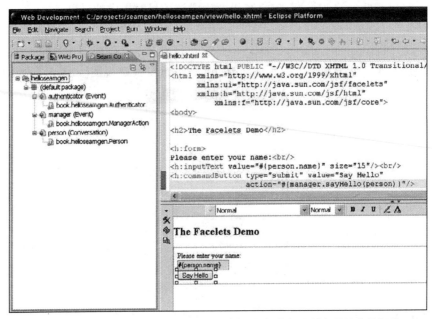

图 5-9　Seam Components 选项卡可用来快速查看注册到该项目中的组件

除了所有这些功能之外，JBoss Tools 还提供了各种向导来生成操作、组件文件、对话、实体、表单、现有数据库的实体、页面流以及一个全新的项目。只需在 New | Seam 菜单中选择一个向导即可。

EL 表达式自动完成

利用 JBoss Tools，不仅能够获得 NetBeans 提供的标记自动完成功能，而且在 EL 表达式中按下 CTRL+空格组合键(如同在标准类定义中所做的那样)，就会自动完成组件以及它们的方法。这是 JBoss Tools 提供的最有用的功能之一，因为所有 Seam 组件都会自动注册到 JBoss Tools 中以实现自动完成功能。

5.4　从数据库生成 CRUD 应用程序

seam-gen 实用程序可以利用逆向工程技术，根据数据库中现有的表生成一个完整的 CRUD(Create、Retrieve、Update、Delete，创建、检索、更新和删除)Web 应用程序。这项功能类似于 Ruby on Rails 提供的功能，只是它更为强大。在执行 seam generate-entities 命令时，seam-gen 从数据库中读取表模式并生成以下人工制品：

- 映射到这些表的 EJB3 实体 bean。每张表都有一个对应的 bean，其名称与表名相同。表之间的关联和关系也会在实体 bean 类中得以正确体现。有关如何通过注解在实体对象中表达关系型关联，请参阅 Hibernate 或 JPA 文档。数据列上的所有 NOT NULL 约束也都将翻译成 Hibernate 验证器(参阅第 12 章)；
- 用来访问数据库的 Seam POJO。这些 DAO(Data Access Object，数据访问对象)基于 Seam 的内置 CRUD 组件框架(参阅第 16 章)。每个生成的实体 bean 都有一个对应的 DAO。DAO 提供了使用 EntityManager 完成 CRUD 操作的方法。在第 4 章中将介绍如何在 Seam POJO 中使用 EntityManager；
- 用于表示层的 Facelets XHTML 文件。每张表都有一个对应的 XHTML 文件来搜索和显示表中的各行，并且使用一个 XHTML 文件来显示一行数据，使用另一个 XHTML 文件来编辑选中的行或者创建新行。对于每个"编辑"XHTML 文件，也有一个 *.page.xml 文件来定义页面参数，这样就可以支持这些视图文件的 RESTful URL(参阅第 15 章)。

seam generate-entities 任务确实非常强大，而且使用起来很有趣。在自己的一个数据库上尝试一下，查看它的运行效果有多优秀！

5.5　seam-gen 命令参考

现在已经讨论了如何使用 seam-gen，接下来就可以查看可用的命令(参阅表 5-1)。在实际使用 seam-gen 时，表 5-1 可以作为一个便捷的参考。

表 5-1　Seam-gen 命令

命　　令	描　　述
seam setup	针对您的环境配置 seam-gen：JBoss AS 安装目录、Eclipse 工作区以及数据库连接
seam new-project	根据在设置中提供的配置设置项来创建一个新的可部署 Seam 项目
seam -D[profile] deploy	部署使用给定[profile](也就是 dev、test 或 prod)特有的配置创建的新项目
seam new-action	创建一个带有无状态操作方法的简单 Web 页面。为项目生成 Facelets 页面和组件
seam new-form	创建一个带有操作的表单
seam generate-entities	从现有数据库生成一个应用程序。只需要确保设置指向合适的数据库即可
seam generate-ui	从放置在 src/model 文件夹中的现有实体生成一个应用程序
seam restart	重启服务器实例中的应用程序

seam-gen 提供了一款快速应用程序生成器，它能够为 Seam 项目生成一组人工制品。seam-gen 将帮助您快速上手 Seam，并将持续帮助您快速开发企业级 Seam 应用程序。

第 II 部分

简化有状态应用程序开发

Seam 的一项关键创新是基于 POJO 的有状态组件的声明式管理机制。在这一部分中，将解释有状态组件对于当今的数据库驱动 Web 应用程序来说至关重要的原因。其中将演示如何构造有状态组件以及如何管理它们的生命周期，并且介绍诸如 HTTP 会话中的多个对话以及单个用户的多个相互独立的工作区等有用的功能。最后，本部分将讨论如何针对 Seam 对话来执行数据库事务。

第6章

Seam 有状态框架简介

在第 I 部分中展示了 Seam 如何把带有注解的 EJB3 会话 bean(参见第 2 章)集成到 JSF 之中，以简化 Java EE 5.0 应用程序的开发。但是，随着对 Seam 了解的深入，您就会发现简单的 Java EE 5.0 集成仅仅是涉及 Seam Framework 的基本功能。Seam 真正的可贵之处在于它对复杂应用程序状态管理的支持，而当今任何其他的 Web 应用程序框架尚不具备该功能。这就是将 Seam 称为下一代 Web 应用程序框架的原因。

Seam 的状态管理功能不依赖于 JSF 或 EJB3，这就使得 Seam 能够在各种环境下发挥作用。例如，第 21 章讨论如何使用客户端 JavaScript 直接访问 Seam 对象。尽管这些 AJAX UI 示例在 JSF 框架之外运行，但是它们仍然能利用 Seam 有状态组件。

因为状态管理是 Seam 的一项关键功能，所以专门使用简短的一章内容来阐述为什么您应该认真考虑在自己的应用程序中使用它。本章将重点放在介绍概念上，但在接下来的几章中会给出丰富的代码示例。

6.1　ORM 的正确用法

考虑到 Seam 是由 Hibernate ORM(对象-关系映射)框架之父 Gavin King 创建的，因此 Seam 的首要目标之一就是如何帮助使用 ORM 解决方案，而有状态框架则是正确使用 ORM 解决方案的关键。

ORM 的主要挑战之一就是填平对象领域和关系领域这两者的编程范式之间的沟壑。这里有个关键概念，称为"惰性加载"。当从关系数据库加载一个对象时，ORM 框架没有必要加载它的所有关联对象。为了便于理解惰性加载，接下来查看一个示例。下面就是一个典型数据模型的代码片段：Teacher 对象可以与多个 Student 对象关联，每个 Student 对象可以与多个 Assignment 对象关联等。

```
@Entity
public class Teacher implements Serializable {

  protected Long id;
```

```
  protected String name;
  protected List <Student> students;

  // getter and setter methods
}

@Entity
public class Student implements Serializable {

  protected Long id;
  protected List <Assignment> assignments;

  // getter and setter methods
}

@Entity
public class Assignment implements Serializable {
  // ......
}
```

当加载 Teacher 对象时,如果 ORM 框架加载所有关联的 Student 和 Assignment 对象(称为 "预先加载(eager loading)"),那么 ORM 框架将发出两条 SQL JOIN 命令,并且最终可能会把数据库中相当多的数据加载到这个对象中。当然,在应用程序真正使用 Teacher 对象时,ORM 框架可能根本不会用到 students 属性,而可能只是修改这位老师的姓名,并立即将该对象保存回数据库。那么在这种情况下,预先加载就是对资源的巨大浪费。

ORM 框架通过惰性加载 Teacher 对象来处理这个问题,也就是说,一开始就根本不加载任何 Student 对象。然后,当应用程序显式地调用 Teacher.getStudents()方法时,ORM 框架会再次访问数据库来加载 students 列表。

到目前为止,一切都顺利。但是,当 Web 应用程序的数据访问层是无状态时,真正的问题就会出现。例如,查看在非常流行的 Spring 框架中如何加载数据。当接收到一个 HTTP 请求时,该请求就被分派到 Spring 框架的 Hibernate 集成模板,然后 Hibernate 惰性加载 Teacher 对象,并返回到 Web 表示层。假如现在 Web 页面显示的是一个与老师关联的学生姓名列表,那么 Web 表示层在呈现该页面时将需要惰性加载 students 列表。但这里存在一个问题:因为 Spring 是一个无状态框架,所以当持久化上下文把 Teacher 对象传回表示层之后,Spring 框架就会把该持久化上下文销毁,从而为下一个无状态数据查询做好准备。就 Spring 框架而言,数据加载已经完成。如果在 Spring 框架返回结果之后 Web 表示层尝试惰性加载关联对象,那么就会抛出异常。实际上,这种惰性加载异常一直以来都是最常见的 Hibernate 异常之一。

为了避免讨厌的惰性加载异常,开发人员不得不应用各种 "技巧" 来绕过框架,例如使用数据传输对象(DTO)或打乱数据库查询和模式。

有了像 Seam 这样的有状态框架,惰性加载问题就得到了彻底解决。默认情况下,从 HTTP 请求提交开始一直到响应页面呈现完毕,Seam 组件将一直使持久化上下文保持有效(参阅 8.1.1 节)。如果需要的话,可以配置 Seam 组件,使持久化上下文能够在整个 HTTP 会话期间甚至更大的范围内保持有效。Seam 之所以能够做到这一点,是因为它是有状态的,并且记忆它关联的请求/响应循环或 HTTP 会话。

因此，在 Seam 应用程序中可以集中精力处理对象，而不是打乱数据查询或篡改数据库模式。可以通过业务层和表示层直接传送实体对象(即 EJB3 实体 bean)，而无需在数据传输对象中包装实体对象。生产效率之所以能够取得这么巨大的提升，其实原因很简单：有了 Seam，开发人员终于能够以"正确的"方式使用 ORM。

关系领域

采用预先加载还是惰性加载的问题在关系领域并不存在，这是因为随时可以调整 JOIN 语句，只选择实际使用的应用程序数据。然而，在对象领域没有"连接"的概念(毕竟这些都是对象，而不是关系表)。这个问题是两个领域之间的根本分歧。

6.2　更好的性能

使持久化上下文在单个无状态方法调用之外仍然保持有效，这会带来另一个好处，那就是提高了数据库性能。惰性加载导致了更好的数据库性能，但是这里讨论的则是另一项性能方面的提升(方向上有些相反)：往返数据库的次数减少。

数据库驱动 Web 应用程序的一个主要性能问题就是，许多应用程序非常"健谈"(也就是要非常频繁地访问数据库)。不管用户修改什么内容，这些"健谈的"Web 应用程序都立即把该修改信息保存到数据库中，而不是将数据库操作放入队列中，然后批量地执行这些操作。由于往返一次数据库(有可能通过网络)要比应用服务器内的方法调用慢得多，因此往返数据库明显地减慢了应用程序的执行速度。

例如，当用户向购物车添加产品时，购物车应用程序就可以将每个订单项保存到数据库之中。然而，如果用户放弃购物车，应用程序就必须清理数据库。如果订单从一开始就没有保存到数据库中，岂不是更好？应用程序应该只在用户为购物车中的商品付款时才批量地保存这些订单。

在没有应用 Seam Framework 之前，应用程序开发人员不得不开发复杂的缓存机制来将每个用户会话的数据库更新保存到内存中。随着 Seam Framework 中扩展持久化上下文的出现，您可以自由地使用这一切！有状态 Seam 组件可以保证跨越多个 Web 页面(例如 Web 向导或购物车)都始终有效，这在 Seam Framework 中称为"长期运行对话"。只有对话结束时，Seam 组件才检查对象是否改变，并将它保存在持久化上下文中的改动刷新到数据库。

所有这一切操作都不需要通过显式的应用编程接口(API)调用或详细的 XML 文件来完成。只需在组件类上添加几个注解，您就能够实现这些技巧。要了解定义长期运行会话的具体语法，请参阅 8.2 节；要了解有关如何执行批量数据库更新的细节，请参阅 11.2 节。

有状态框架存在可伸缩性不佳的问题

公平地说，这种观点有一定的依据：在集群环境下，应用程序拥有的状态数据越多，服务器必须要复制到其他节点的数据也就越多(参阅第 30 章)。但是，只有 Seam 要求您管理的状态数据实质上比其他无状态框架要求的更多的情况下，这种观点才成立。事实上，在大多数所谓的无状态体系结构中，应用程序只是将所有的状态数据放在一个 HTTP 会话中，而这在集群中所需的工作量实际上与使用 Seam Framework 来管理同样的这些状态数据所需的工作量完全相同。Seam 并不一定会增加有状态数据，它只是使现有的有状态数据更容易管理。

此外，HTTP 会话方法很容易造成内存泄漏(参见本章后面)。一旦出现内存泄漏，使用 HTTP 会话的无状态方法的可伸缩性将远不如 Seam Framework。

6.3 更好的浏览器导航支持

在 Seam 出现之前，几乎所有的 Web 应用程序框架都要在 HTTP 会话中保存每个用户的应用程序状态。除非用户单击浏览器的“返回(Dack)”按钮，或者只是为同一个应用程序打开另一个浏览器窗口或选项卡，否则，这些 Web 应用程序框架都能正常工作。这是因为显示在浏览器中的视图与服务器上的应用程序状态是不同步的！

HTTP 会话的定义

Web 应用程序中使用的 HTTP 协议在本质上是无状态的。每个 HTTP 请求不依赖于其他请求。为了区分不同用户的请求，服务器将为每个用户生成一个唯一的会话 ID，并要求用户(即 Web 浏览器)在所有后续的 HTTP 请求中嵌入该 ID。Web 浏览器可以选择将 ID 附加在请求 URL 的结尾或嵌入到 HTTP 头的 Cookie 字段中。在服务器端，每个会话 ID 都与一个 HttpSession 对象关联，该对象保存着应用程序状态数据(作为属性)。这种设置允许服务器为每个用户提供有状态服务。会话作用域的 Seam 组件与 servlet 容器中的 HttpSession 对象具有相同的生命周期。

单击浏览器的“返回(Back)”按钮之后，显示的页面有可能来自浏览器缓存，而并没有反映服务器的当前状态。例如，用户可能在添加一个商品到购物车后才单击“返回(Back)”按钮，而他获得的印象却是自己已经正确地把该商品从购物车中删除。

对于打开多个浏览器窗口或选项卡，问题是您可能在某个窗口中执行了某些操作，却没有在另一个窗口上反映出来，因为您并没有手动刷新第二个窗口。例如，用户可能在结账显示屏幕上打开两个浏览器窗口，当正在 1 号窗口结账时突然改变主意，转到 2 号窗口放弃购物车。随后用户离开，他知道自己最后的操作是放弃购物车——然而服务器则有不同的记录。

这种类型的情况会给 Web 应用程序真正带来麻烦。但是并不能责怪用户，因为他只响应在浏览器中所看到的情况。在许多情况下，应用程序会简单地弹出错误信息，以防止这种情况的发生。虽然 Web 应用程序开发人员都竭尽全力避免这种混淆，但是由于存在这种反常的行为，Web 应用程序远没有桌面应用程序那么直观。

由于采用了有状态设计，Seam Framework 非常适合这类应用程序。在 Seam 对话中，您可以返回到之前的任一页面，并使服务器状态自动还原。例如，可以返回到之前的页面，单击不同的按钮，然后沿着另一个方向启动该过程(参阅 8.2 节)。Seam 也为每个浏览器窗口或选项卡提供独立的上下文(即工作区，参阅第 9 章)。在购物车应用程序中，可以同时在两个浏览器选项卡下相互独立地分别为两个购物车付款。

当然，最好的消息就是不需要您的任何努力，Seam 就能够自动完成这一切工作。Seam Framework 有状态对话带来了正确的浏览器行为。您需要做的就是添加一些注解来定义对话开始和结束的位置。

6.4　更少的内存泄漏

存在一种常见的误区，认为 JVM 中有垃圾收集器，因此 Java 应用程序绝不会遇到内存泄漏问题。但事实上，服务器端的 Java 应用程序始终存在内存泄漏。而潜在内存泄漏的罪魁祸首则是 HTTP 会话。

在 Seam 出现之前，HTTP 会话是唯一存储应用程序状态的位置，所以开发人员把各种类型的、与用户相关的对象都放进 HTTP 会话中。然而，由于不希望用户频繁登录，通常设置在一段较长时间后才使 HTTP 会话过期。这就意味着在很长一段时间内会话中的所有对象都不会被垃圾收集，而用户可能早已离开多时。这种内存泄漏问题表现为：越多用户访问该站点，应用程序就"吃掉"越多的内存，却不会在用户离开时及时释放内存。最终，该站点由于内存不足而崩溃。在必须在服务器节点之间复制 HTTP 会话数据的集群环境中，这种过于庞大的 HTTP 会话也会造成严重的问题。

传统上，Web 应用程序开发人员必须非常密切地监视 HTTP 会话中的对象，并删除不再需要的任何对象。这就增加了开发人员的额外工作。更为糟糕的是，当开发人员需要跟踪复杂的状态对象时，往往会发生编程错误。

通过使用 Seam Framework，可以不必再痛苦地在 HTTP 会话中手动进行内存管理。因为每个 Seam 组件可以与一个对话(就是会话中的一系列 Web 页面和用户操作，例如，一个多页面购物车付款流程就是一个对话)关联起来，一旦用户完成对话(例如确认订单)，就可以自动从会话中删除并垃圾收集该对话。由于定义 Seam 对话是非常容易的，而且可以将其整合到业务逻辑中(参阅 8.2 节)，因此 Seam 可以极大减少复杂应用程序中的内存泄漏程序错误。

6.5　高粒度组件生命周期

Seam 为应用程序组件基础结构引入的更深层的改动带来了诸多好处，内存泄漏问题的减少只是其中之一。除了 HTTP 会话之外，Seam 还提供了多种有状态上下文，从而使有状态对象管理更加容易。对话上下文的生命周期比 HTTP 会话上下文要短，因此更不容易造成内存泄漏。

Web 应用程序在本质上是有状态的。大多数所谓的"无状态" Web 框架依赖于视图层中的 HTTP 会话(位于 servlet 或 JSP 容器中)或静态应用程序作用域来保持应用程序状态。通过使有状态组件成为框架的最佳构造，Seam 支持的有状态上下文与 HTTP 会话和静态应用程序作用域相比，其粒度更细且生命周期更长。下面列出了 Seam Framework 中的有状态上下文。

无状态上下文(stateless) 该上下文中的组件是完全无状态的，不保存自己的任何状态数据。

事件上下文(event) 这是 Seam 中作用域最小的有状态上下文。该上下文中的组件在单个 JSF 请求的整个处理过程中始终保持自己的状态。

页面上下文(page) 该上下文中的组件关联到特定的页面。在该页面发出的所有事件中均可以访问这些组件。

对话上下文(conversation) 在 Seam Framework 中，对话就是为了完成某项任务(例如，为购物车中的商品付款)的一系列 Web 请求。在整个对话中，关联到该对话上下文的组件的状态都将得以保持。对话上下文是 Seam Framework 中最重要的上下文，更多详细情况将在第 8 章进行讨论。

会话上下文(session) 该会话上下文中的组件是通过一个 HTTP 会话对象来管理的。它们一直保持状态直到会话到期。在一个会话中可以有多个对话。

业务流程上下文(business process) 该上下文保存与长期运行业务流程(由 JBoss jBPM (业务流程管理器)引擎管理)关联的有状态组件。前面讨论的所有上下文均是为单个 Web 用户管理有状态组件，而业务流程组件可以跨越多个用户。将在第 24 章探讨更多有关该业务流程的细节。

应用程序上下文(application) 这是一个用来保存静态信息的全局上下文。该上下文中没有 Web 用户的概念。

在所有这些上下文中，对话上下文是 Seam Framework 中最重要和应用最广泛的上下文。

6.6　减少样板代码

使用无状态框架，应用程序的 Web 表示层和业务逻辑层之间有一道人为造成的鸿沟。由于 HTTP 会话对象的存在，Web 表示层始终是有状态的。然而，业务层是无状态的，并且在每个服务请求完成后必须清除所有内容。因此，需要各种"包装器对象"把数据从一层移动到下一层。例如，在以下场合中可能需要明确地包装对象：

- 传递复杂的数据库查询结果(前面讨论的 DTO)；
- 将数据对象嵌入到显示组件(即为了构建 JSF 的 DataModel 组件)；
- 从业务层向表示层传播异常(例如数据验证错误、事务错误等)。

这些包装器对象相当于样板代码，因为它们的存在仅仅是为了满足框架的需要。Seam 打破了 Web 表示层和无状态业务层之间的人为壁垒。现在可以共享两个层之间的重要状态信息，而无需编写额外代码。通过一些注解就可以透明地包装对象。在 Seam 应用程序中很大程度上不必使用 DTO。在本书中将讨论如何透明地生成 JSF DataModel 组件(参阅第 13 章)，如何将 Hibernate 验证器(使用数据库验证注解)与用户输入字段关联起来(参阅第 12 章)，以及如何在遇到异常时重定向到自定义错误处理页面(参阅第 17 章)。为了体验 Seam 的功能，接下来查看 Hibernate 验证器示例。可以使用注解为每个数据库字段指定所需的验证约束。

```
@Entity
@Name("person")
public class Person implements Serializable {

   ......

   @NotNull
   @Email
   // Or, we can use
   // @Pattern(regex="^[\w.-]+@[\w.-]+\.[a-zA-Z]{2,4}$")
   public String getEmail() { return email; }

   // ......
}
```

然后在用户输入页面中，只需在映射到实体 bean 字段的对应输入字段中放置<s:validate/>
标记。

```
<h:inputText id="email" value="#{person.email}">
  <s:validate/>
</h:inputText>
```

现在输入字段自动得以验证，其验证方式与通过常规的 JSF 输入验证器进行验证相同。
这样就不必为输入字段编写单独的 JSF 验证器。要了解更多关于验证器如何运行的细节，
请参阅第 12 章。

此外，使用 Seam 的声明式方法可以不再需要与状态管理本身相关的样板代码。在其
他框架中，状态管理通常包括大量样板代码。例如，为了在 HTTP 会话中管理对象，通常
不得不检索 HTTP 会话对象，然后将应用程序对象放入 HTTP 会话对象之中或从中获取应
用程序对象。在 Seam 中，样板代码被注解完全取代。例如，可以只声明一个应用对象作
为 SESSION 作用域的对象，然后它就会自动放到 HTTP 会话中。通过其 Seam 名称引用该
对象时，Seam 会自动从 HTTP 会话中获取它。

```
@Name("manager")
@Scope (SESSION)
public class ManagerAction implements Manager {
  // ......
}
```

前面提及 Seam 也将该注解方法扩展到对话和其他有状态上下文。状态管理从未像现
在这样既简单又强大。

一旦习惯了 Seam 的状态管理方法，您可能就会发现当前的无状态体系结构非常笨拙
和难以使用。现在正是抛弃无状态体系结构的大好时机。

第 7 章

组件编程思想

在第 6 章中讨论了 Seam 中的自动化状态管理的优点，并提到了对话的有状态上下文对大多数 Web 应用程序开发人员来说可能是最重要的有状态上下文。然而，对话上下文对于初学者来说可能有点难以掌握。为了使 Seam Framework 的学习曲线尽可能平缓，从每个人都已经熟悉的有状态上下文——HTTP 会话上下文开始介绍。在本章中将介绍如何声明、构造以及管理 Seam 有状态组件。

为了说明有状态组件的工作原理，将第 2 章中的 Hello World 示例重构成一个带有 3 个页面的有状态应用程序。首先，hello.xhtml 页面显示用来输入姓名的表单。单击 Say Hello 按钮后，应用程序检查姓名是否匹配"名＋姓"模式。如果匹配，应用程序就把您的姓名保存到数据库，同时转向 fans.xhtml 页面。如果不匹配，应用程序则显示 warning.xhtml 页面，并要求您确认刚刚输入的姓名。您现在可以确认姓名或返回到 hello.xhtml 页面进行编辑。如果确认姓名，则把该姓名保存到数据库，同时显示 fans.xhtml 页面。而 fans.xhtml 页面则显示您刚刚输入的姓名和数据库中的所有姓名。图 7-1 展示了应用程序的运行情况。该示例的源代码来自于源代码软件包中的 stateful 目录。

图 7-1　带有 3 个页面的有状态 Hello World 示例

7.1　有状态组件

在诸如 stateful 的应用程序中，后端组件必须能跨越多个页面保持自己的状态。例如，person 组件在所有 3 个 Web 页面上引用，它必须跨越多个 HTTP 页面请求保持其值，以便同一用户的所有页面可以显示相同的 person。

```
< -- Snippet from hello.xhtml -->
Please enter your name:<br/>
<h:inputText value="#{person.name}" size="15"/>
......

< -- Snippet from warning.xhtml -->
<p>You just entered the name
<i>#{person.name}</i>
......

< -- Snippet from fans.xhtml -->
<p>Hello,
<b>#{person.name}</b></p>
......
```

同样，manager 组件必须跟踪用户是否已经确认了他确实想要输入一个"无效的"姓名，因为在 hello.xhtml 和 warning.xhtml 两个页面上都直接或间接调用 manager.sayHello()方法。该方法的结果(即在下一步中显示哪个页面)取决于 manager 组件内的 confirmed 字段变量。当引用 manager 组件时，所有页面都必须访问相同的对象实例。

```
public class ManagerAction implements Manager {

  @In @Out
  private Person person;

  private boolean confirmed = false;
  private boolean valid = false;

  // ......
  // Called from the hello.xhtml page
  public void sayHello () {
    if (person.getName().matches("^[a-zA-Z.-]+ [a-zA-Z.-]+")
        || confirmed) {

      em.persist (person);
      confirmed = false;
      find ();
      valid = true;
      person = new Person ();

    } else {
      valid = false;
```

```
    }
  }

  // Called from the warning.xhtml page
  public void confirm () {
    confirmed = true;
    sayHello ();
  }
}
```

经验丰富的 Web 开发人员知道,可能需要在 HTTP 会话中存储 person 和 manager 对象,从而能够跨越来自同一用户的页面请求保持状态。这正是将要完成的工作(事实上,在 HTTP 会话中存储的是 Seam 组件的代理,但其作用相当于存储这些组件本身)。Seam 允许以声明的方式管理 HTTP 会话,从而不再需要样板代码来从 HTTP 会话中获取对象或将对象存入其中。Seam 也在有状态组件中支持生命周期方法,这样就可以轻易地正确实例化和销毁这些组件。

不仅仅支持 HTTP 会话

有状态管理是 Seam Framework 的核心功能。除了 HTTP 会话之外,Seam 还支持多个有状态上下文,而这就是它真正区别于上一代 Web 框架的地方。在这个例子中,讨论了 HTTP 会话的作用域,因为它对于大多数 Web 开发人员来说已经是一个熟悉的概念。我们将在本章后面讨论更多有关 Seam 有状态上下文的内容,然后在第 8 章和第 24 章进行详细讨论。

7.1.1 有状态实体 bean

为了在会话上下文中声明 person 组件,只需为该实体 bean 类添加@Name 注解即可。由于@Scope 注解的存在,该组件将自动地注入和注出会话上下文。

```
import static org.jboss.seam.ScopeType.SESSION;

......

@Entity
@Name("person")
@Scope(SESSION)
public class Person implements Serializable {
  // ......
}
```

默认情况下,实体绑定到 CONVERSATION 上下文,将在后面对此进行讲解。可以通过指定@Scope 注解来重写默认行为,并确保在 SESSION 上下文中创建该 person 组件。

实体 bean 作为 Seam 组件时的局限性

实体通常明确地与 Java 代码绑定，只有当实体隐含地由 Seam 创建时，才会将其作为
Seam 组件来管理。此外，对于实体 bean 组件，双向注入和上下文分界(context demarcation)
功能都是禁用的。这就限制了它们作为 Seam 组件的作用，却改进了它们的可测试性。由
于实体通常包含应用程序的业务逻辑，因此实体应该很容易保持可测试性，而不依赖复杂
的组件。

7.1.2　有状态的会话 bean

同样，在会话上下文中，manager 组件是一个 EJB3 有状态会话 bean。由于 manager 组
件是有状态的，因此它能够以属性的形式将自己的状态显示给 JSF Web 页面。为了说明这
一点，使用 manager.fans 属性来表示问过好的 Seam 爱好者列表。这样就不再需要注出 fans
变量(参阅 2.6.4 节)。

```
@Stateful
@Name("manager")
@Scope(SESSION)
public class ManagerAction implements Manager {
  private List <Person> fans;

  public List <Person> getFans() {
    return fans;
  }

  // ......
}
```

此外，请注意@Name 和@Scope 注解的使用。与实体 bean 一样，有状态会话 bean 的
默认作用域为 CONVERSATION，因此必须明确地将作用域改为 SESSION。

Seam POJO 组件

如果在这里使用 Seam POJO 组件替换 EJB3 会话 bean(参阅第 4 章)，就不需要在 POJO
组件中添加@Stateful 注解。默认情况下，Seam POJO 组件的作用域是范围最受限的有状态
作用域。在第 8 章中将会介绍，如果没有指定@Scope 注解，那么 POJO 组件的默认作用域
就是 EVENT。

在 fans.xhtml 页面中，您可以只引用有状态的 manager 组件。

```
<h:dataTable value="#{manager.fans}" var="fan">
  <h:column>
    #{fan.name}
  </h:column>
</h:dataTable>
```

解耦Seam组件的方式

有状态会话bean组件在同一个类中集成数据和业务逻辑。在这个例子中,可以看到fans列表现在是manager组件中的一个属性,并且不再需要注出。

但对于ManagerAction类中的person数据字段,应该如何处理?也应该将其作为manager组件的一个属性(即#{manager.person},参阅2.6.4节)吗?本来可以这样做,但此处决定不这样操作。原因就是希望将person组件与manager组件解耦,这样就可以在不涉及manager组件的情况下更新person值。person和manager组件可以有不同的作用域和生命周期。此外,也不需要在ManagerAction构造函数中创建person实例(该实例由Seam创建并注入)。

这里的寓意是,您可以选择Seam中有状态组件之间的耦合程度。利用有状态会话bean和双向注入,可以最为灵活地实现应用程序中组件之间的最佳耦合程度。

7.2 管理有状态组件

现在您已经知道如何定义组件,接下来查看控制 Seam 组件生命周期的一些模式,这些模式可用来控制 Seam 上下文中的组件的创建、析构,甚至可见度。

7.2.1 有状态组件的生命周期

使用有状态组件的最大挑战之一就是要确保组件在创建时具有正确的状态。例如,在此处的示例中,用户可能加载fans.xhtml页面作为会话中的第一个页面,以查看谁已经"问过好"。Seam 将为该用户会话创建一个 manager 组件。然而,因为没有在该组件上调用sayHello()方法,所以即使数据库中有爱好者信息,manager.fans属性的值也将是null。为了解决这个问题,需要在创建manager组件后立刻运行数据库查询。在有状态Seam组件中,将在创建该组件后立刻执行任何标记有@Create注解的方法。下面就是使manager组件正确运作所需的修正代码:

```
@Stateful
@Name("manager")
@Scope(SESSION)
public class ManagerAction implements Manager {

  private List <Person> fans;

  @Create
  public void find () {
    fans = em.createQuery("select p from Person p").getResultList();
  }

  // ......
}
```

不使用类构造函数的原因

在创建组件对象之前，Seam 会调用类构造函数；而在创建组件之后，Seam 会调用 @Create 方法。构造函数不能访问像 EntityManager 这样的注入的 Seam 对象。

如果可以自定义 Seam 组件的创建，那么当然也就可以自定义它的删除。当从上下文中移除组件时(例如，对于本示例中的 manager 组件，当出现 HTTP 会话超时的情况时)，Seam 会调用带有@Destroy 注解的方法。可以实现这个方法来处理组件移除事件(例如，在超时的时候将当前会话 bean 状态保存到数据库中)。对于有状态会话 bean，还将需要一个带有 @Remove 注解的方法，以便使容器知道当从内存中删除这个 bean 对象时应该调用哪个方法。在大多数常见情况下，会同时使用@Remove 和@Destroy 来注解同一个 bean 方法。

事实上，对于有状态会话 bean 来说，必须有一个含有@Remove 注解的方法。在此处的示例中，只使 manager 组件随 HTTP 会话一起失效，并使@Remove 方法为空。

```
@Stateful
@Name("manager")
@Scope(SESSION)
public class ManagerAction implements Manager {
  // ......

  @Remove @Destroy
  public void destroy() {}
}
```

Seam POJO 组件

如果在这里使用 Seam POJO 组件来代替 EJB3 会话 bean(参阅第 4 章)，那么在 POJO 组件中就不需要空的@Rmove、@Destroy 方法。这种方法是 EJB3 规范强制规定的方法。

组件创建取决于该组件的请求来自何处。当组件请求来自于 EL 时，如果没有在上下文中找到组件，那么总是由 Seam 负责创建该组件。而双向注入并不是如此。当为某个组件指定@In 注解时，在默认情况下，Seam 将尝试从上下文中检索该组件，但如果组件不存在，则不会创建该组件。

```
// ......

@In(create=true) Manager manager;

// ......
```

请注意，在上述程序清单中指定 create=true。这种办法按照个别情况来控制在组件不存在时是否要创建该组件。如果要确保在双向注入时总是创建该组件，那么可以使用 @AutoCreate 来注解组件。

```
@Stateful
@Name("manager")
@Scope(SESSION)
```

```
@AutoCreate
public class ManagerAction implements Manager {
  // ......
```

组件安装优先级

此时，您或许会想知道如果有两个名为 manager 的 Seam 组件，会发生什么情况。Seam 允许通过安装优先级来控制使用某个组件。如果 Seam 发现有两个相同名称的组件，那么 @Install 注解将指定应当使用其中的哪一个组件。@Install 注解位于组件的顶端，如下所示：

```
@Stateful
@Name("manager")
@Scope(SESSION)
@Install(precedence=APPLICATION)
public class ManagerAction implements Manager {
  // ......
```

这个设置非常有用，例如，在测试用例中提供模拟对象(参阅第 26 章)，根据部署环境交换组件，或者生成自己的框架组件以便在各种上下文中重用。可以使用 org.jboss.seam.annotations. Install 注解中提供的常量或指定自己的整数值来指定优先级。具有较高优先级值的组件总是优先得到使用。

7.2.2 工厂方法

对有状态会话 bean 来说，带有@Create 注解的方法使用起来很方便。但是，对于第 2 章中提到的 fans 变量，情况会如何？该变量没有关联类。如果在本示例中注出 fans 变量，而不是使用 manager.fans 属性，那么仍然能在创建时初始化 fans 变量吗？

答案是可以初始化 fans 变量。这就是@Factory 注解发挥作用的位置。下面的代码对 ManagerAction 类进行重构以注出 fans 变量：

```
@Stateful
@Name("manager")
@Scope(SESSION)
public class ManagerAction implements Manager {
  // ......

  @Out (required=false)
  private List <Person> fans;

  @Factory("fans")
  public void find () {
    fans = em.createQuery("select p from Person p").getResultList();
  }
  ......
}
```

当用户在会话一开始就加载 fans.xhtml 页面时，Seam 会在上下文中寻找 fans 变量。因为 Seam 找不到 fans 变量，所以它就调用具有@Factory("fans")注解的方法，该方法将构造并注出 fans 变量。

这里之所以使用@Out(required=false)注解，是因为在能够调用 fans 工厂方法之前必须首先构造 manager 工厂组件。因此，在构造工厂组件时，fans 变量并没有有效值，而且默认双向注入注解很可能会报错。一般来说，如果您正在对同一个类中的同一个组件进行双向注入和工厂方法，那么应当使用 required=false 双向注入属性。

工厂方法也可以通过返回一个非 void 的值来直接向上下文中设置变量。这个第二种工厂方法对无状态工厂组件通常非常有用。当使用这种工厂方法时，建议为组件指定 scope，也就是打算将该组件放到哪种作用域中。在使用无状态组件时情况尤其如此，在以下程序清单中就可以看到这一点。与注出一样，作用域默认就是工厂组件的作用域。

```
@Stateless
@Name("personFactory")
public class PersonFactoryImpl implements PersonFactory {
  // ......

  @Factory(value="fans", scope=ScopeType.CONVERSATION)
  public List<Person> loadFans() {
    return em.createQuery("select p from Person p").getResultList();
  }
}
```

这种模式就是著名的工厂方法模式，它由经典书籍 *Design Patterns*(Gamma、Helm、Johnson 与 Vlissides 合著，1994 年出版)提出。在您通读本书的过程中，Seam 已经使在日常开发中使用著名的设计模式变得相当容易。表 7-1 描述了可用的@Factory 属性。

表 7-1　@Factory 注解的属性

属　　性	说　　明
value	为工厂方法创建的上下文变量指定一个名称，以便于在上下文中进行引用。注意这应该是唯一的名称
scope	定义容器在创建该变量时应该将其放到哪种作用域(或上下文)中。只适用于返回值的工厂方法
autoCreate	指定每当通过双向注入查询该变量时都自动调用这个工厂方法，即使@In 并没有指定 create=true。注意，EL 请求总是会导致调用工厂方法(如果在上下文中找不到该值)

对于由组件完成的变量的一次性创建来说，如果该组件在该值的生命周期中不再进一步发挥作用，那么工厂方法就非常有用。接下来将讨论管理器组件模式，该模式允许组件管理变量的生命周期，同时对客户不可见。

7.2.3 管理器组件

当请求一个变量并且其上下文值是 null 时，工厂方法模式就在上下文中创建该变量。一旦创建这个变量，在这个变量的生命周期中@Factory 方法将不再发挥作用。为了能够对上下文变量的值进行细粒度的控制，可以使用管理器组件模式。管理器组件就是有一个带有@Unwrap 注解的方法的任何组件。每次请求该变量时，Seam 都会调用这个带有注解的方法。

```
@Stateful
@Name("fans")
@Scope(SESSION)
public class FansRegistryImpl implements FansRegistry {
  // ......

  private List<Fans> fans;

  @Unwrap
  public List<Person> getFans() {
    if(fans == null)
      fans = em.createQuery("select p from Person p").getResultList();
    return fans;
  }
}
```

注意在本示例中，将组件命名为 fans。请求 fans 实例的客户并不知道 FansRegistry。每次在上下文中请求 fans 时，都要调用 getFans()方法返回 fans 值。现在，假设想要跟踪新的爱好者并立刻使改动反映到上下文中。使用管理器模式，这项工作就会十分简单。

```
@Stateful
@Name("fans")
@Scope(SESSION)
public class FansRegistryImpl implements FansRegistry {
  // ......

  @In(required=false) Person fan;
  private List<Person> fans;

  @Create
  public void initFans() {
    fans = em.createQuery("select p from Person p").getResultList();
  }

  @Observer("newSeamFan")
  public void addFan() {
    fans.add(fan);
  }

  @Observer("fanSpreadsWord")
  public void addFans(List<Person> moreFans) {
```

```
    fans.addAll(moreFans);
  }

  @Unwrap
  public List<Person> getFans() {
    return fans;
  }
}
```

@Unwrap 方法确保对 fans 实例的每个请求都能根据已发生在上下文内的事件来返回更新后的结果。此处结合使用事件侦听器和管理器模式以管理 fans 实例的状态。这在使用管理器模式时非常常见。在第 14 章中将对@Observer 注解进行深入的讨论。

7.3　通过 XML 配置组件

除了已经讨论的注解方法之外，还可以通过 XML 来定义 Seam 组件。本书前面曾经介绍过，Seam Framework 要实现的目标之一就是减少 XML 配置，但是在某些场合下，通过注解来定义组件并不可行。

- 把来自不能由自己控制的库的某个类作为组件显示给外部访问
- 把同一个类配置成多个组件

此外，可能希望把某些可以被环境改变的值配置到组件中，例如 IP 地址、端口等。在所有这样的情况下，都可以通过组件的名称空间使用 XML 来配置组件。components.xml 文件(在第 5 章中讨论过该文件)声明了所有通过 XML 定义的组件。下面的示例演示了如何配置带有新属性 authors 的 ManagerAction 组件：

```
@Stateful
public class ManagerAction implements Manager {

  // ......

  private List<Person> authors;

  public void setAuthors(List<Person> authors) {
    this.authors = authors;
  }

  public List<Person> getAuthors() {
    return this.authors;
  }

  // ......
}
```

下面的程序清单演示了如何使用组件的名称空间(http://jboss.com/products/seam/components)来配置 ManagerAction 组件。

```xml
<?xml version="1.0" encoding="UTF-8"?>
<components xmlns="http://jboss.com/products/seam/components"
            xmlns:xsi="http://www.w3.org/2001/XMLSchema-instance"
            xsi:schemaLocation="http://jboss.com/products/seam/components
                http://jboss.com/products/seam/components-2.1.xsd">
  <component name="manager" scope="session" class="ManagerAction">
    <property name="authors">
      <value>#{author1}</value>
      <value>#{author2}</value>
    </property>
  </component>

  <component name="author1" class="Person">
    <property name="name">
      Michael Yuan
    </property>
  </component>

  <component name="author2" class="Person">
    <property name="name">
      Jacob Orshalick
    </property>
  </component>
</components>
```

其中配置带有两个 authors 的 ManagerAction 组件。多个<value>元素可用来配置对象集合。而 authors 作为 person 实例被初始化并通过 EL 表达式注入到组件中。事实上,通过 EL 引用组件或值是非常简单的事情。

使用名称空间简化组件配置

通过使用@Namespace 注解,Seam Framework 使组件配置变得更加简单。只需在组件所在的包中创建名为 package-info.java 的文件:

```java
@Namespace(value="http://solutionsfit.com/example/stateful")
package com.solutionsfit.example.stateful;

import org.jboss.seam.annotations.Namespace;
```

现在就可以引用该名称空间并简化 components.xml 的配置:

```xml
<components xmlns="http://jboss.com/products/seam/components"
            xmlns:hello="http://solutionsfit.com/example/stateful">
  ......
  <hello:manager-action name="manager" scope="session">
  ......
```

请注意,当使用名称空间时,组件和属性名称以连字符形式指定。为了获得自动完成和验证的好处,可以创建一个模式来表示组件。自定义模式可以导入组件名称空间以重用已定义的组件类型。

7.4　页面导航流

在前几章的 Hello World 示例中，曾经展示过如何通过 pages.xml 文件来管理简单的导航流。pages.xml 文件也可以集成有状态组件，根据 Web 应用程序的当前状态来管理复杂的导航流。下面的程序清单给出了本章中有状态示例应用程序的 pages.xml 文件中的导航规则。

```
<page view-id="/hello.xhtml">
  <navigation from-action="#{manager.sayHello}">
    <rule if="#{manager.valid}">
      <redirect view-id="/fans.xhtml"/>
    </rule>
    <rule if="#{!manager.valid}">
      <redirect view-id="/warning.xhtml"/>
    </rule>
  </navigation>
</page>

<page view-id="/warning.xhtml">
  <navigation from-action="#{manager.confirm}">
    <redirect view-id="/fans.xhtml"/>
  </navigation>
</page>

<page view-id="/fans.xhtml">
  <navigation from-action="#{manager.startOver}">
    <redirect view-id="/hello.xhtml"/>
  </navigation>
</page>
```

请特别留意 hello.xhtml 页面的导航规则。要导航的下一个页面取决于#{manager.valid}的值。如果输入的姓名无效，并且用户没有确认无效的姓名，那么#{manager.valid}的值为false，同时会重定向到 warning.xhtml 页面。

Seam Framework 中的有状态组件已经根深蒂固，因此也可以根据业务流程把状态对象集成到导航流之中。我们将在 24.5 节讨论这些高级用例。

第 8 章

对　话

在前一章中讨论了会话作用域的有状态 Seam 组件。在大多数 Web 框架中，应用程序状态完全在 HttpSession 对象中进行管理，因此会话作用域是唯一的有状态作用域。但是，对于大多数应用程序来说，会话作用域对于高效的状态管理来说粒度太粗。已经在第 6 章中讲解了大部分原因，下面快速重述几个关键的要点：

- 要在 HTTP 会话中管理复杂的应用程序状态，就必须编写大量的代码来手动把对象放入会话以及从中取出。如果忘记把修改后的状态对象保存回会话中，应用程序就会在运行时表现出难以调试的行为错误；
- 只有一个超时参数可用来控制 HTTP 会话。会话中的对象没有生命周期的概念。其结果就是，当开发人员忘记从长期运行会话中手动清除对象时，HTTP 会话是 Web 应用程序中造成内存泄漏问题的主要来源；
- HTTP 会话中的对象状态没有作用域的概念。同一个用户会话中的状态对象在所有浏览器窗口或选项卡中都是共享的。当用户在同一个应用程序中打开多个浏览器选项卡时，这就使 Web 应用程序的行为变得不可预期。可以在第 9 章中看到更多有关这个问题的描述。

通过实现声明式状态管理和细粒度的有状态作用域，Seam 开始解决这些 HTTP 会话问题。使用声明式状态管理，就不再需要编程以跟踪 HTTP 会话中的对象。在最后一章中将介绍声明式状态管理的实际使用。本章关注 Seam 中最为重要的有状态作用域：对话作用域。

8.1　对话的定义

简单来说，对话就是一种状态容器，就像 HttpSession 一样，但与 HTTP 会话相比，它带来了巨大的好处，因为它允许一个用户拥有多个并发状态容器。对话概念是 Seam Framework 的核心，无论是否指定对话处理，在处理请求时总会有对话在运行。

在 Seam 中，对话指的是任何需要经过几个页面才能完成的用户操作(工作单元)，参阅图 8-1。Web 向导或购物车是很明显的对话示例。但是，每个请求/响应循环也都是对话，这是因为它也涉及两个页面：作为请求提交的表单页面以及响应页面。在同一个 HTTP 会话中可以存在多个对话。本章前面提及，Seam 的对话模型支持多个并发对话，而且每个对话均放在各自的浏览器窗口或选项卡中(参阅第 9 章)。此外，Seam 数据库事务也可以关联到对话(参阅第 11 章)。

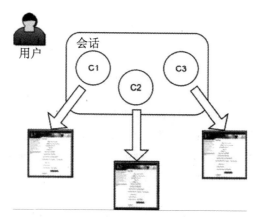

图 8-1　在使用 Seam 时单个用户会话中的多个对话

既然对话是 Seam 中如此核心的概念，接下来就查看它们的工作原理。

8.1.1　默认对话作用域

有状态会话 bean 默认情况下(也就是说，如果没有在组件类上添加@Scope 注解)具有对话作用域。默认的对话作用域等同于临时对话。临时对话在请求的开始处启动，在响应得到完全呈现之后结束(8.2.2 节将讨论临时对话)。因此，具有默认对话作用域的组件只持续两个页面：它在第一个页面提交时实例化，而在响应页面完全呈现之后销毁。考虑下面这个有状态会话 bean 类：

```
@Stateful
@Name("manager")
public class ManagerAction implements Manager {

    @In @Out
    private Person person;

    private String mesg;

    @PersistenceContext (type=EXTENDED)
    private EntityManager em;

    public String sayHello () {

        // save person
        // update mesg
    }
```

```
@Remove @Destroy
public void destroy() {}

public String getMesg () {
  return mesg;
}

public void setMesg (String mesg) {
  this.mesg = mesg;
}
}
```

当用户提交表单时，使用在其 person 属性中捕获的用户输入实例化 ManagerAction 对象。JSF 调用 sayHello()方法作为 UI 事件处理程序。sayHello()方法将 person 对象保存到数据库中，并更新 mesg 属性。现在，在响应页面上显示 mesg 来提示用户，这个 person 已经成功地保存到数据库中。在完全呈现响应页面之后，把 ManagerAction 组件从有状态上下文中删除并进行垃圾收集。

注意，在执行 sayHello()方法之后，ManagerAction 对象仍然有效，这样就可以把 mesg 属性传回到响应页面。这是 Seam 与无状态框架之间最大的区别所在。此外，将 EntityManager 设置为 EXTENDED 类型，这样就可以在 sayHello()方法退出之后根据需要从数据库中惰性加载更多的数据(在 6.1 节中讨论了惰性加载)。

HTTP GET 请求

HTTP GET 请求也会启动一个新的对话。与这个对话相关的组件只持续一个页面，在 GET 响应页面呈现之后就会把它们销毁。但是有一个例外情况，那就是把对话 ID 作为 URL 的一部分随 GET 请求一起发送，将在 8.3.6 节和 9.2.2 节中讨论这种情况。

重定向

在 JSF 中，可以选择把响应页面重定向到它自己的 URL，而不是使用请求页面的 URL。利用一种 Seam 过滤器(参阅 3.2.4 节)，可以使 Seam 对话组件持续到重定向页面完全呈现之后。

Seam JavaBean 组件

注意，对话的作用域并不是 JavaBean 组件(也就是非 EJB 组件)的默认作用域。JavaBean 组件默认情况下关联到事件上下文，因此如果想把一个 JavaBean 组件的作用域设为对话上下文，就必须指定@Scope(ScopeType.CONVERSATION)。实际上，每次请求之后事件上下文都会被清空。在非 EJB 环境中开发时，这可能会造成混淆。更多有关 Seam JavaBean 组件的内容，请参阅第 4 章。

8.1.2 显示 JSF 消息

除了正确的 ORM 惰性加载功能之外，Seam 默认对话作用域还通过扩展 JSF 错误消息支持来帮助改善 JSF。

JSF 最有用的功能之一就是它的消息机制。当一个操作失败之后，JSF 支持 bean 方法可以向 JSF 上下文中添加一条消息并返回 null。然后，JSF 运行时可以重新显示当前页面，并显示添加到这个页面中的错误消息。在 Seam 中，这个操作得以简化，这是因为可以直接把一个 FacesMessages 对象注入到 Seam 组件中。因此，可以使用 FacesMessages.add()方法轻松地添加 Seam 事件处理程序中的 JSF 错误消息。可以添加全局 JSF 消息，也可以针对具有特定 ID 的 JSF 组件添加消息。错误消息会显示在页面中放置<h:messages>标记的位置。利用 Seam，甚至可以在消息中使用 EL 表达式，如下所示：

```
@Name("manager")
@Scope(ScopeType.CONVERSATION)
public class ManagerAction implements manager {

  @In
  Person person;

  @In
  FacesMessages facesMessages;

  public String sayHello () {

    try {
      // ......
    } catch (Exception e) {
      facesMessages.add("Oops, had a problem saving #{person.name}");
      return null;
    }
    return "fans";
  }
}
```

利用普通 JSF，如果操作成功，那么消息系统并不能在下一页中显示 "success message (成功消息)"。这是因为下一页已经超出了当前 JSF 请求上下文的作用域(与惰性加载实体对象的情形一样)，往往需要重定向。但是在 Seam 中，下一页仍然位于默认的对话作用域之内，因此 Seam 也可以轻易地通过 JSF 消息系统来显示一条成功消息。这是对 JSF 的极大增强。下面这个示例演示了如何向 Seam UI 事件处理程序中添加一条成功消息：

```
@Name("manager")
@Scope(ScopeType.CONVERSATION)
public class ManagerAction implements Manager {

  @In
  Person person;

  @In
  FacesMessages facesMessages;
```

```
public String sayHello () {
  // ......

  facesMessages.add("#{person.name} said hello!");

  return "fans";
  }
}
```

默认的对话作用域对于许多 Web 交互来说已经足够。但是对话概念的强大之处在于，可以轻松地将其扩展以处理多个页面。Seam 提供了一种非常清晰的机制，以声明式方法跨越一系列的相关页面(例如向导或购物车)来管理有状态组件。这种类型的对话称为长期运行对话。在本章下面的内容中将讨论如何在应用程序中管理长期运行对话。

8.2 长期运行对话

在 Web 应用程序中，长期运行对话通常由用户为完成某项任务而必须遍历的一系列 Web 页面组成。当该对话结束时，这项任务生成的应用程序数据被永久性地提交到数据库中。例如，在某个电子商务应用程序中，结账过程就是一个对话，它由订单确认页面、账单信息页面以及最终显示确认代码的页面组成。

8.2.1 Hotel Booking 示例简介

本章介绍 Natural Hotel Booking 示例，这是 Seam Hotel Booking 示例(酒店预订示例，它随 Seam 一起发行，用来演示 Seam 的用法)的一个变体。在开发这类应用程序时，状态管理可能比较困难，但是这些示例将演示 Seam 对话模型如何简化这项棘手的任务。

本书中的 Natural Hotel Booking 示例演示了对话管理的几种可选方法以及其他更高级的对话主题。在本书的源代码软件包中可以找到 booking 项目，它与前几章中的 Hello World 示例具有相同的目录设置(有关应用程序模板的内容请参阅附录 B)。

有关 Natural Hotel Booking 示例的更多信息

本章只讲解 Natural Hotel Booking 示例的基本知识，以解释用于对话管理的导航方法。Natural Hotel Booking 示例还演示将在 9.3 节中讲解的自然对话的用法。

图 8-2～图 8-6 利用 Natural Hotel Booking 示例给出了一个对话的运行情况。在 main.xhtml 页面中，用户单击 Find Hotels 按钮来加载匹配符合给定条件的酒店。然后就可以单击搜索结果列表中的任何一个 View Hotel 链接，这会启动一个长期运行对话，用于通过 hotel.xhtml 页面来查看酒店详情。单击 Book Hotel 按钮，Seam 会根据选中的酒店初始化一个酒店预订事务，并加载 book.xhtml 页面以使用户输入预订日期和信用卡信息。单击 Proceed 按钮加载确认页面 confirm.xhtml。单击 Confirm 按钮确定预订，并结束对话。然后，Seam 加载 confirmed.xhtml 页面显示确认号。

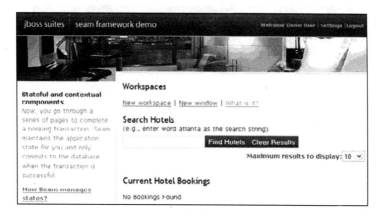

图 8-2　main.xhtml：单击 Find Hotels 按钮显示匹配选中的搜索条件的酒店

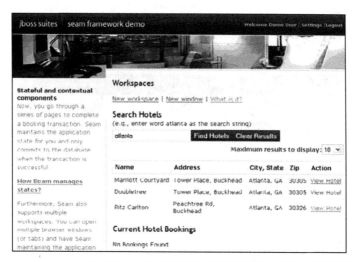

图 8-3　main.xhtml：单击 View Hotel 链接加载结果列表中任何一项的酒店信息

图 8-4　hotel.xhtml：单击 Book Hotel 按钮启动一个预订对话

图 8-5   book.xhtml：输入日期和 16 位信用卡号码

图 8-6   confirm.xhtml：单击 Confirm 按钮结束对话

可以使用"返回(Back)"按钮

在对话中，可以使用浏览器的"返回(Back)"按钮导航到前面的任何一个页面，然后应用程序的状态就会返回到该页面。例如，在 confirmed.xhtml 页面中，可以多次单击"返回(Back)"按钮返回到 main.xhtml 页面。在这个页面中，可以选择另一家酒店并预订它。不会抛出任何"无效状态"错误信息。可以返回到中断的对话或已经结束的对话中。未完成的预订不会保存到数据库中，而且不会出现无意中把一次预订信息保存两次的情况。在本章后面以及第 9 章中，给出了一些提示信息来讨论各种"返回(Back)"按钮场景，这些情况在没有采用对话机制的 Web 框架中非常难以处理。

当前的酒店选择、预订日期以及信用卡号码均与该对话关联在一起。存放数据的有状态对象具有对话作用域。当对话启动时自动创建这些对象，而当对话结束时自动销毁它们。不需要将有状态对象放到长期运行 HTTP 会话中进行管理。在第 9 章中将会介绍，在同一个会话中甚至可以有多个并发对话。下面查看对话的生命周期，然后深入研究代码，了解可以如何管理该生命周期。

8.2.2 长期运行对话的生命周期

对话的生命周期初看起来可能颇为复杂，但是一旦理解，它实际上非常简单。首先查看在用户与应用程序交互期间对话的生命周期状态。在图 8-7 中，实心圆表示初始状态，而内部有一个较小的实心圆的空心圆表示结束状态。

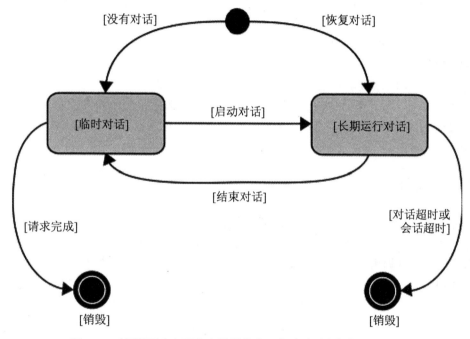

图 8-7　对话的两个主要生命周期状态：临时对话和长期运行对话

如图 8-7 所示，对话实际上有两个主要的状态，即临时对话和长期运行对话。每个请求都会启动一个临时对话，除非恢复前一个长期运行对话。这意味着，即使应用程序没有明确地规定对话处理方式，Seam 仍然会为该请求初始化一个对话。这会带来在 8.1.1 节中讨论过的各种好处。

临时对话的生命周期为单次请求。但是，如果告诉 Seam 启动一个长期运行对话，那么可以把临时对话提升为长期运行对话。为此有一个简单的办法，就是通过使用@Begin(参阅 8.3.3 节)为某个操作方法添加注解。通过把一个对话提升为长期运行对话，就可以告诉 Seam 要在多次请求之间维持该对话。因此，一旦请求完成，该对话以及存放在它的状态容器中的所有变量都将被 Seam 存储。然后，在后面的请求中恢复该对话。

页面作用域与对话作用域

在本章前面曾经提及，临时对话的生命周期是单次请求。这意味着，该对话以及在其中维持的所有状态在请求结束时都会被销毁。因此，如果希望跨越多次请求(特别是多个视图)维持状态，就应该启动一个长期运行对话。如果只是希望跨越多次请求在单个视图中维持状态，那么可以考虑 PAGE 上下文。Natural Hotel Booking 示例演示了 HotelSearchingAction 中 PAGE 作用域的使用。

根据随请求一起发送的对话 ID，可以将该 ID 对应的对话恢复回来。对话 ID 要么通过表单发送，要么通过 URL 字符串中的某个查询参数发送。不管采用哪种方式，Seam 都能识别出这个变量，如果该对话仍然存在，就可以恢复该对话状态。如果对话不存在而又需要它，那么 Seam 将通过把用户重定向到一个可配置的 view-id 来适当地处理这种情况。8.3.4 节中将进一步讨论该配置选项。

长期运行对话的销毁方式有 3 种，如图 8-7 所示。最符合逻辑的方法是告诉 Seam 什么时候结束长期运行对话。可以通过为操作方法添加@End 注解来实现该方法(参阅 8.3.5 节)。当告诉 Seam 结束对话时，它把该对话重新降级为临时对话。

这意味着一旦请求完成，Seam 就会销毁该对话。这是一个不错的主意，因为对话状态将一直得到维持直到请求完成。这就可以告诉用户有关刚刚执行的操作的信息(参阅 8.1.2 节)。

8.2.3   对话超时

告诉 Seam 结束某个长期运行对话虽然有意义，但是未必总是可行的。例如，一位用户可能调用了某个操作以启动一个对话，但是他把这个窗口关闭，或者导航到应用程序的另一部分，而没有调用告诉 Seam 结束这个长期运行对话的操作。针对这种情形，Seam 提供了两种超时机制。第一种超时是最显而易见的，即会话超时。会话超时将销毁该用户会话的所有长期运行对话，这是因为所有对话均在这个会话中维持。另一种不是那么明显的超时是对话超时。

当一个长期运行对话变成后台对话时，它会被标记进入超时阶段。在图 8-8 中给出了长期运行对话能够处于的两种状态。每次恢复对话时，该对话都会切换回前台状态。记住，当用户请求发送的对话 ID 匹配某个对话时，该对话就会被恢复。只有当会话超时的时候，前台对话才会超时。当恢复某个对话时，用户会话中的任何其他对话都处于后台状态。

后台对话同时受到会话超时和对话超时的影响。在 8.3.5 节中给出了设置对话超时的配置细节。每次接收到请求，Seam 都会确定谁是前台对话(甚至可能是临时对话)，然后根据所有后台对话的最近一次恢复时间来检查它们是否超时。如果某个后台对话自从上次恢复以来经过的时间大于设定的对话超时时间，那么这个对话就会被销毁，并触发 org.jboss. seam.conversationTimeout 事件。在 9.4 节中给出了一个教程，用来指导对不同对话超时情形的理解。

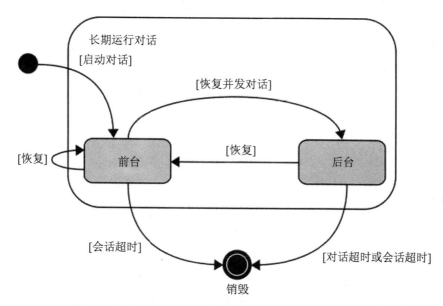

图 8-8 长期运行对话的两个子状态：前台状态和后台状态

既然已经对 Seam 对话模型背后的概念有所了解，接下来就可以查看在实践中如何管理长期运行对话。

8.3 管理长期运行对话

在应用程序中，长期运行对话是通过声明式方法管理的。在下面几节中将讨论如何通过注解以及 pages.xml 文件来管理对话。在 8.3.6 节中将讨论如何通过链接来管理对话。不管选择通过哪种方式来管理长期运行对话，在 8.2.2 节中讨论的对话生命周期的语义都会保持不变，只是对话的边界定义有所不同。

8.3.1 注解方法

随 Seam 一起发行的 Seam Hotel Booking 示例使用了注解方法(也就是添加@Begin 注解以声明方式指出，当调用 HotelBookingAction.selectHotel()方法时启动一个对话)。下面的程序清单演示了这种方法：

```
@Stateful
@Name("hotelBooking")
@Restrict("#{identity.loggedIn}")
public class HotelBookingAction implements HotelBooking
{
  // attribute definitions for maintaining stateful context
  // ......

  @Begin
  public void selectHotel(Hotel selectedHotel) {
```

```
    // initialize the conversation state
  }

  // ......

  @End
  public void confirm() {
    // handle business rules associated with confirmation
    // and, if valid, persist booking
  }

  @End
  public void cancel() {
    // handle any conversation cleanup
  }
  // ......
}
```

注解是管理对话上下文的一种方法。注意，此处还在一些方法上放置了@End 注解，当这些方法执行时销毁对话。这并不是必需的操作，因为可以简单地使对话超时，本章前面已经讨论过这一点。

8.3.2　导航方法

在本书给出的 Natural Hotel Booking 示例中，HotelBookingAction bean 是长期运行对话组件。下面的程序清单给出了该组件的结构：

```
@Stateful
@Name("hotelBooking")
@Restrict("#{identity.loggedIn}")
public class HotelBookingAction implements HotelBooking
{
  // attribute definitions for maintaining stateful context
  // ......

  public String selectHotel(Hotel selectedHotel)
  {
    // initialize the conversation context for the hotel to book

    return "selected";
  }

  // ......

  public String confirm() throws InventoryException {
    // handle business rules associated with confirmation
    // if valid, persist booking and return confirmed outcome

    return "confirmed";
  }
```

```
public String cancel() {
  // handle any conversation cleanup and return cancel outcome

  return "cancel";
}
// ......
}
```

我们很快就会注意到两种实现之间的一些关键区别。首先，这里没有使用任何用来管理对话的注解。相反，在 pages.xml 定义中管理对话。

```
<page view-id="/main.xhtml" ... >
  <navigation>
    <rule if-outcome="selected">
      <begin-conversation join="true" ... />
      <redirect view-id="/hotel.xhtml" />
    </rule>
  </navigation>
</page>

<page view-id="/confirm.xhtml" ...>
  ......
  <navigation>
    <rule if-outcome="confirmed">
      <end-conversation/>
      <redirect view-id="/confirmed.xhtml" />
    </rule>
    ......
  </navigation>
</page>
```

注意，已经根据用户导航定义了对话的起点和终点。如果在应用程序中这个对话包含一组经过良好定义的页面(例如向导)，那么该操作就有意义。

在两种方法中选择

这种选择一般取决于个人喜好，但是根据经验，采用导航方法往往会使代码的可维护性更好。导航方法根据用户导航为对话定义了清晰的边界，而不是试图把对话边界与用户访问的页面组件关联起来。本章剩余部分将在 Seam Hotel Booking 示例(注解方法)和 Natural Booking 示例(导航方法)的上下文中讨论这两种方法，因此，可以根据自己的应用程序的需求来做出明智的决定。

8.3.3　启动长期运行对话

当调用@Begin 方法时(如同 Seam Hotel Booking 示例中演示的那样)，Seam 创建一个与前面曾经讨论过的临时对话相关联的 bean 实例。此时会根据当前上下文进行双向注入。

一旦该方法执行，如果为该方法指定了 void 返回类型，或者返回非空的 **String** 值，那么这个临时对话就会被提升为长期运行对话。这意味着，前面已经添加到这个临时对话中的任何组件或值(包括新近实例化的实例)都将成为长期运行对话的一部分。此外，从这个组件注出的属性在默认情况下均具有对话上下文作用域，除非另外指定。

在 Seam Hotel Booking 示例中，当用户单击 main.xhtml 页面上的 View Hotel 链接时，就会调用 HotelBookingAction.selectHotel()方法来启动对话。

```
<h:column>
  <f:facet name="header">Action</f:facet>
  <s:link id="viewHotel" value="View Hotel"
          action="#{hotelBooking.selectHotel(hot)}" />
</h:column>
```

@Begin selectHotel()方法初始化对话状态。它从 EL 表达式中接收选中的酒店，并产生有状态变量 hotel，该变量以名称 hotel 被注出到 Seam 上下文中。没有为注山指定上下文，因此默认具有对话上下文作用域，这是因为组件的作用域是对话。

```
@Stateful
@Name("hotelBooking")
@Restrict("#{identity.loggedIn}")
public class HotelBookingAction implements HotelBooking
{
  @PersistenceContext(type=EXTENDED)
  private EntityManager em;

  @In
  private User user;

  @In(required=false) @Out
  private Hotel hotel;

  // ......

  @Begin
  public void selectHotel(Hotel selectedHotel)
  {
    hotel = em.merge(selectedHotel);
  }

  // ......
}
```

使用 EntityManager.merge()操作

为了确保将 Hotel 对象关联到 PersistenceContext，selectHotel()方法中执行的 merge()是必需的操作。在第 11 章中将讨论如何使用 Seam 托管事务和 SMPC(Seam-managed persistence context，Seam 托管的持久化上下文)来更好地管理对话中的实体。

如同在 Natural Hotel Booking 示例中演示的那样，\<begin-conversation/\>标记提供了另一种启动长期运行对话的方法。因为在 main.xhtml 的导航规则中已经嵌入这个标记，所以当把用户重定向到 hotel.xhtml 时，就会启动一个长期运行对话。当进行调用和双向注入时，Seam 再次实例化 HotelBookingAction 组件，但这里是根据导航而不是对组件的调用把对话提升为长期运行对话。

```
<page view-id="/main.xhtml" ... >
  <navigation>
    <rule if-outcome="selected">
      <begin-conversation ... />
      <redirect view-id="/hotel.xhtml" />
    </rule>
  </navigation>
</page>

<page view-id="/hotel.xhtml" ...
      conversation-required="true" ...>
  ......
  <navigation>
     ......
    <rule if-outcome="cancel">
      <end-conversation/>
      <redirect view-id="/main.xhtml" />
    </rule>
  </navigation>
</page>

<page view-id="/confirm.xhtml" ...
      conversation-required="true" ...>
  ......
  <navigation>
    <rule if-outcome="confirmed">
      <end-conversation/>
      <redirect view-id="/confirmed.xhtml" />
    </rule>
     ......
  </navigation>
</page>
```

在遇到\<end-conversation/\>标记时，指定应该结束对话。注意，已经指定了导航规则来说明什么时候应该结束对话。如果用户导航到 confirm.xhtml 页面，并调用操作 HotelBookingAction.confirm()，那么该方法返回的 confirmed 结果将结束会话，并把用户重定向到 confirmed.xhtml 页面。

通过 jPDL 页面流约束导航

在 pages.xml 文件中使用 jPDL，可以通过页面流进一步改善导航方法。通过约束导航流，无论用户执行什么操作，都可以确保状态一致。更多相关信息请参阅 24.5 节。

自然对话

您可能已经注意到，在前面给出的 pages.xml 配置中删减了部分定义。Natural Booking 示例使用 Seam 2 提供的 Natural Conversations(自然对话)新功能。将在 9.3 节中返回到这个 pages.xml 定义并深入讨论该功能。

8.3.4 对话内部

当处于对话内部时，可以调用任何 bean 方法来操作对话上下文中的有状态数据。例如，hotel.xhtml 页面显示对话上下文中的 hotel 组件的内容。如果单击 Seam Hotel Booking 示例或 Natural Hotel Booking 示例中的 Book Hotel 按钮，Seam 就会调用 bookHotel()方法，根据当前 hotel 实例来创建一个新的 Booking 对象。

```
<div class="section">
  <div class="entry">
    <div class="label">Name:</div>
    <div class="output">#{hotel.name}</div>
  </div>
  <div class="entry">
    <div class="label">Address:</div>
    <div class="output">#{hotel.address}</div>
  </div>
  ......
</div>

<div class="section">
  <h:form>
    <fieldset class="buttonBox">
      <h:commandButton action="#{hotelBooking.bookHotel}"
                       value="Book Hotel" class="button"/>
      <h:commandButton action="#{hotelBooking.cancel}"
                       value="Back to Search" class="button"/>
    </fieldset>
  </h:form>
</div>
```

bookHotel()方法为这个对话创建一个新的 Booking 对象。这个 Booking 对象具有默认的预订日期，并显示在 booking.xhtml 页面中以进行编辑。

```
@Stateful
@Name("hotelBooking")
@Restrict("#{identity.loggedIn}")
public class HotelBookingAction implements HotelBooking {

  @In(required = false) @Out(required=false)
  private Hotel hotel;

  @In(required=false)
```

```
@Out(required=false)
@Valid
private Booking booking;

// ......

public String bookHotel()
{
  booking = new Booking(hotel, user);
  Calendar calendar = Calendar.getInstance();
  booking.setCheckinDate( calendar.getTime() );
  calendar.add(Calendar.DAY_OF_MONTH, 1);
  booking.setCheckoutDate( calendar.getTime() );

  return "book";
}
// ......
}
```

HotelBookingAction 中的所有 bean 方法均被设计成在长期运行对话的上下文中调用。但是在实际运行时，并不能保证满足这个条件。用户可能首先加载 book.seam 页面，然后单击 Confirm Hotel 按钮。因为这时没有有效的对话上下文，所以应用程序将失败。为了避免出现这种情况，在 pages.xml 定义中指定 conversation-required="true"。

```
<page view-id="/hotel.xhtml" ...
      conversation-required="true" ... >
  ......
</page>

<page view-id="/book.xhtml" ...
      conversation-required="true" ... >
  ......
</page>

<page view-id="/confirm.xhtml" ...
      conversation-required="true" ... />
  ......
</page>
```

现在，如果在活跃的长期运行对话之外访问该页面，那么应用程序将重定向到 no-conversation-view-id 页面，这也是一个可以在 pages.xml 文件中指定的页面。

```
<pages no-conversation-view-id="/main.xhtml"
       login-view-id="/home.xhtml">
  ......
```

这也解释了为什么当返回到某个对话页面时(此时该对话已经结束)，单击该页面上的按钮就会定向到 main.xhtml 页面。在配置中，还可以在页面级别指定 no-conversation-view-id。

您可能已经注意到，当在长期运行对话中时，两种对话管理方法之间没有任何区别。

不管使用哪种方法，对话的语义始终保持相同，只是对话的边界定义会有所不同。

8.3.5　结束长期运行对话

在 Seam Hotel Booking 示例中，总共有两个@End 方法，分别用于对话的两个可能的终点。当用户创建一个酒店预订并单击 confirm.xhtml 页面上的 Confirm 按钮之后，就会调用 confirm()方法。在对话结束之前，confirm()方法将这个 booking 对象保存到数据库中。

```
@Name("hotelBooking")
@Restrict("#{identity.loggedIn}")
public class HotelBookingAction implements HotelBooking {

  // ......

  @In(required=false)
  @Out(required=false)
  private Booking booking;

  // ......

  @End
  public void confirm()
  {
    em.persist(booking);
    facesMessages.add("Thank you, #{user.name}, " +
      "your confirmation number for #{hotel.name} is #{booking.id}");
    log.info("New booking: #{booking.id} for #{user.username}");
    // ......
  }

  @End
  public void cancel() {}
}
```

与以前一样，对话是否结束取决于方法的输出结果。如果返回类型为 String 而不是 void，那么返回值 null 将不会结束长期运行对话，而是使用户返回到前一个视图。

这种行为对于数据验证来说非常有用。假设用户在向导的最后一个表单中输入了一些信息，并单击 Submit 按钮。如果出现验证错误，那么并不希望将所有之前输入的信息全部抛弃。相反，只添加一条 FacesMessage 消息并返回 null。这会使用户返回到出现问题的视图并显示错误消息，同时维持对话状态。

例如，在确认时可以处理信用卡信息(用户在预订酒店时提供的信息)，并把发现的任何问题通知给用户。

```
// ......

@End
public String confirm()
```

```
  {
    if(processCredit())
    {
      em.persist(booking);
      facesMessages.add("Thank you, #{user.name}, " +
        "your confirmation number for #{hotel.name} is #{booking.id}");
      log.info("New booking: #{booking.id} for #{user.username}");

      return "confirmed";
    }

    FacesMessages.add("There was an issue with " +
      "processing your credit card. Better call the bank!");

    return null;
  }

  public boolean processCredit()
  {
    // perform credit card processing tasks and
    // return result
  }

  // ......
```

如果信用卡处理失败,就使用户返回到 confirm.xhtml 页面,并向其显示一条有关信用卡问题的消息。对话仍然处于运行之中,因此在继续进行下一步操作之前,用户就有机会修改信用卡信息或者与银行一起解决这个问题。

```
<h:form>
  <fieldset>
    <div class="entry">
      <div class="label">Name:</div>
      <div class="output">#{hotel.name}</div>
    </div>

    ... Hotel and reservation details ...
    <div class="entry">
      <div class="label"> </div>
      <div class="input">
        <h:commandButton value="Confirm"
                         action="#{hotelBooking.confirm}"
                         class="button"/>
        <h:commandButton value="Revise"
                         action="back" class="button"/>
      </div>
    </div>
  </fieldset>
</h:form>
```

同样，在 Natural Booking 示例中给出了<end-conversation/>标记。confirm()方法的返回结果 confirmed 结束了对话。在返回导航常量 confirmed 之前，confirm()方法从数据库中将酒店可预订房间数减少以反映这次预订的结果(实际上，为了确保数据库的完整性，必须在一个原子事务中执行这两个数据库操作，这是第 11 章讨论的主题)。除非返回的是导航常量 confirmed，否则该对话将继续运行，以允许用户解决预订中遇到的任何问题。

```java
public class HotelBookingAction implements HotelBooking, Serializable {
  // ......
  public String confirm() throws InventoryException {
    if (booking==null || hotel==null) return "main";

    em.persist(booking);
    hotel.reduceInventory();

    if (hotel.getId() == 1)
      throw new RuntimeException("Simulated DB error");

    if(bookingList != null)
      bookingList.refresh();

    return "confirmed";
  }

  public String cancel() {
    return "cancel";
  }
  // ......
}
```

减少数据库往返次数

在复杂的应用程序中，可能需要在一个对话中执行多次数据库操作。建议将所有数据库更新作为对话中的内存对象缓存起来，然后在对话结束时将它们同步到数据库中。这有助于减少数据库往返次数并保持数据库的完整性(更多细节请参阅第11章)。

另一方面，当用户希望结束对话而不进行任何预订时，就会调用 cancel()方法。无论这个方法是有@End 注解还是返回一个导航常量字符串(通过 pages.xml 来结束对话)，这个对话都会被降级成临时对话，而且一旦完成重定向到 main.xhtml，就将其从内存中清除。如果希望在重定向之前清除对话上下文，可以使用 Seam 提供的 beforeRedirect 属性，按照@End(beforeRedirect="true")或<end-conversation before-redirect="true"/>的方式指定该属性。

使用“返回(Back)”按钮返回到已结束的对话

通过调用@End 方法或 pages.xml 文件中的导航规则完成一个对话之后，仍然可以使用“返回(Back)”按钮返回到已结束对话中的任何一个页面。但是，如果单击这个页面上的任何链接或按钮，就会重定向到 main.xhtml 页面，因为这个页面不再有一个有效的对话上下文。

在 Seam 应用程序中，对话状态关联到业务逻辑。也就是说，所有可能的退出对话的方法都应该添加@End 标记，或者有关联的导航规则来结束对话。因此，不可能出现不调用结束方法就让用户退出对话的情况。但是，如果用户中止当前对话并使用手动输入的 HTTP GET 请求来加载一个新的站点或对话，会发生什么情况？或者，如果只是有一处编码错误，忘记使用@End 注解来标记退出方法，或者忘记创建一个相关的导航规则，那么又会发生什么情况？在这些情况下，如果达到预设的对话超时时间或当前 HTTP 会话超时，当前对话将超时。

可以在 components.xml 配置文件(参阅附录 B)中设置全局对话超时时间，单位是毫秒。

```
<components ...>
  ......
  <core:manager conversation-timeout="120000"/>
</components>
```

最初看起来，您可能会把对话超时与会话超时关联起来，但是在 8.2.3 节中已经介绍过，它们实际上区别很大。另外，可以在 pages.xml 配置文件(参阅第 9 章和 24.5 节)中为每个对话指定一个超时时间。

在本章前面曾经讨论过，中止的对话可能会造成内存泄漏。但是，它并不像手动管理 HTTP 会话那样容易出错。此外，Seam 用户实际上可以使用对话切换器(参阅第 9 章)或浏览器的"返回(Back)"按钮返回到中止的对话，重新开始他曾经遗漏的操作。

8.3.6　链接和按钮

到目前为止一直都是通过一系列按钮单击(也就是普通的 HTTP POST 操作)来驱动对话。这是因为 Seam 在 POST 请求中使用隐藏表单字段来维持用户的对话上下文。如果在对话的中间单击某个普通的链接，浏览器就会发出一个简单的 HTTP GET 请求来获得该页面，而当前对话上下文就会丢失。然后，Seam 就会在这个链接之后启动一个新的对话(有关同一个用户会话的多个并发对话的内容，请参阅第 9 章)。但是，有时会希望在对话内部使用超链接进行导航。例如，我们可能希望允许用户右击链接，然后在单独的浏览器选项卡或窗口中打开后续的页面。

一个显而易见的解决办法是使用 JSF 中的<h:commandLink>组件，而不是<h:commandButton>组件。但是，JSF 组件<h:commandLink>并不是普通的链接，当单击它时，JSF 使用 JavaScript 向服务器发回请求。这就破坏了链接正常的右击行为。为了解决 JSF 链接的这种问题，Seam 提供了它自己的可感知对话的链接组件：<s:link>(有关如何安装和使用 Seam UI 标记的更多内容，请参阅第 3 章)。

<h:outputLink>组件

JSF 组件<h:outputLink>在浏览器中呈现普通的链接。这在 Seam 对话中并不是非常有用，因为不能把事件处理程序方法连接到<h:outputLink>，但是在初始化自然对话时，这个标记实际上非常有用，我们将在 9.3 节中对此进行介绍。

在下面的示例中，为 Seam 标记声明了 s:名称空间前缀：

```
<html xmlns="http://www.w3.org/1999/xhtml"
      xmlns:h="http://java.sun.com/jsf/html"
      xmlns:f="http://java.sun.com/jsf/core"
      xmlns:s="http://jboss.com/products/seam/taglib">
```

声明名称空间前缀之后，就可以方便地使用<s:link>标记在对话中构建链接。可以为这个链接指定事件处理程序方法，或者指定直接的 JSF view-id 作为链接目标。呈现出来的链接维持对话上下文，而且行为类似于普通的 HTML 链接。

```
<s:link view-id="/login.xhtml" value="Login"/>
<s:link action="#{login.logout}" value="Logout"/>
```

<s:link>组件不仅仅为对话内导航提供 HTML 链接。可以实际地通过链接控制对话。例如，如果单击下面的链接，Seam 就会在加载 main.xhtml 页面时离开当前对话，如同普通 HTTP GET 请求的行为一样。propagation 属性可以取其他值，例如 begin 和 end，以强制开始或结束当前对话。

```
<s:link view-id="/main.xhtml" propagation="none"
        value="Abandon Conversation" />
```

书签

使用 HTTP POST 带来的另一个不利的方面在于，很难在 POST 结果页面上放置书签。实际上，在 Seam 应用程序中构建可收藏页面是一件相当简单的事情，请参阅第 15 章。

<s:link>组件的对话管理功能实际上要比普通的 JSF 组件<h:commandButton>更丰富，后者只是在页面之间传播对话上下文。如果希望通过按钮单击来退出、开始或结束对话上下文，应该如何操作？这时就要用到 Seam 的<s:conversationPropagation>标记。下面的示例给出了一个退出当前对话上下文的按钮：

```
<h:commandButton action="main" value="Abandon Conversation">
  <s:conversationPropagation type="none"/>
</h:commandButton>
```

对在链接和按钮中使用对话传播的警告

建议限制使用链接和按钮的对话传播功能，只用于选择是否传播当前对话。传播一个对话非常简单，只要确保 conversationId 随请求一起发送即可。将传播设置为 none 就不会传递 conversationId，从而离开当前对话。而在链接或按钮中开始或结束对话时可能会带来潜在的维护困难，因为没有清晰地描绘出对话边界。

8.4　新领域

您已经看到 Seam 对话模型如何简化有状态应用程序开发。但是，Seam 并不仅仅简化了传统 Web 应用程序的开发。

有了经过完整封装的对话组件，就可以把用户体验和应用程序的事务行为与对话关联起来。这在 Web 应用程序开发中开辟了一个全新的领域。Seam 使得开发对于较早的 Web 框架来说太过复杂甚至不可能实现的高级 Web 应用程序成为可能。我们将在第 9 章和第 11 章讨论其中一些新的领域。

第 9 章

工作区和并发对话

在第 8 章中讨论过，在一个 HTTP 会话中可以有多个对话。用户很容易在一个会话中拥有多个连续的对话。例如，在 Hotel Booking 示例中，可以连续预订多家酒店，每次进行酒店预订都有单独的对话。但是，Seam 的真正独特之处在于，它在一个会话中支持多个并发对话。这些并发对话可以各自运行在单独的浏览器窗口或选项卡中。这就形成了工作区的概念。在本章中，将讨论 Seam 工作区的定义以及如何在 Web 应用程序中使用工作区。本章将再次使用 booking 源代码项目中的 Natural Hotel Booking 示例应用程序。

9.1 工作区的定义

在桌面应用程序中，工作区是一个常见的概念。例如，在字处理软件或者电子表格程序中，每个文档就是一个工作区。在 IDE 中，每个项目就是一个工作区。可以在一个工作区中进行修改而不影响其他工作区。一般来说，工作区就是一组自包含的应用程序上下文。

但是，现在大多数 Web 应用程序并不支持工作区，其原因就是大多数 Web 应用程序都是通过 HTTP 会话来管理它们的所有应用程序上下文。HTTP 会话并不具备区分不同浏览器窗口所需的粒度。为了更好地理解这一点，回过头来查看 Natural Hotel Booking 应用程序。打开两个浏览器选项卡，并在这两个选项卡中分别选择不同的酒店进行预订。例如，假设首先在选项卡 1 中选择 Marriott San Francisco 酒店。然后，在选项卡 2 中选择 Ritz Carlton Atlanta 酒店并单击 Book Hotel 按钮。现在返回到选项卡 1，并再次单击其中的 Book Hotel 按钮。此时预定的会是哪家酒店？这个过程如图 9-1 和图 9-2 所示。

如果应用程序是基于一种把状态保存在 HTTP 会话中的老一代 Web 框架，那么最终预订的将是 Ritz Carlton Atlanta 酒店。其原因在于，选项卡 2 中的 Ritz Carlton Atlanta 是最近放入 HTTP 会话中的酒店，选项卡 1 或选项卡 2 中的按钮事件都会执行该酒店的预订操作。基于 HTTP 会话的 Web 应用程序不能正确支持多浏览器窗口或选项卡，这些工作区通过共享应用程序状态会彼此造成干扰。

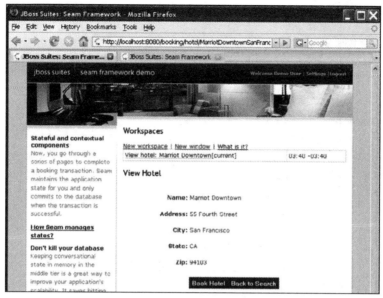

图 9-1 第一步：在选项卡 1 中加载 Marriott San Francisco 酒店

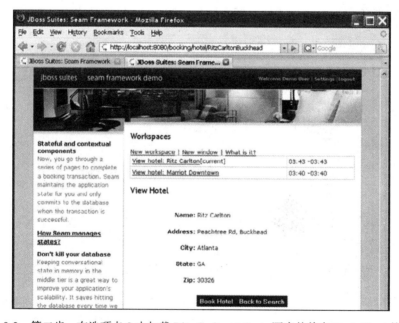

图 9-2 第二步：在选项卡 2 中加载 Ritz Carlton Atlanta 酒店并单击 Book Hotel 按钮

而在另一方面，Seam 从底层设计就支持状态应用程序上下文。Seam Web 应用程序默认自动支持工作区。因此，在 Seam Hotel Booking 示例中，每个浏览器选项卡中的 Book Hotel 按钮按照预期的方式工作，即选项卡 1 中的按钮总是预订 Marriott 酒店，而选项卡 2 中的按钮总是预订 Ritz 酒店，不管它们的调用顺序是什么，情况都是如此(参阅图 9-3)。每个窗口中的对话均是完全独立的，尽管所有的对话均关联到同一个用户。理解工作区概念的最佳方法是自己动手试一试。打开几个浏览器窗口或选项卡，并在每个窗口或选项卡中加载 hotel.xhtml 页面。然后，可以在所有窗口中同时预订不同的酒店。

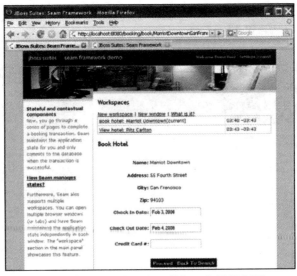

图 9-3   第三步：切换到选项卡 1，然后单击 Book Hotel 按钮。应用程序预订 Marriott San Francisco 酒店。
该操作有意义，但是只有支持多个工作区的 Seam 才能轻易实现这一点

Seam 总是根据当前工作区来注入适当的酒店和预订实例，如图 9-4 所示。

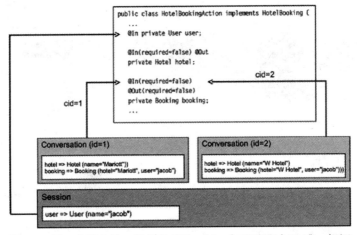

图 9-4   同一个用户的一组并发对话，每一个对话通过 ID 唯一标识

此外，您可能注意到多个工作区之间共享用户实例。这个用户实例的作用域是会话，
如下面的程序清单所示。会话作用域总是在工作区实例之间共享，因此只应该把用户会话
中的全局变量放在这个作用域中。

```
@Entity
@Name("user")
@Scope(SESSION)
@Table(name="Customer")
public class User implements Serializable
{
   ......
```

在 Seam 应用程序中，一个工作区一对一映射到一个对话，因此包含多个并发对话的 Seam 应用程序有多个工作区。在 8.3.4 节中讨论过，用户通过一个明确的 HTTP GET 请求来启动一个新的对话。然后，当在新浏览器选项卡中打开一个链接或在当前浏览器选项卡中手动加载某个 URL 时，就启动了一个新的工作区。因此，Seam 提供了一种访问旧工作区/对话的方法(参阅 9.2.1 节)。

可以使用"返回(Back)"按钮在多个对话和工作区之间切换

如果通过 HTTP GET 请求(例如在对话中间通过手动方式加载 main.xhtml 页面)来中断一个对话，那么之后可以返回到被中断的对话。当返回到中断对话内部的某个页面时，可以简单地单击任何按钮并恢复对话，如同该对话从未被中断一样。

在 8.3.4 节中讨论过，如果对话已经结束或者在尝试返回到该对话之前它已经超时，那么 Seam 会适当地进行处理：将用户重定向到 no-conversation-view-id 页面(参阅 9.2.2 节)，可以在 pages.xml 中配置这个页面。这可以确保无论是否单击"返回(Back)"按钮，该用户的体验始终与服务器端的状态保持一致。

9.2 工作区管理

Seam 提供了多个有助于工作区和并发对话管理的内置组件和功能。我们将在下面的几节中研究 Seam 提供以帮助在应用程序中管理工作区的功能。在 9.2.1 节中将讨论工作区切换器，该切换器为用户在不同工作区进行切换提供了一种简单的方法。在 9.2.2 节中将演示如何跨越多个 GET 请求维持工作区。最后，在 9.2.3 节中将讨论 Seam 如何操作对话 ID。

9.2.1 工作区切换器

Seam 在组件#{conversationList}中保存当前用户会话中的并发对话列表。可以遍历这个列表来查看这些对话的描述信息、它们的启动时间以及最近一次访问它们的时间。#{conversationList} 组件还提供了在当前工作区(浏览器窗口或选项卡)中加载任何对话的途径。图 9-5 给出了 Seam Hotel Booking 示例中的对话列表。单击任何一个描述链接，就可以在当前窗口中加载选中的对话。

下面是隐藏在工作区切换器后面的 JSF 页面代码，它位于该示例源代码中的 conversations. xhtml 文件中。

```
<h:dataTable value="#{conversationList}" var="entry">
  <h:column>
    <h:commandLink action="#{entry.select}"
                   value="#{entry.description}"/>
    <h:outputText value="[current]"
                   rendered="#{entry.current}"/>
  </h:column>

  <h:column>
```

```
<h:outputText value="#{entry.startDatetime}">
  <f:convertDateTime type="time" pattern="hh:mm"/>
</h:outputText>
-
<h:outputText value="#{entry.lastDatetime}">
  <f:convertDateTime type="time" pattern="hh:mm"/>
</h:outputText>
  </h:column>
</h:dataTable>
```

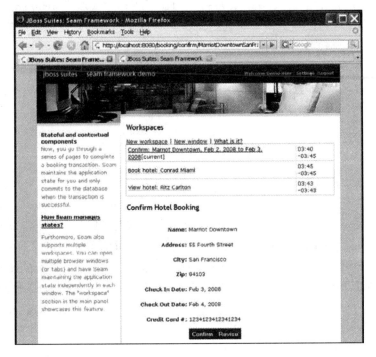

图 9-5 当前用户会话中的并发对话(工作区)列表

#{entry}对象遍历#{conversationList}组件中的对话。#{entry.select}属性是一个内置 JSF 操作，用于在当前窗口中加载对话#{entry}。类似地，JSF 操作#{entry.destroy}用于销毁对话。需要注意#{entry.description}属性，该属性中有一个关于对话中当前页面的字符串描述。Seam 如何知道某个页面的"描述"呢？这需要用到另一个 XML 文件。

app.war 归档文件中的 WEB-INF/pages.xml 文件(就是源代码软件包中的 resources/WEB-INF/pages.xml 文件)指定页面描述信息。对于基于 jBPM 的页面流配置(更多细节请参阅 24.5 节)，这个 pages.xml 文件还可用于替代 WEB-INF/navigation.xml 文件。可以在第 15 章了解更多有关 pages.xml 的内容。下面是 Natural Hotel Booking 示例中的 pages.xml 文件的部分内容：

```
<pages>
  ......
  </page>
  <page view-id="/book.xhtml" timeout="600000" ... >
    <description>
      Book hotel: #{hotel.name}
```

```
      </description>
      ......
    </page>
    <page view-id="/confirm.xhtml" timeout="600000" ... >
      <description>
        Confirm: #{booking.description}
      </description>
      ......
    </page>
  </pages>
```

可以在 pages.xml 文件中通过名称来引用 Seam 组件，这对于显示对话描述信息非常有用。

对话列表为空白或丢失一项的原因

只有在提供页面描述信息的情况下，Seam 才会把对话放入到 #{conversationList} 组件中。这对于初次使用 Seam 的用户来说往往会造成混淆，因此如果不太确信为何对话没有出现在 conversationList 中，那么请检查 pages.xml 配置。

图 9-5 给出的对话切换器使用了一个表来显示对话。当然，可以定制表的外观。但是，如果希望把切换器放在一个下拉菜单中，应该如何操作？下拉菜单在 Web 页面上占用的空间要比表少，特别是如果有许多工作区，情况更是如此。但是 #{conversationList} 组件是一个 DataModel 对象，不能用在 JSF 菜单中，因此 Seam 提供了一个可用在下拉菜单中的特殊对话列表，它的结构与数据表类似。

```
<h:selectOneMenu value="#{switcher.conversationIdOrOutcome}">
  <f:selectItems value="#{switcher.selectItems}"/>
</h:selectOneMenu>
<h:commandButton  action="#{switcher.select}"
                  value="Switch"/>
<h:commandButton  action="#{switcher.destroy}"
                  value="Destroy"/>
```

9.2.2　跨工作区传递对话

在本章前面曾经讨论过，Seam 为每个 HTTP GET 请求创建一个新的工作区。根据定义，新的工作区有它自己的全新的对话。因此，如果希望进行 HTTP GET 请求，同时保留同一个对话上下文，应该如何操作？例如，可能希望弹出的浏览器窗口与当前主窗口共享同一个工作区/对话。这就是 Seam 对话 ID 发挥作用的位置。

如果查看 Seam Hotel Booking 示例应用程序的 URL，就会发现每个页面 URL 的末尾处都有一个 URL 参数 cid。在同一个对话中，这个 cid 参数始终保持不变。例如，该 URL 可能类似于如下：http://localhost:8080/booking/hotel.seam?cid=10。

为了在不打乱当前对话的情况下 GET 某个页面，可以将同样的 cid 名/值对附加到 HTTP GET URL 中。

将 cid 值附加到 URL 中可能面临一定的风险。如果传入错误的 cid 参数值,情况会如何? 应用程序只是抛出一个错误吗? 作为一种保护措施,可以配置 pages.xml 文件以设置一个默认页面,当 URL 中的 cid 值不可用时把用户转向这个页面。

```
<pages no-conversation-view-id="/main.xhtml" ...>
  ......
  <page view-id="/confirm.xhtml" conversation-required="true">
  ......
</pages>
```

视图要求使用对话

请留意在上面的 view-id /hotel.xhtml 程序清单中指定的 conversation-required 属性。在第 8 章中曾经讨论过,这个属性要求当用户访问 hotel.xhtml 页面时有一个长期运行对话在运行。这可以确保如果用户直接输入 URL 或收藏某个不能直接访问的页面,就把该用户重定向到某个适当的位置。

当然,手动输入 cid 参数并不是一个好主意。因此,为了解决最初的在新窗口中打开同一个工作区的问题,需要使用已经可用的正确参数来动态地呈现链接。下面的示例演示如何构建这样的链接。嵌套在<h:outputLink>中的 Seam 标记生成链接中的正确参数。

```
<h:outputLink value="hotel.seam" target="_blank">
  <s:conversationId/>
  <s:conversationPropagation propagation="join"/>
  <h:outputText value="Open New Tab"/>
</h:outputLink>
```

使用<s:link>标记

还可以使用 Seam 的<s:link>标记(在 8.3.6 节中曾经讨论过该标记)在同一个对话中打开新的浏览器窗口或选项卡。使用<s:link>标记通常是实现这种行为的推荐方法。

9.2.3　管理对话 ID

到现在为止,您可能已经注意到对话 ID 是 Seam 用来识别当前长期运行对话的机制。因此,对话 ID 必须随请求一起发送(通过 GET 请求或 POST 请求)才能恢复长期运行对话。为了不使这项设置那么冗长,Seam 允许自定义 cid 参数。这个参数的名称在 components.xml 文件中配置。下面就是 Hotel Booking 示例中用来设定参数名称为 cid 的配置:

```
<components ...>
  ......
  <core:manager conversation-timeout="120000"
                concurrent-request-timeout="500"
                conversation-id-parameter="cid" />
  ......
</components>
```

如果没有配置该信息，那么 Seam 将默认使用较长的名称 conversationId。在 8.2.3 节和 9.4 节中讨论了这里给出的 conversation-timeout 值。

默认情况下，每次新建一个对话，Seam 就会自动将对话 ID 值增加 1。默认的设置对于大多数应用程序已经足够好，但是对于具有多个工作区的应用程序来说，还可以进行改进。数字传递的信息不是太多，而且通过查看 ID 编号很难记住哪个工作区处于什么状态。此外，如果在多个选项卡中打开多个工作区，就有可能打开两个不同的工作区来执行同一项任务，而且很快使人混淆。

在下一节中将讨论自然对话，Seam 提供的这项功能用来自定义对话 ID。自然对话可以使对话 ID 变得有意义，而且用户友好。

9.3　自然对话

管理对话 ID 并不难，但它只是 Seam 生成的一个数字而已。如果可以通过某种对开发人员和用户来说更有意义的方法识别对话，那当然更好。Seam 2 通过支持自然对话解决了这个问题。

自然对话提供了从工作区(或并发对话)中识别当前对话的更自然的方法。可以利用这项功能为对话中涉及的实体配置一个唯一的标识符，然后利用这个标识符来识别对话自身。因此，在 Seam Hotel Booking 示例中，根据正在预订的酒店(例如 MarriottCourtyardBuckhead)来识别对话就是一种好方法。这个标识符不仅对于开发人员来说有意义，而且对于应用程序的用户来说也有意义。

使用自然对话可以非常容易地获得用户友好的 URL，也可以简单地重定向到已有的对话。用户友好的 URL 通常是当今 Web 领域推荐的实践。用户友好的 URL 可以使用户通过简单地修改 URL 就可以实现导航，而且可以从 URL 中了解他们正在查看的内容。例如，如果正在打开的 URL 是 http://natural-booking/book/MarriottCourtyardBuckhead，那么非常明显，我们正在尝试预订 Marriott Courtyard Buckhead 酒店的房间。这种 URL 要求把自然对话与 URL 重写(将在本章稍后部分讨论)结合起来使用。

下面几节中将讨论如何在实践中使用自然对话并介绍 Seam 的 URL 重写。

自然对话与明确的合成对话 ID

如果使用过 Seam 2 之前的 Seam 版本，那么可能对合成对话 ID 比较熟悉。明确的合成对话 ID 现在已经逐渐淘汰，相反要使用自然对话。

9.3.1　通过链接启动自然对话

Seam 为 GET 参数提供了极好的支持，使得应用程序可以使用 RESTful URL(参阅第 15 章)。该功能还可用来实现简单的自然对话方法。只要链接到/hotels.seam?hotelId= MarriottCourtyardBuckhead，就可以使用 hotelId 来初始化酒店实例，并生成自然对话标识符。下面是 hotels.xhtml 中的链接，其中就使用了这种方法：

```
......
<h:outputLink value="#{facesContext.externalContext.requestContextPath}
                     /hotel.seam?hotelId=#{hot.hotelId}">
  View Hotel
</h:outputLink>
......
```

上面的代码片段输出一个指向/hotel.seam 视图的标准 HTML 链接。查询字符串 hotelId=#{hot.hotelId}用来初始化酒店实例，并在后面用来识别该对话(稍后将讨论)。表达式 #{facesContext.externalContext.requestContextPath}把当前上下文的根路径添加到该链接的前面，这是因为<h:outputLink>不会自动执行这项任务。

既然已经有一个指向初始对话页面的链接，那么就需要在 pages.xml 文件中定义自然对话。

```
<conversation name="Booking"
              parameter-name="hotelId"
              parameter-value="#{hotel.hotelId}" />
```

这个定义指定一个名为 Booking 的自然对话，这个名称用来识别自然对话中的各个参与页面。parameter-name 和 parameter-value 定义了将要用来唯一识别对话实例的参数。必须确保在初始化对话时 EL 表达式求值为 true。

既然已经定义了自然对话，接下来就必须列出参与该对话的各个页面。

```
<page view-id="/hotel.xhtml" conversation="Booking"
      login-required="true" timeout="300000">
  ......
  <param name="hotelId"
    value="#{hotelBooking.hotelId}" />
  <begin-conversation join="true" />
  ......
</page>

<page view-id="/book.xhtml" conversation="Booking"
      conversation-required="false" login-required="true"
      timeout="600000">
  ......
</page>

<page view-id="/confirm.xhtml" conversation="Booking"
      conversation-required="true" login-required="true"
      timeout="600000">
  ......
</page>
```

您可能注意到，在第 8 章中省略的部分页面定义现在又显示出来。conversation 属性设置为页面所参与的自然对话的名称。在这个示例中，conversation 被指定为 Booking 对话。因此，hotel.xhtml、book.xhtml 以及 confirmed.xhtml 页面全部参与到该对话中。

注意 hotel.xhtml 定义中<param>的用法。这个<param>设置放到 hotelBooking 实例中的

酒店的 hotelId。然后 HotelBookingAction 就可以使用这个属性的值来初始化对话上下文中的酒店。可以通过 HotelBookingAction 中的@Factory 方法来轻易地实现这一点。

```
@Stateful
@Name("hotelBooking")
@Restrict("#{identity.loggedIn}")
public class HotelBookingAction implements HotelSearching
{
  // ......

  @Out(required=false)
  private Hotel hotel;

  // ......

  @Factory(value="hotel")
  public void loadHotel()
  {
    // loads hotel into the conversation based on the RESTful id
    hotel = (Hotel) em.createQuery("select h from " +
            "Hotel h where hotelId = :identifier")
            .setParameter("identifier", hotelId).getSingleResult();
  }
// ......
```

注意这里为 hotel 变量定义的@Factory 方法。这意味着，当 Seam 请求在自然对话定义中指定的#{hotel.hotelId}表达式中的 hotelId 时，就会适当地实例化 hotel 实例。此外，通过结合使用<param>和@Factory 方法，用户就可以收藏这个页面。

为自然对话定义唯一键

您或许注意到，用来识别酒店的唯一键 MarriottCourtyardBuckhead 并不是主键。可以使用主键，但对应用程序的用户来说，它通常并没有什么意义。相反，可以定义一个自定义键来识别实体，但是这个键必须是唯一的。

9.3.2　重定向到自然对话

到目前为止已经提供了一种通过 GET 请求来识别对话的有意义的方法，但是如果需要执行重定向以启动自然对话，应该如何操作？通过对 Natural Hotel Booking 示例进行几处调整就可以实现这一点。首先，为 HotelBookingAction 定义一个操作，它接受用于预订的 hotel 实例。

```
@Stateful
@Name("hotelBooking")
@Restrict("#{identity.loggedIn}")
public class HotelBookingAction implements HotelBooking
{
```

```
@PersistenceContext(type=EXTENDED)
private EntityManager em;

@In(required=false) @Out
private Hotel hotel;

// ......

public String selectHotel(Hotel selectedHotel)
{
  hotel = em.merge(selectedHotel);

  return "selected";
}
// ......
```

注意，这里已经把前面曾经用过的@Factory 方法替换成一个操作，该操作接受选中的 Hotel 实例，并将该实例合并到@PersistenceContext。现在就可以定义一条导航规则，当用户从 main.xhtml 页面中选中一家酒店时，将该用户重定向到 hotel.xhtml 页面。

```
......
<page view-id="/main.xhtml" login-required="true">
 <navigation>
   <rule if-outcome="selected">
     <redirect view-id="/hotel.xhtml" />
   </rule>
 </navigation>
</page>

<page view-id="/hotel.xhtml" conversation="Booking"
     login-required="true" timeout="300000">
 <description>View hotel: #{hotel.name}</description>
 <begin-conversation join="true" />
 ......
```

启动对话的方式与前面相同，但是不再需要指定 request 参数。在启动自然对话时，Seam 再次使用命名对话来确定自然对话 ID。在 main.xhtml 视图中，前面曾经用到的<h:outputLink> 现在改为<h:commandLink>，以便调用新定义的操作：

```
......
<h:commandLink  id="viewHotel"
               action="#{hotelSearching.selectHotel(hot)}"
               value="View Hotel"/>
  <s:conversationName value="Booking" />
</h:commandLink>
......
```

这里必须提供 UI 组件<s:conversationName value="Booking"/>，以确保如果选中了同一家酒店，就恢复自然对话。由于在导航规则中指定对话传播的处理时机，因此需要在这里使用该组件。Seam 通过指定该组件来确保如果选中的酒店已经有一个自然对话在运行，那么就恢复该对话。

9.3.3 恢复自然对话

到目前为止，这种方法的主要缺点如下：在两种情况下，当在 main.xhtml 页面上选中一家酒店时，虽然恢复了同一个对话，但是再次选择这家酒店就会返回到该对话的初始页面(即 hotels.xhtml 视图)。这是因为实际上已经通过使用<h:outputLink>或 pages.xml 文件中的导航规则把导航硬编码到应用程序中。

将用户返回到他离开时在自然对话中所处的位置可能更有用。如同 Natural Hotel Booking 示例演示的那样，当用户在 main.xhtml 视图中单击一家特定酒店的 View Hotel 链接时，就会导致产生与选中酒店相关联的自然对话。如果选中酒店的自然对话已经在运行之中，就会把用户返回到他离开时在预订中所处的位置。可以通过与核心 API 交互来实现这一点。

```
@Stateful
@Name("hotelBooking")
@Restrict("#{identity.loggedIn}")
public class HotelBookingAction implements HotelBooking
{
  // ......

  public String selectHotel(Hotel selectedHotel)
  {
    ConversationEntry entry =
      ConversationEntries.instance()
        .getConversationEntry("Booking:"
          + selectedHotel.getHotelId());

    if(entry != null)
    {
      entry.select();
      return null;
    }

    hotel = em.merge(selectedHotel);

    return "selected";
  }

  // ......
```

注意这种检查是在初始化对话上下文之前执行的。Seam 提供的 ConversationEntries 组件可用来检查与选中的 hotel 实例关联的现有 ConversationEntry 实例。如果找到一个 ConversationEntry，那么只需要选择该项，就会切换到该对话，如同前面在对话切换器中看到的一样。将用户返回到他离开时在对话中所处的位置。

这种方法也不需要在 View Hotel 链接中指定 s:conversationName 组件。因为通过编程方式来检查 ConversationEntry，所以可以确信如果找到它，就可以适当地恢复对话。

9.3.4   重写到用户友好 URL

本章前面提及，自然对话可用来创建可导航的、有意义的 URL。到目前为止，虽然看到的 URL 有一定意义，但是仍然缺乏预期的可导航性。通过使用 URL 重写，可以同时满足这两种需求。Seam 实现了一种非常简单的配置可导航 URL 的方法。首先，需要将下面的代码片段添加到 components.xml 文件中以启用 URL 重写：

```
<web:rewrite-filter view-mapping="*.seam"/>
```

view-mapping 参数必须匹配 web.xml 文件中为 Faces Servlet 定义的 servlet 映射。如果没有指定这个参数，重写过滤器就会假设为*.seam 模式。

一旦配置完毕，就可以在 pages.xml 文件中指定如何为每个页面重写 URL。Natural Hotel Booking 示例的 URL 演示如下：

```
<page view-id="/hotels.xhtml">
  <rewrite pattern="/hotels/{hotelId}" />
  ......
</page>
```

注意，pattern 定义将前面介绍的 hotelId 查询参数指定为 URL 的一部分。上面的模式将如下的 URL: /hotels.seam?hotelId=MarriottCourtyardBuckhead 转换成更具导航性的 URL: /hotels/MarriottCourtyardBuckhead。

URL 重写可用于任何 GET 请求

URL 重写并不是自然对话特有的，它可以用于实现 RESTful URL(参阅第 15 章)。上面的配置还可以应用于应用程序中任何需要 "漂亮" URL 的任何页面。

9.4   工作区超时

本书前面曾经讨论论过 conversation-timeout，但是现在将再次研究对话超时，以了解它如何与用户体验关联。最初看起来，大多数开发人员会把 conversation-timeout 联系到会话超时，当经过配置的对话超时时间之后，所有对话都会简单地超时(参阅 8.2.3 节)。您很快就会发现，在测试期间情况并非如此。最好通过与 Seam 应用程序交互来讲解对话超时。在 Seam Hotel Booking 示例的 components.xml 文件中尝试使用下面的配置：

```
......

<core:manager conversation-timeout="60000" />

......
```

因为 conversation-timeout 的单位是毫秒，所以上面的配置将对话超时时间设置为 1 分钟。现在，在 web.xml 文件中将会话超时时间设置为 5 分钟：

......

```
<session-config>
  <session-timeout>5</session-timeout>
</session-config>
```

......

在 HotelBookingAction 的 destroy()方法中，添加以下代码：

```
// ......
@Destroy @Remove
public void destroy()
{
  log.info("Destroying HotelBookingAction...");
}
// ......
```

当对话结束并且 HotelBookingAction 被销毁时，这段代码会记录一条消息。将 booking 示例部署到本地 JBoss 实例中并启动一个对话。登录并导航到酒店列表，然后选中一家要预订的酒店，就可以完成这一任务。此时等待 1 分钟，但是不会发生任何事情。现在再等待 4 分钟，就会显示预期的消息。对话随着会话一起超时。

为什么对话没有按照配置超时呢？这是因为 conversation-timeout 只影响后台对话。前台对话只有在会话超时后才会超时。在 8.2.3 节中讨论过，前台对话就是用户最后交互的对话，而后台对话则是该用户会话中的其他所有对话。因此，在前面的场景中，前台对话随着会话一起超时是正常的行为。

再次尝试使用另一种方法。像前面一样执行相同的步骤，进入酒店预订屏幕。现在，打开一个新的窗口并执行同样的步骤。此时同时运行一个前台对话和一个后台对话。再次等待 1 分钟，不会发生任何事情。而如果再等待 4 分钟，那么两个对话都会超时。那么到底怎么回事呢？难道不是有了一个后台对话吗？确实有一个后台对话，但是 Seam 只在每次处理请求时才检查对话超时。因此，如果在 1 分钟之后与前台对话进行交互，那么后台对话将超时。尝试执行同样的步骤，等待 1 分钟，然后单击前台对话的窗口，就会看到记录消息。

这种行为非常符合预期。实际上，当用户离开他的计算机一段时间之后再回来时，如果会话仍然保持活跃，那么维持用户之前所处的状态(当前工作区的前台对话状态)将符合预期。所有其他后台对话或工作区将在经过配置好的 conversation-timeout 时间之后超时，这会降低总体的内存占用。这就使开发人员不用担心内存使用量以及清除状态，而是更多地关注业务逻辑的开发。这正是此处要实现的目标。

不对 conversation-timeout 进行轮询的原因

此时您可能要问，conversation-timeout 为什么不使用轮询机制？必须与前台对话进行交互才会导致后台对话在经过 conversation-timeout 时间之后超时。

假设用户打开了多个窗口，然后离开计算机。用户返回后单击的窗口将变成前台对话，同时使其他所有后台对话超时。这就使用户有机会恢复他选择的对话，而不是开发人员选择的对话。

在前面的程序清单中，您可能已经注意到对话中的每个 Web 页面还可以有一个超时值。如果后台对话闲置太长时间，这个对话就会自动过期。注意，页面超时会重写这个页面的全局 conversation-timeout 设置。如果没有指定页面超时，那么对话就会根据配置好的全局 conversation-timeout 进行超时。

```
<pages>
  ......
  <page view-id="/hotel.xhtml" timeout="300000" ... >
    ......
  </page>
  <page view-id="/book.xhtml" timeout="600000" ... >
    ......
  </page>
  <page view-id="/confirm.xhtml" timeout="600000" ... >
    ......
  </page>
</pages>
```

在上面的程序清单给出的配置中，hotel.xhtml 页面的超时值为 5 分钟，而 book.xhtml 页面和 confirm.xhtml 页面的超时值为 10 分钟。这似乎比较合理，因为用户在决定预订之前可能查看多家酒店，这些对话很快就会变成后台对话。可以使用比预订对话快得多的速度使简单查看酒店的对话超时，因为用户更可能在处理预订的过程中恢复对话。

9.5 无状态 Web 中的桌面特性

工作区和对话是 Seam 中的关键概念，正是它们使得 Seam 区别于前几代的无状态 Web 框架。使用 Seam 丰富的注解和 UI 标记，开发多工作区 Web 应用程序是一件简单的事情。但是，Seam 对话中的 Web 页面通常不可收藏，因为它们绑定到带有大量隐藏字段数据的 HTTP POST 请求。在下一章中将讨论如何在 Seam 应用程序中构建可收藏的 RESTful URL。

第 10 章

嵌套对话

在前面的几章中已经讨论了 Seam 对话模型提供的许多功能。长期运行对话为在应用程序中维持状态的一致性提供了一种极好的机制。但是，简单地启动和结束长期运行对话并不总是足够。在某些情况下，多窗口操作以及"返回(Back)"按钮的使用仍然可能导致出现用户看到的内容与应用程序所处的真实状态不一致的情况。

尽管已经设法隔离 HTTP 会话中的状态，但是在一些情况下，简单的对话模型仍然可能导致遇到与 HTTP 会话同样的问题。本章将通过 Seam Hotel Booking 示例的另一个变体(即 Nested Hotel Booking 示例)来讨论嵌套对话的作用。可以在本书的源代码软件包中找到 nestedbooking 项目。Nested Hotel Booking 示例的目录设置与前面几章中的 Hello World 示例和 Natural Hotel Booking 示例相同(应用程序模板请参阅附录 B)。

10.1 需要嵌套对话的原因

在第 8 章和第 9 章曾经讨论过的酒店预订示例中，可以添加一项新的需求。假设用户不仅可以预订酒店，而且在预订酒店时可以根据选中的预订日期显示哪些房间可用。此外，酒店可能希望提供有关这些房间的深入描述，以吸引用户改进他们的房间偏好。这可能需要在酒店预订向导中插入额外的屏幕页面。图 10-1 给出了选择预订的酒店的屏幕。

图 10-1　重构的预订屏幕，只要求输入入住日期和结账日期

单击 Select Room 按钮就会向用户发送可用房间列表，如图 10-2 所示。

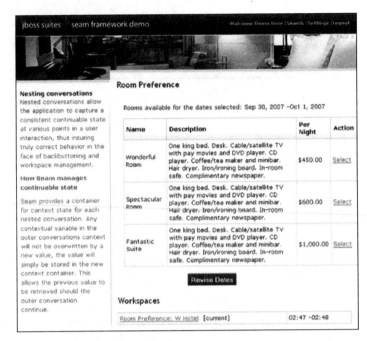

图 10-2   新添加的房间选择屏幕供用户选择要预订的房间

用户可以选择任何可用房间(现在显示为预订包的一部分)。假设用户打开另一个窗口来显示房间选择屏幕。在这个屏幕中，用户选择 Wonderful Room，并进入确认屏幕。在另一个窗口中，用户决定了解一下享受高品质生活是什么感觉，因此选择 Fantastic Suite 进行预订，然后再次进入确认屏幕。在查看总价后，用户回忆起他的信用卡额度快要超出限制！然后，用户返回到显示 Wonderful Room 的窗口并进行确认。这种情形是不是非常熟悉？

在长期运行对话中并不能阻止在该对话内部进行多窗口操作。与 HTTP 会话一样，如果某个对话变量改变，那么这个改动将影响在同一个对话上下文中操作的所有窗口。其结果就是，用户可能需要为他并不想要的房间升级付费，进而由于超出信用卡额度限制而导致严重的信用卡透支费用。

10.2   延续对话

Seam 的对话模型为实现延续(continuation)提供了一种简化的方法。如果熟悉延续服务器的概念，就会了解它们提供的功能，包括无缝的"返回(Back)"按钮操作以及自动状态管理。用户会话有许多延续，它们只是执行期间的状态快照，可以在任何时刻复原。如果不熟悉这个概念，那么不要担心，Seam 使其变得简单。

前面讨论的简单对话模型只是方程式的一部分。在 Seam 中还可以嵌套对话。对话只是一种状态容器，在第 8 章中对此进行过介绍。每次预订都在各自的对话中进行。用户每次访问 HotelBookingAction 时，Seam 都会根据对话 ID(或简写为 cid)来注入适当的 hotel 和 booking 实例。

10.2.1　理解嵌套对话上下文

嵌套一个对话提供了一种状态容器，它堆叠在原始对话(或父对话)的状态容器上方。可以将这种情况看成是类似于对话与 HTTP 会话之间关系的概念。在嵌套对话的状态容器中改动的任何对象都不会影响父对话状态容器中可访问的对象。

这样，每个嵌套对话就可以维持自己的唯一状态，如图 10-3 所示。在前面几章中曾经提到，当 Seam 查找 roomSelection 对象时，它将搜寻由 cid 确定的当前对话。因此，根据用户的对话上下文注入适当的 roomSelection。此外，还会根据外层对话注入适当的 hotel 和 booking 实例。下面就查看这一点如何影响交互情形。

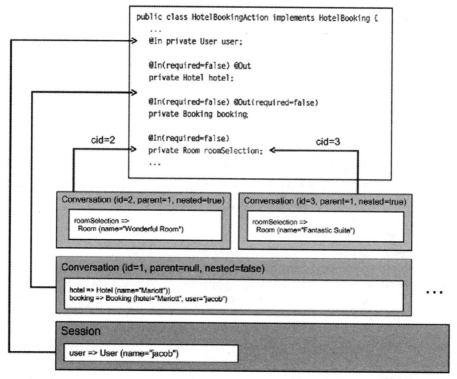

图 10-3　一个带有两个嵌套对话的对话。每个嵌套对话都有自己的唯一状态，而且可以访问父对话的状态

在前面的示例中，当用户到达 **Book Hotel** 屏幕时，应用程序在一个长期运行对话中运行。单击 **Select Room** 按钮将显示可用房间列表。一旦选中一个房间，就会嵌套一个对话。因此，不管用户是否打开多个窗口，每个房间的选择都有各自唯一的状态。在任何其他嵌套对话中的 roomSelection 都不会影响还原适当的嵌套对话。

注意，如果 Seam 没有在嵌套对话中找到请求的对象，那么它将在父对话中寻找该对象，如图 10-3 中的 hotel 和 booking 实例所示。既然 Seam 不能在嵌套对话状态容器中找到这些对象，那么它将遍历 conversationStack(将在 10.3 节进一步讨论它)来检索这个对象实例。因此，两个对话(分别是 cid=2 和 cid=3)共享 hotel 和 booking 实例，因为它们嵌套在同一个父对话中。如果在 conversationStack 中没有找到这些对象，那么 Seam 将像往常一样遍历剩下的上下文作用域。

"只读的" 父对话上下文

父对话的上下文在嵌套对话中是只读的，但是因为通过引用的方式来获取对象，所以对对象本身的修改将在外层的上下文中得以反映。这意味着，如果在前面的示例中把嵌套对话中的 hotel 对象注出，那么只能在嵌套对话中访问这个对象。父对话中的 hotel 引用仍然不变。

在到父对话上下文中查找某个值之前，Seam 首先在当前对话上下文中查找，因此这个新的引用将总是适用于嵌套对话或它的子对话的上下文。但是，因为通过引用来获得上下文变量，所以对对象本身状态的修改将影响到父对话。因此，不建议在嵌套对话中修改父对话变量的内部状态，因为父对话以及所有嵌套对话都会受到影响。

既然已经了解嵌套对话上下文的工作原理，接下来就可以查看在实践中如何管理嵌套对话。

10.2.2 嵌套对话

本章前面已经介绍嵌套对话能够提供哪些功能，并讨论了嵌套对话上下文的语义，但是要想实现这种神奇的功能到底有多困难呢？下面的程序清单包含 RoomPreferenceAction，用户可以使用它在 rooms.xhtml 视图中选择一个 Room(房间):

```
@Stateful
@Name("roomPreference")
@Restrict("#{identity.loggedIn}")
public class RoomPreferenceAction implements RoomPreference
{
  @Logger private Log log;

  @In private Hotel hotel;

  @In private Booking booking;

  @DataModel(value="availableRooms")
  private List<Room> availableRooms;

  @DataModelSelection(value="availableRooms")
  private Room roomSelection;

  @In(required=false, value="roomSelection")
  @Out(required=false, value="roomSelection")
  private Room room;

  @Factory("availableRooms")
  public void loadAvailableRooms()
  {
```

```
  this.availableRooms =
    this.hotel.getAvailableRooms(
      booking.getCheckinDate(), booking.getCheckoutDate());
  log.info("Retrieved #0 available rooms", availableRooms.size());
}

public BigDecimal getExpectedPrice()
{
  log.info("Retrieving price for room #0", room.getName());

  return booking.getTotal(room);
}

@Begin(nested=true)
public String selectPreference()
{
  log.info("Room selected");

  this.room = this.roomSelection;

  return "payment";
}

public String requestConfirmation()
{
  // All validations are handled through the s:validateAll,
  // so checks are already performed.
  log.info("Request confirmation from user");

  return "confirm";
}

  @End(beforeRedirect=true)
  public String cancel()
  {
    log.info("ending conversation");

    return "cancel";
  }

  @Destroy @Remove
  public void destroy() {}
}
```

可以看出，当用户选择一个房间时，嵌套一个对话。通过使用 Seam 的@DataModel
和@DataModelSelection(将在第 13 章中讨论)，可以在用户选中某个房间之后立即将该房
间注出到嵌套对话上下文中。然后通过在 pages.xml 文件中定义的导航规则将该用户发
送到付款屏幕。在呈现付款屏幕时，Seam 从嵌套对话上下文中检索新的 roomSelection 实例。
类似地，当显示确认屏幕时，Seam 仍然将从该上下文中检索 roomSelection，如图 10-4 所示。

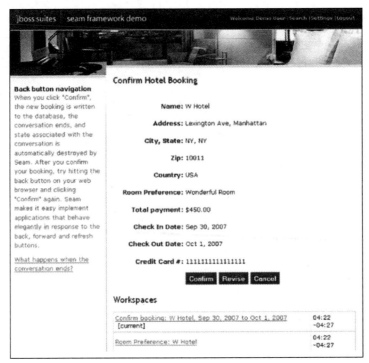

图 10-4　在 payment.xhtml view-id 上显示 roomSelection

嵌套对话的双向注入

注意，只从对话上下文中注入 hotel 和 booking 实例。这里并不需要注出，这是因为这些属性已经出现在父对话上下文中，这使得它们可用于嵌套对话中的注入。

如果用户确认预订，那么无论是否是多窗口操作，都会为当前对话找到正确的 roomSelection。

然后您可能会询问，一旦用户确认了酒店预订以及 roomSelection 之后，会发生什么事情呢？如果在此之后又返回到 Wonderful Room 并进行确认，那么会是什么情况呢？当用户确认预订之后，结束整个对话栈。与以前一样，Seam 识别出该对话已经结束，将该用户重定向到 no-conversation-view-id，如下面的程序清单所示。下一节中将讲解对话栈。

```
<pages no-conversation-view-id="/main.xhtml"
  login-view-id="/home.xhtml" />
......
```

10.3　对话栈

当启动一个嵌套对话时，其语义实际上和启动一个普通的长期运行对话相同，只是嵌套对话会被推入对话栈。本章前面曾经提到，嵌套对话可以访问它们的外层对话的状态，但是在嵌套对话的状态容器中设置任何变量都不会影响到父对话。此外，还可以同时存在其他嵌套对话，它们堆叠在同样的外层对话之上，每个对话的状态均是独立的。

顾名思义，对话栈实际上就是由对话组成的栈。栈的顶部是当前对话。如果是嵌套对话，那么它的父对话就是栈中的下一个元素，依此类推，直至到达根对话。根对话就是嵌套开始的对话，它没有父对话。下面查看对话栈管理的细节。

10.3.1 管理对话栈

可以按照在第 8 章讨论过的启动一般长期运行对话的方式来完成对话的嵌套。在前面的程序清单中可以看到，嵌套只需要添加 nested 属性即可。

- 对于注解方法，如果方法返回类型为 void 或该方法没有返回 null，就启动嵌套对话。只需为方法添加注解@Begin(nested=true)即可；
- 对于导航方法(在 pages.xml 文件中指定)，当访问某个 view-id 时启动嵌套对话。只需要在页面定义中指定<begin-conversation nested="true"/>即可；
- 对于视图方法，当选中某个链接时启动嵌套对话。在<s:link>标记中指定 propagation="nest"。

一旦启动，嵌套对话就会被推入 conversationStack。在 Nested Hotel Booking 示例中，执行 RoomPreferenceAction.selectPreference()操作将产生一个嵌套对话。

```
@Stateful
@Name("roomPreference")
@Restrict("#{identity.loggedIn}")
public class RoomPreferenceAction implements RoomPreference
{
  // ......

  @Begin(nested=true)
  public String selectPreference()
  {
    // Seam takes care of everything for us here. We don't have
    // to do anything other than send the appropriate outcome to
    // forward to the payment screen.
    log.info("Room selected");

    return "payment";
  }

  // ......

  @End(beforeRedirect=true)
  public String cancel()
  {
    log.info("ending conversation");

    return "cancel";
  }

  // ......
}
```

该栈由父长期运行对话及其嵌套对话组成，如图 10-3 所示。图 10-3 同时给出了一个并发的嵌套对话，这是由于用户按下"返回(Back)"按钮返回到 rooms.xhtml 页面并选择不同的房间。如果遇到@End 注解，如同在 RoomPreferenceAction.cancel()中那样，conversationStack 就会从栈中弹出，这意味着外层对话将得以恢复，有效地把状态复原到外层对话的状态容器。

Seam 根据当前的长期运行对话来确定当前的 conversationStack。图 10-5 给出了两个并发的 conversationStack，分别用于对话 cid=3 和 cid=4。如果当前对话是 cid=4，那么遇到 @End 将把 cid=4 从栈中弹出并销毁该对话。当前对话现在是 cid=2，而 cid=4 的所有状态现在都已经销毁。图 10-6 给出了 conversationStack 从栈中弹出之后的结果。

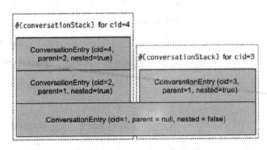

图 10-5 两个并发对话栈(cid=3 和 cid=4)的 conversationStack 组件

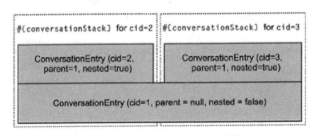

图 10-6 从栈中弹出 cid=4 的 conversationStack 之后的 conversationStack 组件

当嵌套对话时，嵌套该对话的对话称为它的父对话。没有父对话的对话就是根对话。因此，在前面几幅图中，对话 cid=4 的父对话是 cid=2。对话 cid=2 和 cid=3 的父对话是同一个对话，即 cid=1。对话 cid=1 没有父对话，因此它就是嵌套在其中的所有其他对话的根对话。

注意，通过结束一个对话，就会把 conversationStack 中在其之上的所有对话也结束。您或许还记得，同样的行为也适用于 HTTP 会话与对话之间的关系。在此处的图中，如果要结束 cid=2 对话，就会把 cid=2 和 cid=4 也销毁，而 cid=1 得以恢复。此外，可以结束根对话 cid=1，从而把所有嵌套对话结束(稍后将深入讨论这一点)。

Nested Hotel Booking 示例除了演示如何在对话栈上弹栈之外，还演示了如何结束根对话。如果用户在 payment.xhtml 视图上并选择 Revise Room 选项，就为 roomUpgrade.cancel() 操作添加注解@End(beforeRedirect=true)，如前面的 RoomPreferenceAction 所示。通过把嵌套对话从 conversationStack 中弹出并清除嵌套对话的所有状态来将其结束，这实际上是把状态复原到外层对话。指定 beforeRedirect=true 可以确保在呈现下一个视图时，实际起作用的将是外层对话状态。

当用户确认预订时，必须结束整个 conversationStack。一旦完成预订，将不再需要任何与该预订有关的状态。只要结束根对话，就可以将所有对话状态清除。可以通过指定@End (root=true)以声明方式来实现该操作：

```
// ......

@End(root=true)
public void confirm()
{
  // On confirmation, we set the room preference in the booking.
  // The room preference will be injected based on the nested
  // conversation we are in.
  booking.setRoomPreference(roomSelection);

  em.persist(booking);
  facesMessages.add("Thank you, #{user.name}, your " +
    "confirmation number for #{hotel.name} is #{booking.id}");
  log.info("New booking: #{booking.id} for #{user.username}");
  events.raiseTransactionSuccessEvent("bookingConfirmed");
}

// ......
```

当用户提交预订时，根对话就会结束，这实际上会结束整个 conversationStack。还可以使用 pages.xml 文件中的导航方法来结束 conversationStack：

```
<page view-id="/confirm.xhtml" ......>
  <description>Confirm: #{booking.description}</description>

  <navigation>
    <rule if-outcome="confirmed">
      <end-conversation root="true" />
      <redirect view-id="/confirmed.xhtml" />
    </rule>
    ......
</page>
```

对于异常处理来说，该方法也非常有用，这是因为万一出现异常，可以轻易地结束 conversationStack：

```
<exception class="javax.persistence.PersistenceException">
  <end-conversation root="true" />
  <redirect view-id="/generalError.xhtml">
    <message>Database access failed</message>
  </redirect>
</exception>
```

在这种情况下，如果 conversationStack 只包含当前对话，就会结束当前对话。这使得该指令能够安全地用于异常情况。

10.3.2　显示面包屑路径

在 EL 中可以通过#{conversationStack}表达式来检索 conversationStack。conversationStack 中包含 ConversationEntry 实例的列表，如同在 9.2.1 节中所看到的 conversationList 组件一样。这对于显示面包屑(breadcrumb)路径非常有用。

因为对话嵌套用于子对话状态，所以显示对话的“面包屑路径”非常有意义。在 Nested Hotel Booking 示例中，最好能够看到已经选中了一家酒店和一个房间，现在正在确认预订。可以通过在包含文件 conversation.xhtml 中使用下面的程序清单来轻易地实现这个功能：

```
<ui:repeat value="#{conversationStack}" var="entry">
  <h:outputText value=" | "/>
  <h:commandLink value="#{entry.description}" action="#{entry.select}"/>
</ui:repeat>
```

与以前一样，在 pages.xml 中设置 ConversationEntry 的描述(参阅 9.2.1 节)。

10.3.3　嵌套对话超时

此时您可能感到疑惑的是嵌套对话如何影响对话超时。这实际上非常简单。与当前前台对话相关的 conversationStack 不会受到 conversation-timeout 设置的影响。因此，如果前台对话是一个嵌套对话，那么它的 conversationStack 中的每个 ConversationEntry 也将是前台对话。如果恢复栈中的下一个对话(也就是父对话)，那么嵌套对话将变成后台对话。要了解前台对话与后台对话的不同之处，请参阅 8.2.3 节和 9.4 节。

如果回头查看图 10-5，就会注意到如果 cid=4 是前台对话，那么 cid=2 和 cid=1 也是前台对话。另一方面，cid=3 是后台对话。虽然它与前台对话具有相同的父对话，但是它并不属于当前 conversationStack。类似地，如果 cid=2 是前台对话，那么 cid=1 也将是前台对话，而 cid=3 和 cid=4 则是后台对话，这是因为它们并不属于当前 conversationStack。

10.4　细粒度状态管理

通过简单的对话模型，Seam 提供了极具吸引力的状态管理方法，而它的嵌套对话功能则提供了解决复杂状态管理场景所需的灵活性。利用嵌套对话，状态管理不仅可以在 HTTP 会话中进行隔离，而且可以根据应用程序需要进一步隔离，以实现细粒度的状态管理。

第 11 章

事务与持久化

事务是数据库驱动 Web 应用程序的必要功能。在每个对话中，通常需要更新多个数据库表。如果在数据库操作(例如数据库服务器崩溃)中出现错误，那么应用程序就需要通知用户，而且这个对话已经写入到数据库中的所有更新都必须进行回滚，以避免出现部分更新的(也就是出错的)数据库记录。换句话说，在一个对话中的所有数据库更新都必须在一次原子操作中完成。事务就是用来完成这个任务的功能。

在 Seam 应用程序中，通常在整个对话中收集并修改数据库实体对象。在对话结束时，将所有这些实体对象提交到数据库中。例如，在 Natural Hotel Booking 示例(源代码软件包中的 booking 项目)中，在对话结束时 HotelBookingAction.confirm()方法(带有@End 注解的方法)使用一个事务将 booking 对象保存到数据库，然后从数据库中减少酒店空闲房间。

```
public class HotelBookingAction implements HotelBooking, Serializable {
  @End
  public String confirm() throws InventoryException {
    if (booking==null || hotel==null)
      return "main";
    em.persist(booking);
    hotel.reduceInventory();
    if (bookingList!=null)
      bookingList.refresh();
      return "confirmed";
    }
    // ......
}
```

如果出现任何错误，那么整个事务就会失败，而数据库将保持未修改状态。然后，用户接收到一条错误消息而不是确认号。

Seam 甚至在长期运行对话(包括用户的思考时间)的上下文中也提供了实现这种事务行为所需的功能。在本章中将通篇讨论如何通过核心 Seam 功能来获取原子性对话：Seam 托管事务以及 Seam 托管持久化上下文。

11.1 Seam 托管事务

在 EJB3 应用程序中，所有 EJB3 会话 bean 方法均默认启用事务，因此不需要执行任何特殊处理来把 confirm()方法置于事务下。当事件处理程序线程启动时(例如当调用 confirm()方法时)，就会启动事务管理器。事务管理器在线程结束时将全部更新提交到数据库。因为事务管理器跟踪线程运行情况，所以它管理事务处理程序方法以及该事件处理程序内部的所有嵌套方法调用。

如果 confirm()方法中任何一个数据库操作失败并抛出 RuntimeException 异常，那么事务管理器将回滚所有数据库操作。例如，如果由于数据库连接错误而导致减少酒店空闲房间的操作失败，那么保存酒店预订的操作(虽然已经执行)也会被取消。数据库返回到这次对话开始之前的状态，而且 Seam 显示一条错误消息而不是确认号(参阅图 11-1)。将在 17.4 节中讨论如何显示 RuntimeException 异常的自定义错误处理页面。如果不设置自定义错误处理页面，那么服务器就会在 JBoss 的标准错误处理页面中显示错误栈跟踪信息。

图 11-1 中显示的栈跟踪信息并没有给出 RuntimeException 异常的根本原因，因为根异常已经经过包装并从 JSF 和 Seam 运行时处重新抛出。但是，通用错误处理页面使调试变得更加困难，因为现在不得不深入检查服务器日志文件才能看到该异常的完整栈跟踪信息。自定义错误处理页面(特别针对每种异常量身定做的页面)可以改善这种情况下的应用程序易用性(参阅 17.4 节)。

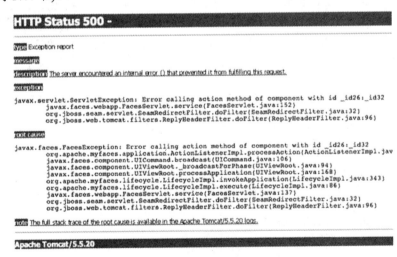

图 11-1 RuntimeException 异常的错误处理页面

虽然标准 EJB 容器托管事务非常重要，但是它们有几个关键的缺点。

- 人们希望把一次请求中的所有写操作放进单个事务中(甚至在松散耦合的组件之间)。许多组件都可能会在 Web 层被独立调用；
- 在 EJB 环境之外操作的应用程序不能利用 EJB 容器托管事务。最好能够在 POJO环境中实现 EJB 容器托管事务的优点。

Seam 通过 Seam 托管事务解决了这两个问题。当与 JSF 一起使用时，Seam 事务管理器针对每个 Web 请求/响应循环提供了两个事务。第一个事务的持续时间从 RESTORE_VIEW 阶段的起始处到 INVOKE_APPLICATION 阶段的结束处。第二个事务则在 RENDER_RESPONSE 阶段之前启动。

因为写操作应该实际地放在 INVOKE_APPLICATION 阶段，所以可以将数据库写操作组合到单个原子事务中。如果某一个写操作失败，那么无论是哪个组件，整个事务都将失败，从而确保请求的原子性。此外，在呈现响应之前，需要知道在事务执行期间是否出现问题。然后就可以适当地通知用户有关该问题的信息，这是一个数据库连接问题或违反约束问题，或者是某个导致回滚的异常(将在 11.1.2 节中进一步讨论这个问题)。

第二个事务确保 RENDER_RESPONSE 阶段中的数据库操作都在一个事务中执行。在这个阶段中读操作比较常见，还可能获取惰性关联信息以显示，或者可以由视图触发@Factory 方法。

第一个事务的作用域

您可能觉得奇怪，为什么第一个事务的作用域是从 RESTORE_VIEW 阶段的起始处到 INVOKE_APPLICATION 阶段的结束处，而不仅仅是 INVOKE_APPLICATION 阶段。这可以确保所有数据库操作(无论处于哪个阶段)都将包含在同一个事务中。有几种场合可能导致在 INVOKE_APPLICATION 阶段之前执行数据库操作，例如@Factory 方法，在设置页面参数时执行数据库查找等。这就可以确保所有的数据库操作都在同一个事务的上下文中执行。

如果一直在使用 EJB，那么为了确保 Seam 事务管理器适当地管理会话 bean 方法，必须在 components.xml 文件中包含以下配置信息：

```
<transaction:ejb-transaction />
```

除了 EJB 会话 bean 以外，Seam 事务管理器还可以使简单的 Seam POJO 方法在事务下执行。在下一节中将会看到，Seam 为 POJO 提供了与 EJB 容器托管事务所提供行为类似的行为。

Seam 托管事务默认启用

Seam 2 与 Seam 以前版本的不同之处在于，Seam 托管事务现在是默认启用的。虽然这减少了 Seam 常规用法的样板文件配置，但是可以在 components.xml 文件中放置下面的信息以禁止这种行为：

```
<core:init transaction-management-enabled="false"/>

<transaction:no-transaction />
```

11.1.1　事务属性

在 EJB3 会话 bean 中，可以使用@TransactionAttribute 注解为任何方法设置事务属性。例如，可以在调用栈的中间启动一个新的事务，或者将特定的方法从当前事务中排除。更多相关信息请参阅 EJB3 的文档。还可以通过在类的顶部添加注解的方式在组件级配置事务属性。

在 EJB3 中，默认情况下所有会话 bean 方法都必须(REQUIRED)参与到事务中。使用 REQUIRED 表明，如果调用 bean 的客户端关联到事务，那么这个 bean 将参与到这个事务中。如果调用 bean 的客户端没有关联到事务，那么容器将启动一个新的事务并尝试在方法执行完毕时提交该事务。

默认情况下，Seam POJO 的方法也由 Seam 事务管理器管理(参阅第 4 章)。POJO 组件默认具有@Transactional(SUPPORTS)行为，但是可以通过使用@Transactional 注解来自定义该行为。注意，因为 Seam 事务管理器在请求/响应循环中作用于这两个事务，所以默认的设置确保在调用时 POJO 将在事务中执行。与使用 EJB 一样，@Transactional 注解可以在类级或方法级中用于修改事务属性。不要在 EJB3 会话 bean 上使用@Transactional 注解，而是要使用@TransactionAttribute 注解。

@Transactional 注解指定类似于 EJB 通过 TransactionPropagationType 枚举所提供的事务类型，如表 11-1 所示。

表 11-1　事务传播类型

类　　型	说　　明
REQUIRED	如果在 POJO 上添加了@Transactional 注解，那么这就是默认的 TransactionPropagationType 值。设置 REQUIRED 属性表明，如果调用 POJO 的客户端关联到某个事务，那么该 POJO 将参与到这个事务中。如果调用 POJO 的客户端没有关联到事务，那么容器将启动一个新的事务，并尝试在方法执行完毕时提交该事务
SUPPORTS	如果没有在 POJO 组件上添加 @Transactional 注解，那么这就是默认的 TransactionPropagationType 值。该属性指明，如果调用 POJO 的客户端关联到某个事务，那么该 POJO 将参与到这个事务中。否则，就不会启动事务
MANDATORY	要求在一个活跃事务的上下文中调用 POJO 方法。如果没有在事务上下文中调用，就会抛出 IllegalArgumentException 异常
NEVER	指出不应该在一个活跃事务的上下文中调用 POJO 方法。如果在事务上下文中调用，就会抛出 IllegalArgumentException 异常

对于 EJB 和 POJO 环境，Seam 提供的默认事务行为非常有用，对于大多数应用程序来说已经足够。默认的行为确保 EJB 和 POJO 的方法在事务的上下文中执行，而且在一个跨越多个松散耦合组件的请求中能够确保原子性。Seam 支持的额外的事务属性只是提供对更复杂事务场景(不管是什么应用程序环境)的更细粒度的控制。在下面一节中将讨论如何通过强制事务回滚来进一步控制事务行为。

11.1.2　强制事务回滚

在 Java 应用程序中，RuntimeException 异常或未检查异常说明出现非预期运行时错误(例如网络问题或数据库崩溃)。默认情况下，只有抛出未检查异常时才会自动回滚事务，但是，这并不足够。如果能够在应用程序中出现特定情况时告诉事务管理器回滚事务，那么事务就会更加有用。Seam 提供了一种简单的方法来强制回滚事务，而且仍然与 EJB3 规范保持兼容，这就是异常。

1. 通过已检查异常回滚事务

当抛出某种已检查异常时，可以选择回滚事务。例如，可以抛出已检查异常以指出应用程序中的一个逻辑错误(例如预订的酒店不可入住)。这里的技巧就是为这个已检查异常类添加@ApplicationException(rollback=true)注解。下面是 InventoryException 异常类的代码，该异常用来指出酒店已经没有空闲房间：

```
@ApplicationException(rollback=true)
public class InventoryException extends Exception {
  public InventoryException () { }
}
```

Hotel.reduceInventory()方法可能抛出如下异常：

```
@Entity
@Name("hotel")
public class Hotel implements Serializable {
  // ......

  public void reduceInventory () throws InventoryException {
    if (inventory > 0) {
      inventory--;
      return;
    } else {
      throw new InventoryException ();
    }
  }
}
```

减少空闲房间

在实际的酒店预订应用程序中，将通过预订日期和房间类型来减少酒店空间房间。在这个示例中，只是把被预订酒店房间的可订数量减少。当然，这过于简单。但是，Seam Hotel Booking 示例只是一个示例而已。例如，甚至没有每家酒店的每日价目表，而且在对话结束时没有计算总的应缴金额。

当从 HotelBookingAction.confirm()方法中的 Hotel.reduceInventory()抛出异常时，如果该方法异常终止，那么酒店预订事务就会回滚。然后，Seam 就会向用户显示错误消息页面。在 17.3 节中将讨论如何为这种特定异常显示自定义错误处理页面。

11.2　原子对话(Web 事务)

Seam/EJB3 事务绑定到 Java 线程，只能够管理方法调用栈内的操作。它在每个调用栈的末尾处将所有更新刷新到数据库中。这种行为在 Web 对话中存在以下两个问题：

- 首先，如果所有更新都是紧密关联，那么在一次对话中多次往返数据库可能效率低下。
- 其次，如果对话中的某个操作失败，那么必须以手动方式将对话中已经提交的事务回滚，从而把数据库还原到该对话之前的状态。

对应用程序来说，一种更好的方法是将所有数据库更新保存到内存中，然后在对话末尾处一次性将它们刷新到数据库中。如果对话中的任何一个步骤出现错误，那么该对话就只会失败而不会影响数据库。从数据库的角度来看，整个对话要么成功，要么失败，也就是说，这是一个原子对话。原子对话行为又称为 Web 事务。Seam 使得实现原子对话变得非常容易。在下面几节中将讨论如何在 POJO 和 EJB 环境中使用 Seam 实现这种行为。

11.2.1 管理持久化上下文

如同已经在许多示例中看到的那样，通过注入的 EntityManager 实例在 JPA 中加载实体是一件非常简单的事情。JPA 可以同时用于 Java SE(POJO)和 Java EE 5(EJB)环境中，而 Seam 极大地简化了 JPA 在这两种环境中的使用。当在 Java SE(POJO)环境中使用 Seam 时，没有容器会自动管理持久化上下文生命周期。此外，即使在 EJB 环境中使用持久化上下文，持久化上下文跨组件传播的相关规则也非常复杂，而且容易出错。如果使用 Seam 托管持久化上下文，这些问题就可以得到缓解。

通过把 Seam 托管事务与 Seam 托管持久化上下文(又称为 SMPC)结合起来使用，就可以实现原子对话的目标。因此您可能会问，在已经讨论过如何实现对话行为之后，为什么还需要这些额外的功能呢？实际上，不仅希望在对话中维持状态，而且，需要维持一个绑定到这个对话的持久化上下文。这样就可以缓解无状态体系结构的常见问题，包括：

- 检索实体关联时的 LazyInitializationException 异常。如果编写 Web 应用程序的时间足够长，那么您可能对这个问题比较熟悉，可能已经使用“在视图中打开会话(open session in view)”模式来绕开这个问题。Seam 避免了这一问题，同时避开了这种模式的缺点；
- 松散耦合组件可以轻易地共享同一个持久化上下文并且参与到同一个事务中。当然，您会希望一个请求涉及的多个操作能够利用同一个上下文以避免一致性和隔离问题，这是实现 ACID(Atomicity、Consistency、Isolation、Durability，原子性、一致性、隔离性以及持久性)事务所必需的条件。此外，将所有写操作放到同一个事务中也是确保原子性的一种方法。

解决这个问题的方法有几种，但是实际上，要实现 Web 事务这个目标，必须在确保原子性的同时能够跨越多次请求保持状态。一种办法是保持一个原子事务作用域的持久化上下文。这种方法对于 EJB3/Seam 出现之前的应用程序来说非常常见。然后，通过一个持久化提供程序来加载实体，为单个原子事务初始化该提供程序。一旦事务结束，就会将该提供程序销毁。一旦持久化提供程序被销毁，实体就变成分离状态(也就是说，它们不再由持久化提供程序管理)。

然后，在对话的过程中更新这些分离的实体。一旦对话完成，这些实体就会合并到持久化提供程序，如果成功提交对话，就可以有效地持久化对实体的修改。虽然这种方法实现起来非常简单，而且可能比较熟悉，但是它的主要缺点在于，如果尝试惰性加载实体关联信息，就会接收到 LazyInitializationException 异常，这是因为原来的持久化提供程序已经不再可用于按照请求加载实体关联信息。

图 11-2 以图形化方式简化地描述了这个方法，它使用 Nestcd Hotel Booking 示例中的组件。可以看到，从一个位于单个原子事务作用域内的持久化提供程序中加载 Hotel 实例。一旦事务结束，持久化提供程序就会被销毁。可以注意到，当处理下一个请求时，HotelBookingAction 试图调用 Hotel.getRooms()，这是一个惰性关联。根据 ORM 实现的不同，这一步可能有所区别，但在本质上都是通过某种形式的拦截，试图加载关联信息。因为持久化提供程序已经不再可用，所以很明显有问题。

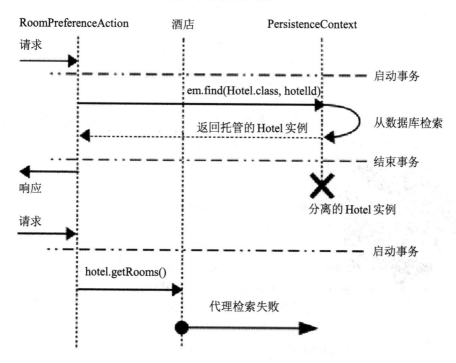

图 11-2　使用一个作用域是单个原子事务的持久化提供程序来加载 Hotel 实例

对于 Hibernate 用户来说，这个问题已经成为一种常见的抱怨情况，而且您在读到此处时可能也会对此深有感触。不要担心，Seam 解决了这个问题：它允许把持久化上下文的作用域扩大到对话，使得实体一直保持托管状态直到对话结束。此外，Seam 确保松散耦合组件参与到同一个事务中，从而确保更新托管实体时的原子性。

EJB3 中的扩展持久化上下文

EJB3 通过引入扩展持久化上下文(它的作用域是有状态会话 bean 的生命周期)解决了事务作用域持久化提供程序的问题。我们将在下一节中介绍更多有关扩展持久化上下文的内容。

11.2.2 Seam 托管持久化上下文

在 EJB 环境中使用 JPA 时,可以把扩展持久化上下文关联到有状态会话 bean。扩展持久化上下文提供了一个能够跨越请求且作用域是有状态组件生命周期的持久化上下文。Nested Hotel Booking 示例演示了扩展持久化上下文的用法。

```
@Stateful
@Name("hotelBooking")
@Restrict("#{identity.loggedIn}")
public class HotelBookingAction implements HotelBooking
{
  @Logger
  private Log log;

  @PersistenceContext(type=EXTENDED)
  private EntityManager em;
  // ......
```

持久化上下文由容器创建并注入,其作用域是 HotelBookingAction 的生命周期。因此,当发生图 11-2 中的代理检索时,这个持久化上下文仍然可用。

现在,在多次请求之间实体仍然保持托管状态,这是非常好的一件事情。但是,EJB3 方法有几点不足之处:

- 如果应用程序不是在 EJB 环境中运行,应该如何操作?遗憾的是,如果没有容器在外围负责管理持久化上下文的生命周期,就不得不借助于其他不是那么令人满意的方法;
- 前面提及,由于 EJB3 定义的传播规则限制,确保在松散耦合组件之间共享持久化上下文可能非常棘手。更多详细内容请参阅 EJB3 规范;
- EJB3 并不包括手动刷新的概念。很快您就会看到,在使用扩展持久化上下文时,手动刷新对于实现原子对话非常关键。

Seam 托管持久化上下文(SMPC)可以同时用于两种环境中,而且把所有这些问题一并解决。在长期运行对话的整个过程中,Seam 将初始化并维持一个 SMPC。每个对话组件都将被注入同一个 SMPC 实例。在非 EJB 环境中,SMPC 也非常有用。

既然 SMPC 能够带来这么多的好处,下面就查看实现它需要哪些代码。

1. Seam 托管持久化上下文的配置

在 components.xml 文件中配置 Seam 托管持久化上下文是一件相当简单的事情。以酒店预订示例为例,SMPC 的配置如下:

```
......
<persistence:managed-persistence-context name="entityManager"
  auto-create="true"
  persistence-unit-jndi-name="java:/EntityManagerFactories/bookingData"/>
```

还必须在 persistence.xml 文件中为 JNDI 名称 bookingData 配置一个 EntityManagerFactory

实例。可以参考本书提供的示例或 JPA 文档来实现该配置。一旦完成该配置,就只需注入 Seam
托管持久化上下文(也就是通过@In 注入 EntityManager,参阅第 4 章),并在@Begin 注解中
为对话指定事务行为。可以按照下面的方法注入前面定义的 SMPC:

```
......
@In EntityManager entityManager;
......
```

还可以通过 components.xml 配置中的 name 属性来自定义 SMPC 的名称。当 Seam 初
始化 SMPC 实例时,把该实例存储到当前对话上下文中,这可以确保所有其他对话组件也
都接收同一个实例。此外,通过在对话上下文中保持这个实例,持久化上下文的生命周期
作用域就大致等同于对话的生命周期。

2. 手动刷新持久化上下文

一旦配置好作用域为对话的持久化上下文,那么最后一步就是配置手动刷新。JPA 并没
有定义手动刷新的概念,而是提供了在 11.2.3 节中描述的方法。在默认情况下,JPA 持久化
上下文配置为 AUTO(自动)提交模式。也就是说,每次执行事务方法时,一旦事务成功提交,
那么在执行过程中对一个实体进行的所有更新都将持久化。这是一个需要注意的问题,因为
只希望在对话结束时提交实体修改。可以通过手动刷新持久化上下文来实现这一点。

将 flushMode 属性设置为 MANUAL(手动)就可以使事务管理器不再在每个事务的末尾
将所有更新刷新到数据库。在整个对话中,所有的数据库更新都缓存在 EntityManager 中。
然后,在@End 方法中调用 EntityManager.flush(),一次性将所有这些更新发送到数据库。

当使用基于 Hibernate 的 EJB 容器时,实现这一点的一种方法是在@PersistenceContext
定义中指定@PersistenceProperty:

```
@Stateful
@Name("hotelBooking")
@Restrict("#{identity.loggedIn}")
public class HotelBookingAction implements HotelBooking
{
  @PersistenceContext(
    type = PersistenceContext.EXTENDED,
    properties = @PersistenceProperty(
      name="org.hibernate.flushMode", value="MANUAL")
  )
  private EntityManager em;

  @Begin(join=true)
  public String find() {
    // ......
  }

  // ......
```

虽然由于这种方法的声明式特性而使其有一定的吸引力,但是它仍然有两点不足之

处：需要 EJB 环境，而且该环境不能实现简单的持久化上下文传播。Seam 提供了一种可以同时用于 EJB 和 POJO 环境中的方法，同时使持久化上下文的作用域达到对话的生命周期。注意，这种方法要求底层的 ORM 提供程序是 Hibernate。下面的 Seam POJO 示例演示了具体的实现方法：

```java
public class HotelBookingPojo implements Serializable {
  // ......
  @In private EntityManager em;

  @Begin(join=true, flushMode=MANUAL)
  public String find() {
    // ......
  }

  public String bookHotel() throws InventoryException {
    // ......
    hotel.reduceInventory ();
  }

  @End
  public String confirm() {
    // ......
    em.persist(booking);
    em.flush();
  }
}
```

也可以通过 pages.xml 来实现这一点，下面的代码片段演示了这种方法：

```xml
<page view-id="/main.xhtml" ... >
  ......
  <navigation>
    <rule if-outcome="edit">
      <begin-conversation flush-mode="manual" />
      <redirect view-id="/editBooking.xhtml" />
    </rule>
  </navigation>
</page>
```

对持久化的实体进行修改变成了一件轻而易举的事情。例如，假设用户希望修改前面提交的预订信息，可以按照如下代码所示来实现该操作：

```java
public class BookingEditorAction implements BookingEditor {
  // ......
  @In EntityManager entityManager;
  // ......

  @Begin(flushMode=MANUAL)
  public void retrieve() {
    booking = em.find(Booking.class, selectedBookingId);
```

```
  }

  // Actions to make modifications to booking
  // ......

  @End
  public submit() {
    em.flush();
  }
}
```

此处完全没有调用 merge()操作。通过简单地调用 flush()操作，在对话期间对预订信息执行的所有修改都自动持久化。万一用户放弃对话，或者如果在交互过程中出现问题，那么该对话将简单地结束或超时(参阅 8.2.3 节)。

持久化上下文会随对话一起销毁，这是因为它的作用域是对话的生命周期，此时还会把修改从内存中清除。

默认的 flushMode 配置

Seam 允许把 MANUAL 指定为默认的 flushMode 配置。这在大多数 Seam 应用程序中减少了通常是样板文件的配置。只需要把下面的配置放到 components.xml 定义中即可：

```
<core:manager default-flush-mode="MANUAL" />
```

现在每次启动对话时，flushMode 均被设置为 MANUAL。

---

3. 并发控制

对话包含了用户的思考时间，它可能包含相对较长的一段时间。因此，完全有可能在该对话结束之前，另一个用户加载同样的实体并对它们进行修改。因为直到对话结束才会提交这些修改，所以有可能出现冲突。这种冲突可能导致数据丢失，因为当前对话的 UPDATE 语句可能包含过时的数据。使用诸如 dynamicUpdate 之类的 ORM 功能可以降低这种风险，但是并没有完全消除它。那么如何解决这个问题呢？JPA 中有一个乐观锁定模式，可以用来解决这个问题。

乐观锁定通过乐观策略来实现并发控制，也就是假设冲突很少发生。乐观锁定可以确保第一个提交优先执行，或者使用更为复杂的策略，使用户有机会合并冲突的修改。如果在@Entity 中包含 version(版本)属性，那么每次进行更新时 JPA 将自动递增这个 version 属性的值。因此，JPA 可以轻易地确定自从上一次加载对象以来版本号是否发生变化。在下面的代码中，为 Booking 类添加了 version 属性：

```
@Entity
@Name("booking")
public class Booking implements Serializable
{
  @Version
  @Column(name="OBJ_VERSION")
```

```
private int version;
// ......
}
```

有了 version 属性之后，如果出现版本冲突，那么 EntityManager 就会抛出 javax.persistence.OptimisticLockException 异常。可以利用这个异常通过 Seam 提供的异常处理机制向用户发送一条消息，如 17.4 节所述。一种更复杂的方法是捕获该异常，然后重新向用户显示修改信息，并把冲突的部分标记出来。

遗留模式的乐观锁定

您或许注意到 JPA 方法需要额外的一列数据。虽然这对于新的数据库模式来说完全合理，但是在处理遗留模式时并不总是可行。诸如 Hibernate 之类的 ORM 提供程序通过支持扩展来实现遗留模式的乐观锁定。

11.2.3　每个对话一个事务

另一种可选方法是在除@End 方法以外的所有方法上禁用事务管理器。因为这种方法需要进行方法级事务分界，所以只能用于带有 EJB3 托管 EntityManager(也就是通过@PersistenceContext 注入的 EntityManager)的 EJB3 会话 bean 组件。

这个方法并不像听起来那么可怕。事务管理器在对话结束之前不会把任何信息刷新到数据库中，因此如果出现错误，也不需要"回滚"任何修改。在@End 方法中，系统在一个适当托管的事务中自动把数据刷新到数据库中。通过使用@TransactionAttribute 注解声明对话中的所有非事务方法来实现该操作。

考虑下面这个示例：

```
public class HotelBookingAction implements HotelBooking, Serializable {

  // ......

  @PersistenceContext (type=EXTENDED)
  private EntityManager em;

  @Begin(join=true)
  @TransactionAttribute(TransactionAttributeType.NOT_SUPPORTED)
  public String find() {
    // ......
  }

  @TransactionAttribute(TransactionAttributeType.NOT_SUPPORTED)
  public String bookHotel() throws InventoryException {
    // ......
    hotel.reduceInventory ();
  }

  @End
```

```
@TransactionAttribute(TransactionAttributeType.REQUIRED)
public String confirm() {
  // ......
  em.persist (booking);
  }
}
```

因为这个方法只使用标准 EJB3 注解，所以它能够用于所有兼容 EJB3 的应用服务器中。虽然它并没有 SMPC 方法优雅，但是具有与供应商无关的优势。

自动提交模式

注意，这个方法依赖于在非事务方法中执行的所有查询均使用自动提交模式。这是一种内在的风险，这是因为它会带来多种容易犯错的结果。在使用这种方法设计应用程序时，应该慎重考虑。

第 III 部分

整合 Web 与数据组件

在 Web 开发中，Seam 扮演 Web UI 与后端数据模型之间的"黏合剂"角色，这就减轻了 Web 开发人员的负担。它提供的注解提高了 UI 与模型之间的通信效率，因此减少了应用程序源代码中的冗余信息量。Seam 解决了 JSF 开发中大多数长期困扰开发人员的问题。在这一部分中介绍这些强大的 Seam UI 标记、注解和可以随时使用的组件。这一部分也演示如何使用 Hibernate 验证器来增强 JSF 验证器基础结构，如何直接使用 JSF 数据表来展示数据集合，如何构建可收藏的 URL，如何管理自定义错误处理页面和调试页面、如何利用现成的 Seam 组件来编写简单的 CRUD 数据库应用程序，以及如何使用 Seam Security 来保护应用程序。

第 12 章

验证输入数据

Seam 的一项关键价值主张是 EJB3 和 JSF 组件模型的统一。通过统一的组件，可以使用 EJB3 实体 bean 来支持 JSF 表单中的数据字段，同时使用 EJB3 会话 bean 作为 JSF UI 事件处理程序。但是 Seam 的功能远不止这些。Seam 可用来开发具有 UI 相关"行为"的数据组件。例如，实体 bean 可以拥有行为类似于 JSF 验证器的验证器。

在本章中将讲解 Seam 增强的端到端验证器，它们利用了实体 bean 上的 Hibernate 验证器注解以及 Seam UI 标记(参阅 3.2 节)。本章中将有状态的 Hello World 示例进行了重构，以便演示如何使用 Seam 的这项功能。新的应用程序位于源代码软件包的 integration 目录中。在接下来的两章中同样也要用到 Integration 应用程序。

AJAX 验证器

在这一章中只讲解通过表单提交的"标准"验证方法。在第 IV 部分中将讨论如何创建基于 AJAX 的验证器。本章中讨论的 Seam 注解和标记对基于 AJAX 的验证器同样也非常有用。

12.1 表单验证基础

表单数据验证几乎是每个 Web 应用程序都必须实现的一项任务。例如，Integration 应用程序在 hello.xhtml 页面中有 4 个数据字段，在 person 对象能够保存到数据库中之前，必须验证所有这些字段。具体来说，姓名(name)必须满足"Firstname Lastname(名＋姓)"的模式，而且其中没有任何非字母字符，年龄(age)必须介于 3～100 之间，电子邮件地址(email address)必须只包含一个@字符以及其他合法的电子邮件字符，注释(comment)不得超过 250 个字符。如果验证失败，该页面将把已经输入的所有数据重新显示出来，同时使用图像和错误消息来突出显示存在问题的字段。图 12-1 和 12-2 给出了试图提交带有无效数据的 Web 表单时发生的情况。

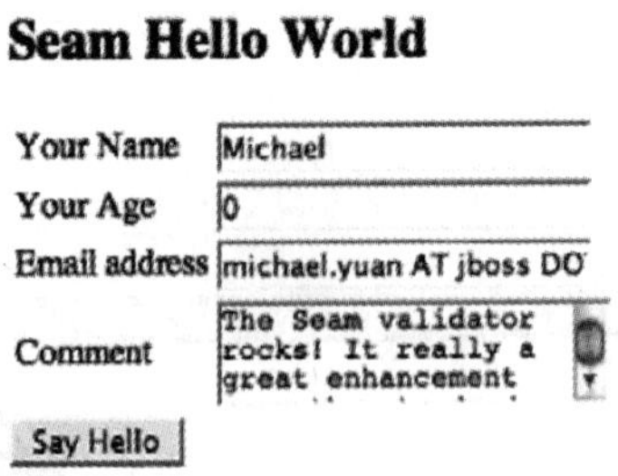

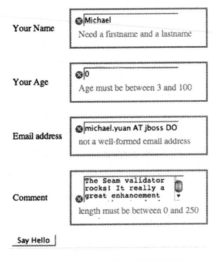

图 12-1　提交前的 Web 表单

图 12-2　Web 表单中的验证错误

在服务器上执行验证

Seam 中内置的表单验证机制在服务器端验证用户输入数据。应该总是在服务器上验证数据，这是因为恶意用户可以篡改任何在客户端上实施的验证机制(例如浏览器中的JavaScript)。

表单验证听起来非常简单，但实现起来却是一件麻烦的事情。Web 应用程序必须管理验证条件，处理浏览器与服务器之间的多次往返，特别是要更新入口表单以放置警报消息。要在上一代 Web 框架中实现这样的验证机制，很容易就需要编写几百行代码。另一方面，在 Seam 中只需要几条注解和几个 JSF 标记就可以完成这项任务。

Seam Hotel Booking 示例中的验证

在 Seam Hotel Booking 示例应用程序中，User 实体 bean 用来支持 register.xhtml 表单，并使用 Hibernate 验证器验证该表单，因此同样可以将其用作一个示例。

12.2 用于实体 bean 的验证注解

因为 Seam 中的所有 JSF 表单都由 EJB3 实体 bean 支持，所以要做的第一件事情就是直接在实体 bean 字段上添加验证约束注解。下面给出了示例项目中 Person 实体 bean 的代码：

```
public class Person implements Serializable {

  ......

  @NotNull
  @Pattern(regex="^[a-zA-Z.-]+ [a-zA-Z.-]+",
    message="Need a firstname and a lastname")

  public String getName() { return name; }
  public void setName(String name) {
    this.name = name;
  }

  // @Min(value=3) @Max(value=100)
  @NotNull
  @Range(min=3, max=100, message="Age must be between 3 and 100")
  public int getAge() { return age; }
  public void setAge(int age) { this.age = age; }

  // @Pattern(regex="^[\w.-]+@[\w.-]+\.[a-zA-Z]{2,4}$")
  @NotNull
  @Email
  public String getEmail() { return email; }
  public void setEmail(String email) {
    this.email = email;
  }

  @Length(max=250)
  public String getComment() { return comment; }
  public void setComment(String comment) {
    this.comment = comment;
  }
}
```

DRY(Don't Repeat Yourself，不要重复自己)

虽然 Seam 验证器注解在实体 bean 属性上指定，但是从 JSF 表单到数据库字段，都强制实施该注解。在整个应用程序中，只需要指定验证条件一次已经足够。不需要为表示层和数据层重复设置配置信息。

这些验证注解都有简单明了的名称。每个数据属性均可以有多个注解。每个注解都可以带有一个 message 属性，该属性存放着错误消息，如果不能满足验证条件，就会在 Web

表单上显示该消息。如果没有设置 message 属性，就使用默认的错误消息。下面是 Seam 支持的开箱即用的验证注解列表：

- @Length(max=,min=) 适用于 String 属性，用来检查字符串长度是否在指定范围内；
- @Max(value=) 适用于数值属性(或者表示数值的字符串)，用来检查属性值是否小于指定的 max 值；
- @Min(value=) 适用于数值属性(或者表示数值的字符串)，用来检查属性值是否大于指定的 min 值；
- @NotNull 适用于任何属性，用来检查属性是否非空；
- @Past 适用于 Date 或 Calendar 属性，用来检查该日期是否属于过去；
- @Future 适用于 Date 或 Calendar 属性，用来检查该日期是否属于未来；
- @Pattern(regex="regexp", flag=) 适用于 String 属性，用来检查字符串是否匹配正则表达式。flag 属性规定了应该如何进行匹配(例如是否忽略大小写)；
- @Range(max=,min=) 适用于数值属性(或者表示数值的字符串)，用来检查属性值是否在给定范围内；
- @Size(max=,min=) 适用于 Collection 或 Array 属性，用来检查该属性中的元素数量是否在给定范围内；
- @Email 适用于 String 属性，用来检查字符串是否符合电子邮件地址格式；
- @Valid 适用于任何属性。该验证注解在关联的对象上递归地执行验证。如果对象是 Collection 或 Array，就会递归地验证每个元素。如果对象是 Map，就会递归地验证值元素。

如果应用程序中需要自定义验证条件，那么也可以实现自己的验证器注解。更详细的信息请参阅相关文档。

Hibernate 验证器

Seam 验证器注解与 Hibernate 验证器注解相同。可以很容易实现错误消息的国际化(细节请参阅 Hibernate 注解的相关文档)。JBoss 中的 EJB3 实体 bean 实现基于 Hibernate 框架。Seam 将实体 bean 上的验证器连接到对应 JSF 表单上的 UI 元素。

12.3 触发验证操作

默认情况下，实体 bean 验证过程由数据库操作触发。在即将把实体 bean 保存到后端数据库之前对其执行验证。当 EntityManager 试图保存一个无效的实体对象时，Seam 就会抛出一个 RuntimeException 异常，这可能导致显示一个错误处理页面或通用的 HTTP 500 错误(参阅第 17 章)。

但是对于 Web 表单验证而言，我们希望在提交表单之后、调用事件处理程序方法或发生任何数据库操作之前立即进行验证。如果验证失败，希望在表单上显示一条错误消息，而且所有输入数据仍然保留在各个字段中，而不是重定向到一个特殊的错误处理页面。本节讨论如何通过表单提交来触发 Hibernate 验证器操作，在 12.4 节中将讨论如何显示错误消息。

要想在表单提交时触发验证器操作，就需要在输入数据字段元素中插入 Seam 标记 <s:validate/>。当提交表单时，Seam 使用位于支持实体 bean 对象上的对应验证器来验证被标记的数据字段。如果验证失败，Seam 就会重新显示表单，同时显示错误消息(参阅 12.4 节)。下面的程序清单给出了 Integration 示例项目的示例:

```
<h:form>
  ......

  <h:inputText value="#{person.name}">
    <s:validate/>
  </h:inputText>
  ......
  <h:inputText value="#{person.age}">
    <s:validate/>
  </h:inputText>
  ......
  <h:inputText value="#{person.email}">
    <s:validate/>
  </h:inputText>
  ......
  <h:inputTextarea value="#{person.comment}">
    <s:validate/>
  </h:inputTextarea>

  <h:commandButton  type="submit" value="Say Hello"
                    action="#{manager.sayHello}"/>
</h:form>
```

使用 Seam UI 标记

如同在第 3 章中讨论的那样，要想使用 Seam UI 标记，就需要绑定 jboss-seam-ui.jar 文件，该文件位于 app.war 文件的 WEB-INF/lib 目录中。

<s:validate/>标记可用来指定每个待验证的输入字段。但是在大多数情况下，希望验证表单中的所有字段，而在这种情况下，需要多次使用<s:validate/>标记，这可能有些过于繁琐。此时，可以将多个字段放在一个<s:validateAll>标记中。例如，下面的代码与前面的程序清单在功能上相同:

```
<h:form>
  ......

  <s:validateAll>
    <h:inputText value="#{person.name}"/>
    ......
    <h:inputText value="#{person.age}"/>
    ......
    <h:inputText value="#{person.email}"/>
    ......
```

```
      <h:inputTextarea value="#{person.comment}"/>
    </s:validateAll>

    <h:commandButton type="submit" value="Say Hello"
                      action="#{manager.sayHello}"/>
</h:form>
```

在 UI 事件处理程序中进行验证

此外，可以忽略 Seam 验证标记，而在用来处理表单提交按钮的会话 bean 上指定验证操作。使用这种方法就不再需要 jboss-seam-ui.jar 文件(除非应用程序中还有其他 Seam UI 标记)。但是在大多数应用程序中，强烈建议使用验证器标记。

要想在 Seam 会话 bean 中触发验证，需要用到两个注解；@Valid 注解用来验证从 JSF Web 表单注入的 person 对象；@IfInvalid(outcome=REDISPLAY)注解用来告诉 Say Hello 按钮的事件处理程序，如果注入的 person 对象无效，就使用错误消息来重新显示当前页面。

```
public class ManagerAction implements Manager {

  @In @Out @Valid
  private Person person;
  ......
  @IfInvalid(outcome=REDISPLAY)
  public String sayHello () {
    em.persist (person);
    find ();
    return "fans";
  }
  ......
}
```

12.4 在 Web 表单上显示错误消息

当验证失败时，希望重新显示表单，但是输入数据保持不变，同时为每个无效字段显示错误消息。完成这件工作有两种方式：使用标准的 JSF 错误显示，或者使用增强的 Seam 装饰器(decorator)方法。Seam 装饰器稍微有些复杂，但是它提供了更加丰富的 UI 功能。

因为<s:validate/>标记采用 Hibernate 验证器作为表单的 JSF 验证器，所以可以使用标准的 JSF 机制来显示每个无效输入字段的错误消息。通过为每个输入字段添加一个 JSF message 元素来实现该操作。这些 message 元素在验证失败时呈现错误消息。确保 message 标记中的 for 属性与输入字段的 id 属性匹配。

```
<s:validateAll>
  <h:inputText id="name" value="#{person.name}"/>
  <h:message for="name" />
```

```
    ......

</s:validateAll>
```

但是，标准 JSF 验证消息存在问题，它们并不是非常灵活。尽管可以指派 CSS 类来自定义错误消息本身的外观，但不能修改无效输入所在的输入字段的外观。例如，在普通 JSF 中，不能在无效字段前面添加一幅图像，而且不能修改无效字段的大小、字体、颜色或背景。Seam 装饰器则可用来实现这些功能，而且免去了设置 id/for 的烦恼。

要想使用 Seam 装饰器，就需要使用特别命名的 JSF facet 来定义修饰符的行为。beforeInvalidField facet 用来定义在无效字段前面显示什么内容，afterInvalidField facet 用来定义在无效字段之后显示什么内容；<s:message>标记用来显示输入字段的错误消息；aroundInvalidField facet 用来定义把无效字段和错误消息包括起来的 span 元素或 div 元素。还可以使用 aroundField facet(这里的示例中并没有给出它)来装饰有效(或初始)输入字段的外观。

```
<f:facet name="beforeInvalidField">
  <h:graphicImage styleClass="errorImg" value="error.png"/>
</f:facet>
<f:facet name="afterInvalidField">
  <s:message/>
</f:facet>
<f:facet name="aroundInvalidField">
  <s:span styleClass="error"/>
</f:facet>
```

然后，只要把每个输入字段放入一对<s:decorate>标记中即可。本章前面的图 12-2 中给出了结果。

```
... Set up the facets ...

<s:validateAll>
  ......

  <s:decorate>
    <h:inputText value="#{person.name}"/>
  </s:decorate>
  ......
  <s:decorate>
    <h:inputText value="#{person.age}"/>
  </s:decorate>
  ......
  <s:decorate>
    <h:inputText value="#{person.email}"/>
  </s:decorate>
  ......
  <s:decorate>
    <h:inputTextarea id="comment" value="#{person.comment}"/>
  </s:decorate>
```

```
    ......
  </s:validateAll>
```

以前使用 JSF 消息标记时 id 和 for 属性所带来的混乱荡然无存，这是因为<s:message>标记通过父标记<s:decorate>"知道"自己与哪个输入字段关联。

还可以针对每个输入字段来自定义 Seam 装饰器。例如，如果 name 输入字段需要不同的高亮显示，那么可以将其自定义如下：

```
<s:decorate>
  <f:facet name="beforeInvalidField">
    <h:graphicImage src="anotherError.gif"/>
  </f:facet>
  <f:facet name="afterInvalidField">
    <s:message styleClass="anotherError"/>
  </f:facet>
  <f:facet name="aroundInvalidField">
    <s:span styleClass="error"/>
  </f:facet>

  <h:inputText value="#{person.name}"/>
</s:decorate>
```

Seam 的<s:validate>和<s:decorate>标记极大地简化了 Web 层中的表单验证工作，强烈建议您使用它们。

12.5 使用自定义 JSF 验证器

Seam 验证器带来的一个极大的好处是将表示层和数据库层中的重复配置减到最少。但是在某些情况下，只需要在表示层中进行验证。例如，可能希望确保用户输入的用于交易的信用卡号码有效，但是当交易结束时，这个信用卡号码可能并不会保存到数据库中。在这种情况下，还可以在 Seam 应用程序中使用普通的 JSF 验证器。

JSF 只支持几个简单的开箱即用的验证器，但是第三方 JSF 组件库提供了大量的自定义验证器。例如，下面的示例演示了 Apache Tomahawk 信用卡号码验证器的用法。有关如何安装这个组件库的信息，请参阅 Tomahawk 文档。

```
<h:outputText value="Credit Card Number" />
<s:decorate>
  <h:inputText id="creditCard" required="true"
               value="#{customer.creditCard}">
    <t:validateCreditCard />
  </h:inputText>
</s:decorate>
```

对于任何 JSF 自定义验证器，同样可以使用<s:decorate>标记来增强错误消息的显示。

第13章

可单击数据表

除了验证的实体对象之外，Seam 行为数据组件的另一个示例是可单击数据表。普通的 JSF 数据表显示由数据对象构成的列表，每行显示一个对象的内容。可单击数据表则有额外的操作列，每个这样的列都有可用来操作对应到每一行的实体数据对象的按钮或链接。

例如，Integration 示例应用程序中的 fans.xhtml 页面有一个可单击数据表(如图 13-1 所示)。这个表显示数据库中的所有人员，其中每行表示一个人员。每行还有一个可单击按钮，可用来删除该行所表示的人员。在一般的可单击数据表中，每行可以有多个操作按钮或链接。

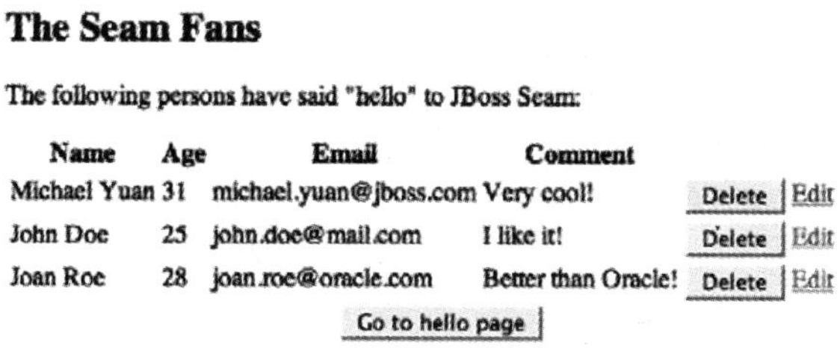

The Seam Fans

The following persons have said "hello" to JBoss Seam:

Name	Age	Email	Comment		
Michael Yuan	31	michael.yuan@jboss.com	Very cool!	Delete	Edit
John Doe	25	john.doe@mail.com	I like it!	Delete	Edit
Joan Roe	28	joan.roe@oracle.com	Better than Oracle!	Delete	Edit

Go to hello page

图 13-1　fans.xhtml 页面上的可单击数据表

在 Hotel Booking 示例应用程序(booking 项目)中，main.xhtml 页面显示了一个可单击数据表，它包含先前登记过的所有预订，还有用来删除这些预订的按钮(如图 13-2 所示)。

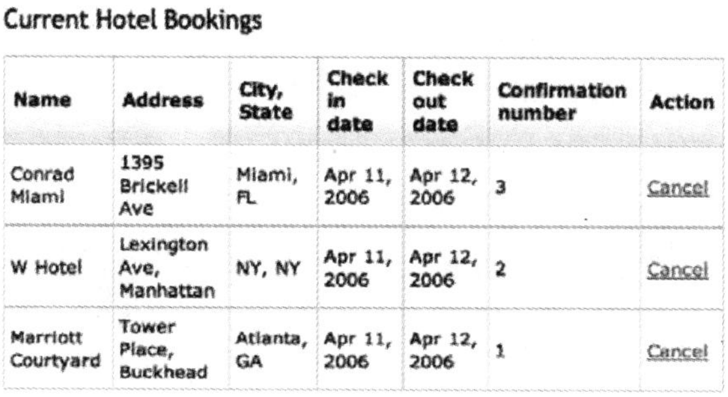

Current Hotel Bookings

Name	Address	City, State	Check in date	Check out date	Confirmation number	Action
Conrad Miami	1395 Brickell Ave	Miami, FL	Apr 11, 2006	Apr 12, 2006	3	Cancel
W Hotel	Lexington Ave, Manhattan	NY, NY	Apr 11, 2006	Apr 12, 2006	2	Cancel
Marriott Courtyard	Tower Place, Buckhead	Atlanta, GA	Apr 11, 2006	Apr 12, 2006	1	Cancel

图 13-2　Hotel Booking 示例中的 main.xhtml 页面上的可单击数据表

为了清晰和简洁起见，在本章中使用 Integration 示例来说明可单击数据表的实现。

13.1 实现可单击数据表

在普通 JSF 中，可单击表实现起来非常困难，这是因为没有一种简洁的方法把行 ID 与该行中的操作按钮的事件处理程序关联起来。但是，Seam 提供了两种非常简单的方法来实现这些非常有用的可单击表。

13.1.1 显示数据表

用来显示可单击数据表的 JSF 页面非常简单，只需要一个普通的 JSF <h:dataTable> UI 元素，该元素遍历带有@DataModel 注解的 Java List 类型的组件。下面的程序清单给出了 Integration 示例中的代码。@DataModel 将 fans 组件转换成 JSF DataModel 对象，该对象已经包含@Out 注解。

```java
public class ManagerAction implements Manager {
  ......

  @DataModel
  private List <Person> fans;

  @DataModelSelection
  private Person selectedFan;

  @Factory("fans")
  public void findFans () {
    fans = em.createQuery("select p from Person p").getResultList();
  }

  ......
}
```

Person bean 中的每个属性在表中都使用各自的列来表示。Delete 按钮也有自己的列，而且都有相同的事件处理程序方法#{manager.delete}。在下面的两节中将解释#{manager.delete} 方法的工作原理。

```html
<h:dataTable value="#{fans}" var="fan">
  <h:column>
    #{fan.name}
  </h:column>
  <h:column>
    #{fan.age}
  </h:column>
  <h:column>
    #{fan.email}
  </h:column>
```

```
<h:column>
  #{fan.comment}
</h:column>
<h:column>
  <h:commandButton value="Delete" action="#{manager.delete}"/>
</h:column>
</h:dataTable>
```

在这个示例中，Delete 按钮是一个<h:commandButton>。在可单击表中，还可以使用
JSF <h:commandLink>或 Seam <s:link>组件(这些链接组件可以在 action 属性中附带 Seam
事件处理程序方法)来为每行呈现操作链接。这里推荐使用 Seam 的<s:link>，这是因为它支
持预期的浏览器行为，例如右击弹出式菜单(更详细内容请参阅 8.3.6 节)。

　　既然所有行都具有相同的按钮事件处理程序，那么#{manager.delete}方法如何知道它要
操作的是哪一个 Person 对象呢？既可以将选中的对象注入到#{manager}组件中，也可以使
用 Seam 的扩展 EL 来引用选中的对象。

13.1.2　将选中的对象注入到事件处理程序中

　　在 ManagerAction 类中定义 selectedFan 字段，并为其添加@DataModelSelection 注解。
当单击可单击表中任何一行中的按钮或链接时，Seam 在调用事件处理程序方法之前会把该
行所表示的 Person 对象注入到 selectedFan 字段。最后，实现了每行中 Delete 按钮的事件
处理程序。事件处理程序将注入的 Person 对象合并到当前持久化上下文中，并把它从数据
库中删除。

```
public class ManagerAction implements Manager {
  ......

  @DataModel
  private List <Person> fans;

  @DataModelSelection
  private Person selectedFan;

  ......

  public String delete () {
    Person toDelete = em.merge (selectedFan);
    em.remove( toDelete );
    findFans ();
    return null;
  }
}
```

　　需要进行合并的原因在于，ManagerAction 组件默认具有对话作用域：当完全呈现数
据表时，该组件及其持久化上下文就会被销毁。因此，当用户单击数据表按钮或链接时，
就会为新对话构造出一个新的 ManagerAction 组件。selectedFan 对象位于这个新的持久化

上下文之外，因此需要将其合并进来。

将数据对象合并到持久化上下文中

如果在一个长期运行对话中管理数据对象，就不需要一次又一次合并持久化上下文。

13.1.3 在数据表中使用扩展 EL

通过@DataModelSelection 的注入会使表示层与事件处理程序解耦。这是标准的 JSF 处理方式。但是，利用 Seam 的扩展 EL(参阅 3.2.2 节)可以有更简单的替代方案。可以直接引用选中行中的对象：

```
<h:dataTable value="#{fans}" var="fan">
  <h:column>
    #{fan.name}
  </h:column>
  ......
  <h:column>
    <h:commandButton value="Delete" action="#{manager.delete(fan)}"/>
  </h:column>
</h:dataTable>
```

在 ManagerAction 类中，需要一个附带 Person 实参的 delete()方法：

```
public class ManagerAction implements Manager {
  ......

  @DataModel
  private List <Person> fans;

  ......

  public String delete (Person selectedFan) {
    Person toDelete = em.merge (selectedFan);
    em.remove( toDelete );
    findFans ();
    return null;
  }
}
```

可单击数据表是一个可以说明 Seam 应用程序中数据与 UI 组件之间如何紧密结合的极好示例。

13.2 Seam 数据绑定框架

@DataModel 和@DataModelSelection 注解只是 Seam 数据绑定框架的具体用例，这个框架为把任何数据对象转换成 JSF UI 组件并捕获这些组件上的用户输入提供了通用的机制。例如，@DataModel 注解简单地将一个 Map 或 Set 转换成 JSF DataModel 组件，而 @DataModelSelection 注解将用户在 DataModel 上选中的对象传递进来。

通用的数据绑定框架使得第三方开发人员能够扩展 Seam 并编写自定义注解，为任意的数据模型对象提供 UI 行为。例如，开发人员可以编写一个注解，将一幅图像显示为 Web 页面上的地图小部件，并捕获用户选择，将其作为地图上的某个位置。数据绑定框架为社区开发一些极其有趣的用例打开了一扇大门。

数据绑定框架属于高级主题，需要了解 Seam 和 JSF 的内部工作原理，这多少超出了本书的介绍范围。在这一节中只是简要地概览该框架中的不同组件，请感兴趣的读者自行研究 Seam 的源代码。

org.jboss.seam.databinding 包中的 DataBinder 和 DataSelector 接口定义了必须为自定义数据绑定类实现的方法。这个包中的 DataModelBinder 和 DataModelSelector 类给出了示例实现。然后，在@DataModel 和@DataModelSelection 注解中，只是将控制权传递给这些实现类。

```
@Target({FIELD, METHOD})
@Retention(RUNTIME)
@Documented
@DataBinderClass(DataModelBinder.class)
public @interface DataModel {
  String value() default "";
  ScopeType scope() default ScopeType.UNSPECIFIED;
}

@Target({FIELD, METHOD})
@Retention(RUNTIME)
@Documented
@DataSelectorClass(DataModelSelector.class)
public @interface DataModelSelection {
  String value() default "";
}
```

有关 DataModelBinder 和 DataModelSelector 类的实现的更多细节，请参阅 Seam 源代码。

第 14 章

利用事件解耦组件

UI 框架通常使用事件来解耦 Web 组件和数据组件。事件可以使组件对模型或其他组件中的改动做出反应，而不需要在两者之间建立直接的依赖关系。Seam 顺应这种趋势，它通过实现观察者模式提供了一种在应用程序中使用事件的简单途径。

本章将讨论 Seam 实现观察者模式的方法。Seam 通过跨上下文传递事件使得利用这个强大的模式解耦组件变得简单。首先查看有关观察者模式的一些背景知识。

14.1 观察者模式

观察者模式是软件设计(特别是用户界面开发)中常用的一种模式。这个模式描述了一种事件模型，其中多个观察者均对与某个特定主题相关的状态改动或事件感兴趣。这个主题中的一个改动或事件会触发通知每一个观察者，这使得观察者有机会做出响应——要么根据该改动进行更新，要么执行某个操作。这个模型也称为发布-订阅模式。一般而言，实现这个模式需要创建一些众所周知的接口及其具体实现。

如图 14-1 所示，附加到一个主题的观察者可有任意多个，当对某个改动或事件通知感兴趣时，只需把该观察者注册到这个主题即可。这个模式在主题及其观察者之间建立了松散耦合关系，这是因为主题不需要知道观察者的详细信息或他们的兴趣所在。要了解有关观察者模式的更多信息，请参阅设计模式的经典著作 *Design Patterns* (Gamma 等人，1994)。

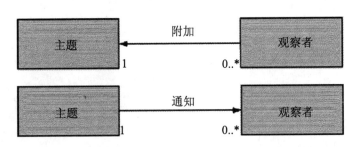

图 14-1 观察者模式的简单表示，观察者附加或者注册到主题，主题将改动或事件通知给观察者

接下来查看这个模式的一个示例实现来获取更为深入的理解。Rewards Booking 示例可使用户从酒店预订中赢取奖励积分。如果用户选择参与根据注册进行奖励的项目，那么奖励积分将随着每次的预订而增长。赢取奖励积分实际上是预订酒店的额外收益。因此，可以将赢取奖励积分的逻辑与建立预订的逻辑松散耦合。

这个实现中涉及两个组件，即 HotelBookingAction 和 RewardsManager。为了在预订酒店时使 RewardsManager 能够接收到通知，创建了一个 BookingObserver 接口。

```
public interface BookingObserver {
  public void notifyBookingEvent(Booking booking);
}
```

现在 RewardsManager 就可以实现这个接口，当用户执行一次预订时，它就可以执行奖励积分增长逻辑：

```
@Name("rewardsManager")
@Scope(ScopeType.CONVERSATION)
public class RewardsManager implements BookingObserver {
  // ......

  public void notifyBookingEvent(Booking booking) {
    this.accrueRewards(booking);
  }

  // ......
}
```

HotelBookingAction 现在必须提供一个方法以使 Observer 附加或注册到该主题。此外，必须维护观察者列表以确保该主题知道当预订事件发生时需要通知哪些观察者。

```
@Stateful
@Name("hotelBooking")
@Restrict("#{identity.loggedIn}")
public class HotelBookingAction implements HotelBooking
{
  // ......
  List<BookingObserver> bookingObservers =
    new ArrayList<BookingObserver>();

  public void addBookingObserver(BookingObserver observer) {
    bookingObservers.add(observer);
  }
  // ......
}
```

现在当酒店预订得到确认时，就能够通过遍历并调用 notifyBookingEvent() 方法来通知所有观察者：

```
@Stateful
@Name("hotelBooking")
@Restrict("#{identity.loggedIn}")
```

```
public class HotelBookingAction implements HotelBooking
{
  List<BookingObserver> bookingObservers =
    new ArrayList<BookingObserver>();
  // ......

  public void confirm()
  {
    // ......
    notifyBookingEventObservers(booking);
  }

  public void notifyBookingEventObservers(Booking booking) {
    for(BookingObserver observer : bookingObservers) {
      observer.notifyBookingEvent(booking);
    }
  }
  // ......
}
```

现在您已经知道如何实现该模式，但是使用这个实现会遇到什么问题呢？考虑以下问题：

- 这个模式违反了 *The Pragmatic Programmers* (Andrew Hunt 和 Dave Thomas，1999) 教授的 DRY(Don't Repeat Yourself，不要重复自己)原则。很明显，在任何希望实现这个模式的位置，都将重复用来注册和通知观察者的逻辑。大部分重复代码问题可以通过抽象来解决，但是仍然需要创建一个不太自然的类层次结构；
- RewardsManager 组件何时注册到 HotelBookingAction？这是一个固有的问题，因为这两个组件可能会在各自不同的时刻创建。在此处的示例中，RewardsManager 是一个对话组件，而它所在的对话中可能并没有 HotelBookingAction 组件；
- 还有一个问题是，主题的作用域可能要比观察者的作用域大(指的是主题的生命周期更长)。在这种情况下，它维护的指向观察者组件的引用可能导致作用域阻抗 (scope impedance)问题：观察者组件的寿命已经超出自己的预定作用域，而主题仍然保存一个指向该组件的引用。虽然通过一些变通措施可以解决这个问题，但它显然并不是最优的解决方案。

通过注解和/或 XML 配置，Seam 不需要自定义实现，从而使得观察者模式的使用变得简单。接下来查看在 Seam 中使用这个模式是多么的简单。

14.2 组件驱动的事件

Seam 定义了一个事件模型，可以使 Seam 组件轻易地注册和发送通知事件。Seam 在其内部大量使用这个模式来提供 Seam 组件事件的通知。这就可以指定自定义行为来响应 Seam 组件的执行。在本书中，当讲解对应的组件时就会讨论这些事件。在下面几节中将讨论如何引发自己的自定义事件以及如何使用 Seam 来观察事件。

14.2.1　声明式引发事件

Seam 可用来引发您自己的自定义事件,这使得实现观察者模式的主题变得简单。Seam 组件可以通过注解、XML 配置以声明方式或编程方式来引发事件。通过注解和 XML 配置的方法属于声明式方法,这使得它们成为侵入性最少的方式,但是它们的灵活性也是最差的。注解方式非常简单,只要为方法添加@RaiseEvent 注解即可。为了与其他 Seam 注解的语法(参阅第 8 章)保持一致,只有当该方法成功返回时才会引发该事件。成功返回意味着没有抛出任何异常,而且这个方法的返回类型为 void 或不返回 null。

```
@Stateful
@Name("hotelBooking")
@Restrict("#{identity.loggedIn}")
public class HotelBookingAction implements HotelBooking
{
  // ......

  @RaiseEvent("newBooking")
  public void confirm()
  {
    // execute confirmation logic
  }
}
```

@RaiseEvent 注解中指定的字符串规定了事件的名称。在下一节中您将会看到,任何对该事件感兴趣的观察者均会指定这个字符串以标识合适的主题。confirm()方法也遵循 pages.xml 配置中的导航规则。这样就可以选择通过 XML 配置来引发事件。这里并不是直接在 confirm()方法上指定@RaiseEvent 注解,而是将该事件放在导航规则中。

```
......

<page view-id="/confirm.xhtml" conversation-required="true">

  <description>Confirm booking: #{booking.description}</description>

    <navigation from-action="#{hotelBooking.confirm}">
      <raise-event type="newBooking" />
      <redirect view-id="/main.xhtml"/>
    </navigation>
</page>

......
```

其中 type 指定了一个标识该事件的字符串。与前面一样,观察者将利用这个字符串来标识它们感兴趣的事件。在这里,当激活导航规则时总是会引发该事件。还可以选择在每次访问页面时引发事件。在这里的示例中,当用户出于审核目的来访问奖励积分时引发事件。

```
......

  <page view-id="/rewards/*">
   <description>Rewards Summary</description>
   <raise-event type="rewardsAccessed" />
   ......
  </page>

......
```

在 Rewards Booking 示例中，对于 RewardsManager 组件来说，重要的是要了解 Booking 实例以确定奖励积分。这里有两种选择。假设 Seam 在调用组件时通过双向注入提供了上下文，那么就可以轻易地从这个上下文中检索到 Booking 实例。只要为 Booking 成员变量添加@In 注解，就可以确保 Seam 从当前上下文中提供 Booking 实例。上面描述的所有声明式方法都要求使用双向注入来检索这个实例。

另一个选择(正如 Rewards Booking 示例中演示的那样)是，将 Booking 实例作为事件对象传递。这就要求以编程方式利用 Events API 来引发事件。下面的程序清单演示了这种方法：

```
@Stateful
@Name("hotelBooking")
@Restrict("#{identity.loggedIn}")
public class HotelBookingAction implements HotelBooking
{
  @In private Events events;

  @In(required=false)
  @Out(required=false)
  private Booking booking;

  // ......

  public void confirm()
  {
   // ......

   events.raiseEvent("newBooking", booking);

   // ......
  }
}
```

注意，把 Events 组件注入到 HotelBookingAction 中。与其他 Seam 组件一样，也可以通过静态实例方法 Events.instance()来检索 Events 组件。在 14.2.3 节中将深入讨论这个 API，并了解每个方法如何对事件处理产生影响，但是首先查看如何能够观察事件。

使用事件常量来简化重构和维护

虽然在主题和观察者中使用字符串来指定事件是一件简单的事情，但是把事件名称定义为常量通常是有用的做法。Seam 安全模型中的 Identity 组件遵循了这个模式(参阅第 18 章)。通过 static final String 定义来指定事件常量是一件相当简单的事情。然后就可以在观察者中指定这些常量以避免依赖于字符串定义。这简化了重构和维护的任务，因为可以使用您最喜欢的 IDE 来轻易地识别常量。

14.2.2　观察事件

本章前面提到过，每个事件都有一个名称。观察组件通过注解或 XML 来指定事件名称，从而注册到对应的事件。这种声明式的方法使得在不使用任何自定义接口或类扩展的情况下创建观察者成为一件简单的事情。注解方法只需要在组件上指定@Observer 注解并指定事件名称即可。Rewards Booking 示例演示了这种方法：在 RewardsManager 组件中观察 newBooking 事件。

```
@Name("rewardsManager")
@Scope(ScopeType.CONVERSATION)
public class RewardsManager {
  // ......

  @Observer("newBooking")
  public void accrueRewards(Booking booking)
  {
    // execute rewards accrual logic
  }
}
```

注意，指定 Booking 作为 accrueRewards()方法接受的参数。如本章前面所示，这个参数通过 Events API 作为一个事件对象传递。@Observer 注解还提供了其他的属性，可选择在触发事件时创建组件。如果指定了注解@Observer(value="newBooking", create=true)，而且当触发事件时 RewardsManager 组件并没有位于当前对话上下文中，那么 Seam 将创建这个组件并调用 accrueRewards()方法。这对于无状态事件处理组件来说非常有用。

也可以通过XML注册事件观察者。这就要求在WEB-INF文件夹中创建一个名为events.xml的文件。这种方法将所有定义好的事件观察者放在同一个位置，但是不提供类型安全性。

```
<events>
  <event type="newBooking">
    <action expression="#{rewardsManager.accrueRewards(booking)}"/>
  </event>
<events>
```

在使用 Seam 时，可以相当方便地指定事件观察者而无需自定义实现。此外，Seam 管理注册和通知组件的具体任务，因此避免了本章前面讨论过的作用域阻抗问题。现在，查看如何通过 Events API 对事件处理进行更细粒度的控制。

14.2.3   事件处理和 Events API

Seam 中的事件处理是通过 Events 组件来执行的。Events API 可以帮助您深入了解事件处理的方式，并且能够对事件处理的方式进行更细粒度的控制。

```
raiseEvent(String type, Object... parameters)
```

这段代码引发一个同步事件。换句话说，引发事件后就立刻由观察者处理该事件，而且只有当所有观察者全部完成处理之后才把控制权返回给应用程序。为组件方法添加 @RaiseEvent 注解，或者通过 XML 来指定事件，都会导致使用这种方法。

```
raiseAsynchronousEvent(String type, Object... parameters)
```

这段代码引发一个立即得到处理的异步事件。换句话说，一旦引发事件，观察者就立即处理该事件，但是处理是异步发生的，立即把控制权返回给引发该事件的组件。

```
raiseTimedEvent(String type, Schedule schedule, Object... parameters)
```

这段代码引发一个根据 Schedule 进行处理的异步事件。Schedule 可用来精确地控制事件的处理时间，要么是在一定的延时之后，要么是特定的日期和时间。

```
raiseTransactionCompletionEvent(String type, Object... parameters)
```

这段代码引发一个异步事件，一旦事务完成(不管事务成功与否)就立即处理该事件。

```
raiseTransactionSuccessEvent(String type, Object... parameters)
```

这段代码引发一个异步事件，只有在事务成功完成时才立即处理该事件。如果事务失败，那么实际上会忽略这个事件。

同步事件放在主执行线程中处理。把控制权交给 Events 组件，该组件调用每个已经注册的事件@Observer。这意味着一旦某个组件通过@RaiseEvent 注解引发一个事件(通过 XML 或 raiseEvent()方法)，主执行线程都会暂停，直到所有观察者完成事件处理。因此，总是应该考虑事件观察者的执行时间。在使用同步事件时，长期运行的事件观察者必然会对响应时间产生负面影响。如果需要关注观察者的执行时间，那么可以考虑引发异步事件。图 14-2 演示如何将 newBooking 事件(当确认预订时引发)作为同步事件处理。

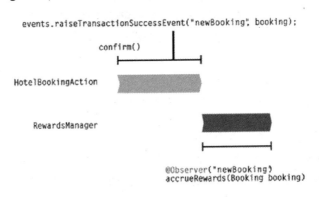

图 14-2   利用 Events API 把 newBooking 事件作为同步事件来处理

所有的异步事件都使用注册的 org.jboss.seam.async.dispatcher 实例来进行调度。将在第 31 章中深入讨论 Dispatcher 组件。异步事件的最重要功能是，它们能够立即把控制权返回给主执行线程。事件观察者与主执行线程并行执行，要么立即执行，要么根据指定的 Schedule 执行。图 14-3 演示如何将 newBooking 事件作为异步事件进行处理。

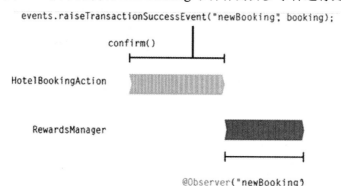

图 14-3　利用 Events API 把 newBooking 事件作为绑定到事务成功的异步事件来处理

注意，图 14-3 演示了 raiseTransactionSuccessEvent 的调用。一旦 confirm()方法完成且事务成功提交，那么这个事件就会得到处理。对于此处的示例而言，事务成功事件是有意义的。没有必要立即处理增加奖励积分的逻辑，这是因为这个操作的主要目的是预订酒店。因此，可以异步执行这个操作，使预订得以完成并立即通知用户。此外，从业务角度来看，如果在处理奖励积分的过程中出现异常，那么并不希望将这次预订事务回滚。而一旦预订事务完成，就可以在一个单独的事务中异步执行增加奖励积分的逻辑。

在上下文之间进行事件通知

现在您已经知道如何引发和观察事件，但是当触发某个事件时，Seam 如何确定要通知谁呢？事件通知的执行方式与双向注入类似。Seam 实际地搜索上下文，查找正在观察已触发事件的组件并通知这些组件。这意味着，Seam 组件可以观察来自任何上下文的事件。注意不要持有更大范围组件的引用，这是为了避免域阻抗问题。双向注入自动地取消任何使用@In 注解的属性(将引用设置为 null)，但是绝对不应该这样处理事件对象。

第 15 章

可收藏网页

JSF(同时还有其他基于组件的 Web 框架)最令人诟病的缺点之一是，它依赖于 HTTP POST 请求。JSF 使用 HTTP POST 请求来把用户操作(例如按钮单击)匹配到服务器端(也就是在 Seam 的有状态会话 bean 中)的 UI 事件处理程序方法。它还在 HTTP POST 请求中使用隐藏字段来跟踪用户的对话状态。

在 HTTP POST 请求中，URL 并没有包含有关请求的全部查询信息。不可以收藏一个由 HTTP POST 请求动态生成的 Web 页面。但是在很多 Web 应用程序中，人们非常希望使用可收藏 Web 页面(也就是 RESTful URL，其中 REST 表示 Representational State Transfer，即表象化状态转变)。例如，在一个电子商务站点上，可能希望通过类似 http://mysite.com/product.seam?pid=123 这样的 URL 来显示产品信息；而在一个内容站点上，可能希望通过类似 http://mysite.com/article.seam?aid=123 这样的 URL 来显示文章内容。可收藏 URL 带来的主要好处是，可以将它们保存起来留待以后访问，或者通过电子邮件发送给其他人(也就是说，它们可以作为书签)。

在普通 JSF 中，构造可收藏的页面有点困难：如果从 HTTP GET 请求加载页面，那么将请求参数传递给支持 bean，然后自动启动 bean 方法来处理这些参数并加载页面数据，这是一件麻烦的事情。但是，使用 Seam 就很容易克服这个障碍。在这一章中将讨论两种方法：使用 Seam 页面参数以及利用组件生命周期方法进行请求参数注入。

示例应用程序为源代码软件包中的 Integration 项目。它的工作方式类似于如下：当用户在 hello.seam 页面上输入自己的姓名和消息之后，可以通过 URL http://localhost:8080/integration/person.seam?pid=n 来加载任何人的个人信息和评论，其中 n 是这个人的唯一 ID。然后就可以对所有信息进行相应的修改，最后将其提交回数据库中(参见图 15-1)。

使用可收藏 URL 的时机

可收藏 URL 和 POST URL 均有各自的适用场合。例如，您可能并不希望用户收藏对话内部的某个临时页面，例如信用卡付款提交页面。在这种场合下，不可收藏的 POST 页面更加适合。

图 15-1　Integration 示例中用来修改个人信息的可收藏编辑页面

15.1　使用页面参数

把 HTTP GET 请求参数传递给后端业务组件的最简单方法是使用 Seam 页面参数。每个 Seam Web 页面可以有零到多个页面参数，这些就是绑定到后端组件属性上的 HTTP 请求参数。

Seam 页面参数的定义位于 app.war/WEB-INF/目录内的 pages.xml 文件中。在本书前面的内容中已经看到过这个文件，当时使用它来管理页面流。但是这个文件的功能远不止管理页面流。在下面的示例中，当加载 person.xhtml 页面时，HTTP GET 请求参数 pid 被转换成一个 Long 值并绑定到#{manager.pid}属性。注意，虽然 pages.xml 文件并不是 JSF Web 页面，但是这里仍然可以使用 JSF EL 和转换器。这就是 Seam 的 JSF EL 扩展用法的强大之处。

```
<pages>

  <page view-id="/person.xhtml">
    <param name="pid" value="#{manager.pid}"
           converterId="javax.faces.Long"/>
  </page>

</pages>
```

因此，当加载类似 person.seam?pid=3 这样的 URL 时，Seam 自动调用 ManagerAction.setPid(3) 方法。在设置器方法中，初始化 person 对象并将其注出。

```
@Stateful
@Name("manager")
public class ManagerAction implements Manager {

  @In (required=false) @Out (required=false)
  private Person person;

  @PersistenceContext (type=EXTENDED)
  private EntityManager em;

  Long pid;

  public void setPid (Long pid) {
```

```
    this.pid = pid;

    if (pid != null) {
      person = (Person) em.find(Person.class, pid);
    } else {
      person = new Person ();
    }
  }

  public Long getPid () {
    return pid;
  }

    ......
  }
```

不需要双向注入值

person 字段上的@In 和@Out 注解具有属性 required=false。当调用 ManagerAction.setPid() 方法时，person 组件并没有一个有效的值。实际上，在设置器中构造 person 对象并将其注出。

当然，如果设置了@In(required=false)，那么当调用 ManagerAction 组件中的任何事件处理程序方法时，Seam 也可以为 person 注入一个空值。如果有一个未提供有效的、可供注出的 person 对象的事件处理程序方法(例如 ManagerAction.delete()方法)，那么也必须设置@Out(required=false)。

运用类似的技术，可以将多个页面参数绑定到同一个页面上的同一个后端组件或不同的后端组件。person.xhtml 页面显示编辑表单，该表单包含了注出的 person 组件：

```
<s:validateAll>

<table>
  <tr>
    <td>Your name:</td>
    <td>
      <s:decorate>
        <h:inputText value="#{person.name}"/>
      </s:decorate>
    </td>
  </tr>

  <tr>
    <td>Your age:</td>
    <td>
      <s:decorate>
        <h:inputText value="#{person.age}"/>
      </s:decorate>
    </td>
  </tr>
```

```
<tr>
  <td>Email:</td>
  <td>
    <s:decorate>
      <h:inputText value="#{person.email}"/>
    </s:decorate>
  </td>
</tr>

<tr>
  <td>Comment:</td>
  <td>
    <s:decorate>
      <h:inputTextarea value="#{person.comment}"/>
    </s:decorate>
  </td>
</tr>

</table>

</s:validateAll>

<h:commandButton type="submit" value="Update"
                 action="#{manager.update}"/>
```

当在 Update 按钮上单击时，pid 对应的 person 对象得到更新。许多读者感到困惑的是，当第一次通过 HTTP GET 加载 person.xhtml 页面时明确地给出了 pid 参数。为什么没有必要明确地在与 Update 按钮提交关联的 HTTP POST 请求中传递 pid(例如将其作为表单中的一个隐藏字段，或者作为 Update 按钮的 f:param 参数)？

毕竟，person 和 manager 组件均位于默认的对话作用域中(参阅 8.1.1 节)。当提交表单时，必须重新构造它们。那么，JSF 如何知道要更新哪个 person 呢？事实证明，页面参数的作用域是 PAGE(参阅 6.5 节)。当提交页面时，它总是提交最开始加载该页面时的 pid 参数。这是一项非常有用并且非常便利的功能。

页面操作

当加载页面时，页面参数会自动触发它绑定到的后端属性上的设置器方法。Seam 把这个概念进一步扩展：在加载页面时，可以触发 pages.xml 文件中的任何后端 bean 方法。这称为页面操作。如果对页面操作方法添加@Begin 注解，这个页面的 HTTP GET 请求就会启动一个长期运行对话。此外，可以规定只有当满足某个 JSF EL 条件时才执行页面操作。下面是页面操作的两个示例：

```
<pages>
  <page view-id="/foo.xhtml">
    <action execute="#{barBean.startConv}"/>
  </page>

  <page view-id="/register.xhtml">
```

```
    <action if="#{validation.failed}" execute="#{register.invalid}"/>
    </page>

    ......

    </pages>
```

Seam 页面参数是一种实现可收藏页面的优雅解决方案。将在第 16 章中再次用到这种方法。

15.2　以 Java 为中心的方法

页面参数并不是实现可收藏页面的唯一解决方案。一方面，许多开发人员并不喜欢将应用程序逻辑放在 XML 文件中。而在某些情况下，pages.xml 文件还可能变得讨干冗长。例如，可能有多个页面具有相同的 HTTP 请求参数(如 editperson.seam?pid=x、showperson.seam?pid=y等)，或者同一个页面有多个 HTTP 请求参数。无论是哪一种情况，都必须在 pages.xml 文件中重复定义非常相似的页面参数。

此外，如果是从 servlet 加载页面(有些第三方 JSF 组件库就是这种情况)，页面参数可能并不能正确地工作。这些库使用它们自己的特殊 servlet 来执行更多的页面处理或呈现。19.4 节中就有一个这样的示例。

为了解决这些问题，Seam 提供了一种通过"纯 Java"方式来处理 HTTP 请求参数的机制。这种方法要比页面参数方式更加复杂，但它带来的好处是，可以在更多地方添加自己的自定义逻辑。

15.2.1　从 HTTP GET 请求中获得查询参数

第一项挑战是将 HTTP GET 查询参数传递给为页面提供内容并支持页面操作的业务组件。Seam 提供了@RequestParameter 注解来实现该功能。将@RequestParameter 注解应用到 Seam 组件中的字符串变量。当在运行时访问该组件时，匹配变量名的当前 HTTP 请求参数就会自动注入到该变量中。例如，在 ManagerAction 有状态会话 bean 中使用下面的代码来支持类似 person.seam?pid=3 这样的 URL。注意，HTTP 请求参数是一个 String 对象，但注入的值是一个 Long 类型。Seam 在注入时将这个 String 对象转换成 Long 对象。当然，可以注入 String 值，然后自己执行转换。

```
@Stateful
@Name("manager")
public class ManagerAction implements Manager {

  @RequestParameter
  Long pid;

  // ......
}
```

每当访问 ManagerAction 类中的某个方法时(例如某个 UI 事件处理程序方法、属性访问器方法或者组件生命周期方法)，Seam 首先将请求参数 pid 注入到具有相同名称的字段变量中。如果请求参数和字段变量的名称不同，那么必须在注解中使用 value 实参。例如，下面的代码将 pid 请求参数注入到 personId 字段变量中：

```
@RequestParameter (value="pid")
  Long personId;
```

15.2.2　为页面加载数据

获得请求查询参数只是第一步。当加载 person.seam?pid=3 页面时，Seam 实际上必须从数据库中检索这个 person 对象的信息。例如，person.xhtml 页面只是显示来自于 person 组件的数据。因此，如何使用 HTTP GET 中的 pid 参数来实例化 person 组件呢？

1. @Factory 方法

正如在 7.2.2 节中讨论的那样，可以使用工厂方法来初始化任何 Seam 组件。person 组件的工厂方法位于 ManagerAction bean 中。当实例化 person 组件时，Seam 调用 ManagerAction.findPerson()。工厂方法使用注入的 pid 从数据库中检索 Person 对象。

```
@Stateful
@Name("manager")
public class ManagerAction implements Manager {

  @In (required=false) @Out (required=false)
  private Person person;

  @PersistenceContext (type=EXTENDED)
  private EntityManager em;

  @RequestParameter
  Long pid;

  ......

  @Factory("person")
  public void findPerson () {
    if (pid != null) {
      person = (Person) em.find(Person.class, pid);
    } else {
      person = new Person ();
    }
  }

}
```

总结起来，整个过程类似于如下：当用户加载 person.seam?pid=3 这个 URL 时处理 person.xhtml 页面，此时 Seam 发现要在页面上显示数据，就有必要实例化 person 组件。Seam 将 pid 值注入到 ManagerAction 对象中，然后调用 ManagerAction.findPerson()工厂方法来构建并注出 person 组件。接下来使用 person 组件显示这个页面。

2. @Create 方法

可以使用工厂方法来构造 person 组件。但是，如果页面数据来自于某个业务组件，应该如何操作？例如，页面可能显示来自#{manager.person}而非#{person}的数据。在这种情况下，就需要在 Seam 实例化 manager 组件时初始化这个 manager 组件中的 person 属性。根据 7.2.1 节中的介绍，可以通过 ManagerAction 类中的生命周期方法@Create 来实现该操作：

```
@Stateful
@Name("manager")
public class ManagerAction implements Manager {

  @RequestParameter
  Long pid;

  // No bijection annotations
  private Person person;

  @PersistenceContext(type=EXTENDED)
  private EntityManager em;

  public Person getPerson () {return person;}
  public void setPerson (Person person) {
    this.person = person;
  }

  @Create
  public String findPerson() {
    if (pid != null) {
      person = (Person) em.find(Person.class, pid);
    } else {
      person = new Person ();
    }
  }

  // ......
}
```

事件处理程序方法

在常规的 JSF HTTP POST 操作中，也可以将@Factory 和@Create 方法用作 UI 事件处理程序方法。如果 POST 请求具有注入的 HTTP 请求参数(参阅 15.2.3 节)，那么这些方法也可以使用该参数。

15.2.3 进一步处理已收藏页面

如果没有 PAGE 作用域的页面参数，就必须在所有后续请求中包含 HTTP 请求参数。

例如，person.xhtml 页面只在默认对话作用域(参阅 8.1.1 节)中加载 manager 和 person 组件，因此当页面完全呈现之后这些组件就会失效。当用户在 Say Hello 按钮上单击来编辑人员的信息时，就必须为新对话创建一组新的 manager 和 person 组件。因此，Say Hello 按钮提交的 JSF POST 还必须包含 pid 参数。将 pid 注入到 ManagerAction 类，该类在调用事件处理程序方法 ManagerAction.sayHello()之前使用该参数来构建 person 组件。为此，在表单中使用了隐藏字段：

```
<h:form>
<input type="hidden" name="pid" value="#{person.id}"/>

<s:validateAll>

......

</s:validateAll>

<h:commandButton  type="submit" value="Update"
                  action="#{manager.update}"/>
</h:form>
```

如果为@Factory 或@Create 方法添加了@Begin 注解，就可以从可收藏页面处启动一个长期运行对话。例如，在某个商务网站中，当用户使用参数 productId 加载一个已收藏产品页面时，就启动一个购物车对话。在整个对话期间，REST 加载的 product 组件都将一直可用，直到用户结账或者终止购物会话。只要对话保持有效，就没有必要再次使用参数 productId 来加载 product 组件。

隐藏字段非法侵入方式

Web 表单中的隐藏字段实际上属于一种非法侵入方式。不推荐使用隐藏字段是因为它在将来可能会使维护人员感到困惑。如果需要隐藏字段才能使 RESTful 页面工作，那么更好的做法可能是将页面参数通过 pages.xml 文件注入，而不是使用@RequestParameter。但是，在 19.4 节中可以看到，有时这种非法侵入方式对于第三方 JSF 组件库还是有用的。

15.3　RESTful Web 服务

通过使用注解，Seam 不仅能够实现简单的 RESTful Web 页面，还可以将任何 POJO 方法转换成 RESTful Web 服务。Seam 整合了 RESTEasy 库来支持 JAX-RS 规范(JSR-311)中定义的标准 Web 服务注解。其原理就是可以为任何 POJO 方法添加注解来指定 URL 路径。对这个 URL 的 HTTP GET 请求就可以检索串行化 XML 格式的结果。例如，下面的程序清单演示了如何将#{manager.findPerson}方法转换成一项 Web 服务：

```
@Stateful
@Name("manager")
@Path("/manager")
```

```
public class ManagerAction implements Manager {

    ......

    @PersistenceContext(type=EXTENDED)
    private EntityManager em;
    @GET
    @Path("/person/{personId}")
    @ProduceMime("application/xml")
    public String findPerson(@PathParam("personId") int pid) {
      person = (Person) em.find(Person.class, pid);
      String result = "<person>";
      result = result + "<name>" + person.getName() + "</name>";
      result = result + "<age>" + person.getAge() + "</age>";
      result = result + "<email>" + person.getEmail() + "</email>";
      result = result + "<comment>" + person.getComment() + "</comment>";
      result = result + "</person>";
      return result;
    }

    // ......
}
```

  当用户向/seam/resource/rest/manager/person/123 发出 HTTP GET 请求时，服务器将返回一个用来表示 id 等于 123 的 Person 实体对象的 XML 字符串。此处使用手动方式将 Person对象串行化，但是很容易找到现成的 XML 串行化器来完成这项工作。

  所有这些@Path、@GET、@PathParam 以及@ProduceMime 注解都是 JAX-RS 注解。在这里，Seam 自动为 Web 服务连接实体管理器、事务以及其他服务器资源。

  Seam 需要访问该 Web 服务的 URL 前缀(/seam/resource/rest)。在 components.xml 文件中，可以自定义 rest 前缀来标识自己的 Web 服务。更详细的内容请参阅 Seam RESTEasy的文档(http://docs.jboss.com/seam/2.1.1.GA/reference/en-US/html/webservices.html)。

  要想在 Seam 中使用 RESTEasy，就需要在 EAR 或 WAR 文件的库类路径中包含 RESTEasy库的 JAR 文件 jaxrs-api.jar 以及 jboss-seam-resteasy.jar。

  Seam 为 JSF 应用程序提供了强大的 REST 支持。这是使用 Seam 来开发 JSF 的最具说服力的原因之一。

第 16 章

Seam CRUD 应用程序框架

如果没有 Seam，普通的 JSF 应用程序就至少有 4 层：UI 页面、用于页面数据和事件处理程序的支持 bean、用于业务和数据访问逻辑的会话 bean 以及用于数据模型的实体 bean。Seam 消除了 JSF 支持 bean 与 EJB3 会话 bean 之间人为设置的隔离。但是还不止这些。Seam 带有一个内置的框架用来执行 CRUD(Create、Retrieve、Update、Delete，即创建、检索、更新和删除)数据操作。利用这个框架，可以通过重用大多数标准事件处理程序方法来更加简化 JSF 应用程序。对于小型项目来说，甚至可以完全不需要用到会话 bean。一切是不是太美妙了？好吧，继续阅读……

Seam CRUD 应用程序框架实际上提供了预先包装的 DAO(Data Access Object，数据访问对象)。在本章中首先简要介绍 DAO。

16.1 DAO

在企业 Java 中，最有用的一种设计模式就是 DAO(Data Access Object，数据访问对象)模式。通常 DAO 支持 ORM 实体对象上的 CRUD 操作。在 Seam 应用程序中，DAO 就是一个 EJB3 会话 bean 或保存托管 EntityManager 对象引用的 Seam POJO 组件。

在很多小型的数据驱动型应用程序中，CRUD 数据访问逻辑就是业务逻辑。Web UI 只是用来让用户访问数据库。在 JSF CRUD 应用程序中，Web 页面直接引用 DAO 来操作数据。对于这些应用程序而言，后端编程主要是编写代码来实现 DAO。例如，在本书中目前已经给出的 Hello World 系列示例中，ManagerAction 会话 bean 的主要功能就是作为 Person 实体 bean 的 DAO。

在大型企业应用程序中，DAO 模式的主要好处在于，它把数据访问逻辑从业务逻辑中抽离出来。业务组件只包含域特有的业务逻辑，而没有专用于数据访问的 API 调用(例如没有 EntityManager 引用)。这样，业务组件与底层框架的连接减少，因而它的可移植性变得更好，而且更加轻量级。从体系结构的角度来看，这当然是一件好事。

另一方面，DAO 具有高度重复性，对于所有实体类它们大体上是相同的，因此它们是实施代码重用的理想目标。Seam 提供了一个带有内置通用 DAO 组件的应用程序框架。可以在 Seam 中开发一个简单的 CRUD Web 应用程序，而不需要编写一行业务逻辑代码。继续阅读，马上就会介绍如何去做。

本章的示例应用程序位于本书源代码软件包中的 crud 项目中。从功能上来讲，crud 示例大致上等同于前几章中使用的 Integration 示例。

16.2   Seam CRUD DAO 是 POJO

DAO 只负责数据访问，并不需要其他 EJB3 容器服务，这就意味着应该能够使用 Seam POJO 而不是 EJB3 会话 bean。Seam POJO 的好处是它们比 EJB3 会话 bean 简单，可以将它们部署到较旧的 J2EE 1.4 应用服务器中，但是它们确实需要少量额外的配置(参阅第 4 章)。如果使用 seam-gen(参阅第 5 章)来生成配置文件，那么默认情况下启用 POJO 设置。如果基于 Hello World 示例来编写自己的配置文件，那么就需要注意几个方面。这里的做法是为 DAO POJO 引导一个 Seam 托管的 EntityManager，这是因为 POJO 不能直接使用 EJB3 托管的 EntityManager。

在 app.jar/META-INF 目录下的 persistence.xml 文件中，需要在应用程序特有的 JNDI 名称下面注册持久化上下文单元：

```
<persistence>
  <persistence-unit name="helloworld">
   ......
   <properties>
    ......
    <property  name="jboss.entity.manager.factory.jndi.name"
              value="java:/crudEntityManagerFactory"/>
   </properties>
  </persistence-unit>
</persistence>
```

然后，在 app.war/WEB-INF 目录下的 components.xml 文件中，需要定义 Seam 托管的 EntityManager 组件，这样就可以将其注入到 Seam POJO 组件中：

```
<components ...>
  ......
  <core:managed-persistence-context name="em"
    persistence-unit-jndi-name="java:/crudEntityManagerFactory"/>
  ......
</components>
```

这就是 EntityManager 配置的全部内容。Seam DAO 组件自身的定义也位于 components.xml 文件中。下面查看 Seam DAO 组件的工作原理。

16.3   声明式 Seam DAO 组件

Seam DAO 组件的一个有用功能是，可以在 Seam components.xml 文件中以声明方式来实例化它们，这样甚至不需要编写任何数据访问代码。查看从前面的示例中采用的 Person 实体 bean 示例。因为 DAO 现在管理实体 bean，所以不再需要在实体 bean 上添加@Name 注解：

```
@Entity
public class Person implements Serializable {

  private long id;
  private String name;
  private int age;
  private String email;
  private String comment;

  ... Getter and Setter Methods ...
}
```

要实例化 Person 实体 bean 的 DAO 组件，只需要在 components.xml 文件中添加 entity-home 元素。可以通过 Seam 名称 PersonDao 在页面中引用 DAO 组件，或者将其注入到其他 Seam 组件中。#{em}引用的是在前一节中定义的 Seam 托管 EntityManager，DAO 使用这个 EntityManager 来管理 Person 对象。

```
<components ... xmlns:fwk="http://jboss.com/products/seam/framework" ...>
  ......
  <fwk:entity-home name="personDao" entity-class="Person"
                   entity-manager="#{em}"/>
  ......
</components>
```

现在可以通过#{personDao.instance}来引用 personDao 管理的 Person 实例。下面是一个示例 JSF 页面，它使用 DAO 向数据库中添加一个新的 Person 对象：

```
<s:validateAll>
<table>
  <tr>
    <td>Your name:</td>
    <td>
      <s:decorate>
        <h:inputText value="#{personDao.instance.name}"/>
      </s:decorate>
    </td>
  </tr>
  ......
</table>
</s:validateAll>
<h:commandButton type="submit" value="Say Hello"
                 action="#{personDao.persist}"/>
```

pages.xml 文件提供了一种机制，当用户单击按钮时导航到下一个页面。本书前面已经讨论过页面导航，这里不再重复。

16.3.1 使用实体对象的简化名称

使用#{personDao.instance}来引用 DAO 中托管的 Person 实例，并没有像在前一个示例中使用#{person}那么优雅。但是，使用 Seam 中的组件工厂可以很容易把#{personDao.instance}映射到#{person}。只需要向下面这样在 components.xml 文件中添加 factory 元素即可：

```
<components ... xmlns:fwk="http://jboss.com/products/seam/framework" ...>
  ......
  <factory name="person" value="#{personDao.instance}"/>
  <fwk:entity-home name="personDao" entity-class="Person"
                   entity-manager="#{em}"/>
  ......
</components>
```

现在就可以使用#{person}来支持页面上的数据字段，使用#{personDao}来支持#{person}数据上的操作。

```
<s:validateAll>
<table>
  <tr>
    <td>Your name:</td>
    <td>
      <s:decorate>
        <h:inputText value="#{person.name}"/>
      </s:decorate>
    </td>
  </tr>
  ......
</table>
</s:validateAll>
<h:commandButton type="submit" value="Say Hello"
                 action="#{personDao.persist}"/>
```

16.3.2 检索并显示实体对象

CRUD 应用程序通常使用 HTTP GET 请求参数来为页面检索实体对象。DAO 必须接收 HTTP 请求参数，查询数据库，然后让页面能够访问检索到实体对象。在第 15 章中曾经讨论过如何把 HTTP 请求参数绑定到后端组件。在 Seam DAO 对象中，只需要将 HTTP 请求参数绑定到 DAO 的 id 属性。

例如，在 crud 示例应用程序中，我们希望通过类似 person.seam?pid=3 这样的 URL 来加载个人信息。可以使用 app.war/WEB-INF/pages.xml 文件中的以下元素来实现该操作：

```
<pages>
  <page view-id="/person.xhtml">
    <param name="pid" value="#{personDao.id}"
           converterId="javax.faces.Long"/>
  </page>
</pages>
```

现在，当加载 person.seam?pid=3 URL 时，DAO 自动检索 ID 等于 3 的 Person 对象。然后就可以通过 JSF EL 表达式#{person}来引用该实体对象。

16.3.3　初始化新的实体实例

当创建一个新的 DAO 时，它将实例化它的托管实体对象。如果 DAO 中没有设置 id 属性，那么它只使用这个实体bean的默认构造函数来创建一个新的实体对象。可以在 entity-home 组件中初始化新建的实体对象。new-instance 属性可用来让 Seam 把已有的某个实体对象(该对象也是在 components.xml 中作为组件创建的)注入到 DAO 中。下面是一个示例，注意 newPerson 组件中的属性值也可以是 JSF EL 表达式。

```
<fwk:entity-home name="personDao"
                 entity-class="Person"
                 entity-manager="#{em}"
                 new-instance="#{newPerson}"/>

<component name="newPerson" class="Person">
  <property name="age">25</property>
</component>
```

16.3.4　成功消息

如同在 8.1.2 节中讨论的那样，Seam 增强了 JSF 消息收发系统，使其能够在操作完成后显示一个成功消息。在 entity-home 组件中，可以自定义 CRUD 操作的成功消息。然后在任何页面上，只需要使用<h:message>组件就可以显示消息。在简单的 CRUD 应用程序中，这极大地节省了宝贵的时间。

```
<fwk:entity-home name="personDao"
                 entity-class="Person"
                 entity-manager="#{em}">
  <fwk:created-message>
    New person #{person.name} created
  </fwk:created-message>
  <fwk:deleted-message>
    Person #{person.name} deleted
  </fwk:deleted-message>
  <fwk:updated-message>
    Person #{person.name} updated
  </fwk:updated-message>
</fwk:entity-home>
```

处理失败情况

很明显，当 CRUD 操作失败时不会向 JSF 消息收发系统发送成功消息。在这种情况下，可以重定向到某个自定义错误处理页面(参阅第 17 章)。

16.4 查询

数据查询是数据库驱动应用程序中的一个关键功能。除了基本的 CRUD DAO 组件之外，Seam 应用程序框架提供了查询组件。可以使用查询组件在 components.xml 文件中声明查询，而不需要编写一行 Java 代码。

声明式的数据查询方法可以帮助集中地管理所有查询，并且允许 Java 代码重用查询。这实际上是与 Hibernate 或 Java Persistence API 中的 NamedQuery 类似的已证明方法。

例如，下面的元素定义了一个名为 fans 的 Seam 查询组件。当执行该查询时，它将从数据库中检索所有 Person 对象。

```
<components ...>

......

<fwk:entity-query name="fans"
        entity-manager="#{em}"
        ejbql="select p from Person p"/>

</components>
```

在 JSF Web 页面上，可以执行该查询并通过#{fans.resultList}来引用它的结果列表：

```
<h:dataTable value="#{fans.resultList}" var="fan">
  <h:column>
    <f:facet name="header">Name</f:facet>
    #{fan.name}
  </h:column>
  <h:column>
    <f:facet name="header">Age</f:facet>
    #{fan.age}
  </h:column>
  <h:column>
    <f:facet name="header">Email</f:facet>
    #{fan.email}
  </h:column>
  <h:column>
    <f:facet name="header">Comment</f:facet>
    #{fan.comment}
  </h:column>
  <h:column>
    <a href="person.seam?pid=#{fan.id}">Edit</a>
  </h:column>
</h:dataTable>
```

可以在 ejbql 属性中使用 WHERE 子句来约束查询结果。但是，不能使用参数化的查询约束，这是因为没有 Java 代码在运行时明确地调用 Query.setParameter()方法。要使用动态查询，必须以声明的方式将用户的输入绑定到查询，这将在下一节中讨论。

16.4.1　动态查询

静态数据库查询有其用武之地。但是在实际的应用程序中，大多数查询都是根据用户输入动态地构造的。例如，用户可能搜索所有年龄小于 35 且有一个 redhat.com 电子邮件地址的人。

动态查询将用户输入值(搜索条件)绑定到查询的约束子句中的占位符。EntityManager中的查询 API 可用来把参数(即占位符)放置到查询字符串中，然后在运行时执行查询之前使用 setParameter()方法来设置参数。Seam 查询组件可用来完成类似的任务。

Seam 查询组件的定义位于 components.xml 中，因此可以使用声明的方式将用户输入绑定到查询约束。为此，在 components.xml 中使用 JSF EL 来捕获用户输入。例如，假设有一个#{search}组件来支持搜索查询页面上的输入字段。将查询中的年龄约束绑定到#{search.age}，而将电子邮件约束绑定到#{search.email}。下面是 components.xml 文件中对应的查询示例：

```
<fwk:entity-query name="fans"
                  entity-manager="#{em}"
                  ejbql="select p from Person p"
                  order="name">
  <fwk:restrictions>
    <value>age < #{search.age}</value>
    <value>lower(email) like lower('%' + #{search.email})</value>
  </fwk:restrictions>
</fwk:entity-query>
```

虽然有可能将任何 JSF EL 表达式绑定到查询约束，但是最常见的模式是使用一个示例实体组件来捕获用户输入。这提供了一种更加结构化的管理数据字段的方式。在下面的示例中，使用 order 属性对查询结果进行排序：

```
<component name="examplePerson" class="Person"/>

<fwk:entity-query name="fans"
                  entity-manager="#{em}"
                  ejbql="select p from Person p"
                  order="name">
  <fwk:restrictions>
    <value>age < #{examplePerson.age}</value>
    <value>lower(email) like lower('%'+#{examplePerson.email})</value>
  </fwk:restrictions>
</fwk:entity-query>
```

下面是查询表单和结果列表的 Web 页面。注意，该页面的表单提交按钮并没有绑定到任何后端事件处理程序方法，它只是将用户输入的搜索条件提交给#{search}组件。当 JSF之后在页面上呈现#{fans}组件时，Seam 就会使用#{search}组件中的参数来调用查询，如前面的示例所示。

```
<h:form>
Search filters:<br/>
Max age:
<h:inputText value="#{examplePerson.age}"/>
Email domain:
<h:inputText value="#{examplePerson.email}"/>
<h:commandButton value="Search" action="/search.xhtml"/>
</h:form>

<h:dataTable value="#{fans.resultList}" var="fan">
  <h:column>
    <f:facet name="header">Name</f:facet>
    #{fan.name}
  </h:column>
  <h:column>
    <f:facet name="header">Age</f:facet>
    #{fan.age}
  </h:column>
  <h:column>
    <f:facet name="header">Email</f:facet>
    #{fan.email}
  </h:column>
  <h:column>
    <f:facet name="header">Comment</f:facet>
    #{fan.comment}
  </h:column>
  <h:column>
    <a href="person.seam?pid=#{fan.id}">Edit</a>
  </h:column>
</h:dataTable>
```

16.4.2　显示多页查询结果

如果查询返回了一个很长的结果列表，那么通常希望使用多个页面来显示这些结果，这些页面包含用于在页面之间导航的链接。Seam 查询组件内置支持分页数据表。首先，通过 max-results 属性来指定希望在每个页面上显示多少个结果对象:

```
<fwk:entity-query name="fans"
                  entity-manager="#{em}"
                  ejbql="select p from Person p"
                  order="name"
                  max-results="20"/>
```

然后在 JSF 页面上，使用 HTTP 请求参数 firstResult 来控制需要显示结果集的哪些部分。当页面加载时，firstResult 参数自动注入到查询组件(例如 fans)，不需要编写其他的代码。例如，下面这个页面的 URL fans.seam?firstResult=30 显示编号 30 到 49 的查询结果对象:

```
<h:dataTable value="#{fans.resultList}" var="fan">
  <h:column>
    <f:facet name="header">Name</f:facet>
    #{fan.name}
  </h:column>
  ......
</h:dataTable>
```

entity-query 组件提供了对分页链接的内置支持。这使得在结果页面上添加 Next/Prev/First/Last(分别是下一页、前一页、首页和末页)链接变得容易:

```
<h:dataTable value="#{fans.resultList}" var="fan">
  <h:column>
    <f:facet name="header">Name</f:facet>
    #{fan.name}
  </h:column>
  ......
</h:dataTable>

<a href="fans.seam?firstResult=0">First Page</a>

<a href="fans.seam?firstResult=#{fans.previousFirstResult}">
  Previous Page
</a>

<a href="fans.seam?firstResult=#{fans.nextFirstResult}">
  Next Page
</a>
<a href="fans.seam?firstResult=#{fans.lastFirstResult}">
  Last Page
</a>
```

静态的 HTML 分页链接在即使查询结果只有一页的情况下也仍然存在。对于多页结果,即使用户已经位于首页或末页,所有这些链接也都会存在。更好的办法是使用 Seam 的<s:link>组件来呈现链接(参阅 3.2.1 节)。这样一来,您就能够控制何时呈现分页链接。考虑下面这个示例:

```
<h:dataTable value="#{fans.resultList}" var="fan">
  <h:column>
    <f:facet name="header">Name</f:facet>
    #{fan.name}
  </h:column>
  ......
</h:dataTable>

<s:link view="/fans.xhtml"
        rendered="#{fans.previousExists}"
        value="First Page">
  <f:param name="firstResult" value="0"/>
</s:link>
```

```
<s:link view="/fans.xhtml"
        rendered="#{fans.previousExists}"
        value="Previous Page">
  <f:param name="firstResult" value="#{fans.previousFirstResult}"/>
</s:link>

<s:link view="/fans.xhtml"
        rendered="#{fans.nextExists}"
        value="Next Page">
  <f:param name="firstResult" value="#{fans.nextFirstResult}"/>
</s:link>

<s:link view="/fans.xhtml"
        rendered="#{fans.nextExists}"
        value="Last Page">
  <f:param name="firstResult" value="#{fans.lastFirstResult}"/>
</s:link>
```

有了 Seam CRUD 框架,就可以使用声明方式编写一个完整的数据库应用程序。但是,如果不喜欢在 XML 中编码,还可以扩展 entity-home 和 entity-query 组件后面的 Seam POJO 类,以完成同样的工作。具体细节请参阅 Seam 参考文档。

第 17 章

适当地处理错误

与输入验证类似，错误处理也是 Web 应用程序中一个非常重要的方面，但是想在这方面做好却是一件难事。如果没有正确地进行错误处理，那么应用程序中未被捕获的异常(例如 RuntimeException 或事务相关的异常)将传播到 Web 框架外部并引发一般的"内部服务器错误"(Internal Server Error，HTTP 错误代码为 500)。用户将看到一个通篇充斥着技术术语和异常自身的部分栈跟踪信息的页面(参阅图 17-1)。很明显，这并不是专业的做法。相反，应该尝试适当地处理错误并向用户显示非常友好的自定义错误处理页面。

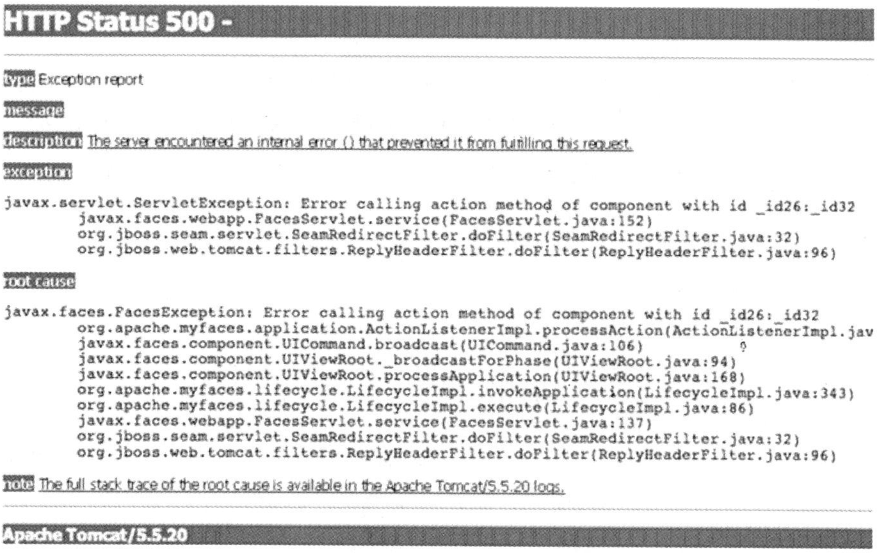

HTTP Status 500 -

type Exception report

message

description The server encountered an internal error () that prevented it from fulfilling this request.

exception

```
javax.servlet.ServletException: Error calling action method of component with id _id26:_id32
        javax.faces.webapp.FacesServlet.service(FacesServlet.java:152)
        org.jboss.seam.servlet.SeamRedirectFilter.doFilter(SeamRedirectFilter.java:32)
        org.jboss.web.tomcat.filters.ReplyHeaderFilter.doFilter(ReplyHeaderFilter.java:96)
```

root cause

```
javax.faces.FacesException: Error calling action method of component with id _id26:_id32
        org.apache.myfaces.application.ActionListenerImpl.processAction(ActionListenerImpl.jav
        javax.faces.component.UICommand.broadcast(UICommand.java:106)
        javax.faces.component.UIViewRoot._broadcastForPhase(UIViewRoot.java:94)
        javax.faces.component.UIViewRoot.processApplication(UIViewRoot.java:168)
        org.apache.myfaces.lifecycle.LifecycleImpl.invokeApplication(LifecycleImpl.java:343)
        org.apache.myfaces.lifecycle.LifecycleImpl.execute(LifecycleImpl.java:86)
        javax.faces.webapp.FacesServlet.service(FacesServlet.java:137)
        org.jboss.seam.servlet.SeamRedirectFilter.doFilter(SeamRedirectFilter.java:32)
        org.jboss.web.tomcat.filters.ReplyHeaderFilter.doFilter(ReplyHeaderFilter.java:96)
```

note The full stack trace of the root cause is available in the Apache Tomcat/5.5.20 logs.

Apache Tomcat/5.5.20

图 17-1　Seam 事件处理程序方法中未被捕获的异常

由于业务层组件和表示层组件的紧密结合，Seam 使得人们很容易将任何一个业务层的异常转换成一个自定义错误处理页面。在本章中将回顾在第 8～11 章中讨论过的酒店预订示例，查看如何处理事务中出现的错误。

在讨论 Seam 方法之前，快速地浏览一下 Java EE 中的标准错误处理机制，并讨论它的不足之处。

17.1 不采用标准 servlet 错误处理页面方法的原因

Java EE(servlet 规范)使用了一种标准的机制来处理 servlet 或 JSP 异常。通过使用 web.xml 中的 error-page 元素，可以根据异常或 HTTP 错误代码来重定向到一个自定义错误 处理页面。在下面的示例中，当应用程序中抛出一个未被捕获的错误时重定向到/error.html，而当遇到 HTTP 404 错误时重定向到/notFound.html。

```
<web-app>
  ......
  <error-page>
   <exception-type>
     java.lang.Throwable
   </exception-type>
   <location>/error.html</location>
  </error-page>

  <error-page>
   <error-code>
     404
   </error-code>
   <location>/notFound.html</location>
  </error-page>

</web-app>
```

但是，这种方法存在的一个问题是，在服务器捕获到来自业务层的异常并重定向到错误 处理页面之前，JSF servlet 封装该异常并抛出一个通用的 ServletException 异常。因此，在 exception-type 标记中，不能精确地指定业务层中的实际异常。有些人只捕获非常通用的异常 java.lang.Throwable，然后重定向到一个通用的错误处理页面。这并不是让人满意的做法，因 为可能希望为不同的错误原因显示不同的错误消息，并为用户呈现各种补救措施供其选择。

在 JSP 中有一个变通的办法：可以简单地重定向到一个 JSP 错误处理页面。在这个页 面中，可以访问 JSP 内置变量 exception。然后，可以通过编程方式深入追查引起异常的根 本原因，并显示适当的消息。但是，exception 变量并不能在 JSF 呈现的 JSP 页面或 Facelets XHTML 页面中正确工作。

Seam 提供了更好的解决方案，从而可以将错误处理页面直接集成到现有的 JSF 视图中。 然而更好的方面是，Seam 允许您声明：如果某个异常从长期运行对话内部抛出，那么该异 常是否应该结束当前对话。

17.2 设置异常过滤器

Seam 使用 servlet 过滤器来捕捉未经捕获的异常，然后呈现适当的自定义错误处理页 面(或者错误代码)。确保 app.war/WEB-INF/web.xml 文件(参阅 3.3 节)中存在下面的元素。

```
<web-app ...>
  ......
  <filter>
    <filter-name>Seam Filter</filter-name>
    <filter-class>
      org.jboss.seam.web.SeamFilter
    </filter-class>
  </filter>

  <filter-mapping>
    <filter-name>Seam Filter</filter-name>
    <url-pattern>/*</url-pattern>
  </filter-mapping>

</web-app>
```

　　正确设置 Seam 的 filter 属性之后，就可以采用以下两种方式之一来为异常指定自定义错误处理页面：对于应用程序定义的异常，可以使用注解；而对于系统或框架异常，则可以使用 pages.xml 文件。接下来就讨论这两种方法。

17.3　异常注解

　　如果应用程序抛出了自己的异常，那么可以使用 3 种注解来告诉 Seam 当注解的异常未被捕获时执行何种操作。

　　@Redirect 注解指示 Seam，当抛出这个异常时显示 viewId 属性中指定的错误处理页面。end 属性指定这个异常是否要结束当前的长期运行对话；默认情况下，对话不会结束。下面的示例摘自示例应用程序 Hotel Booking(参阅第 11 章)。当请求的酒店并不存在时就会抛出这个异常。它会把数据库事务回滚，但是不会结束会话，这使得用户可以单击浏览器的"返回(Back)"按钮返回，并选择预订另一家酒店。

```
@ApplicationException(rollback=true)
@Redirect(viewId="/inventoryError.xhtml")
public class InventoryException extends Exception {

  public InventoryException () { }

}
```

　　错误处理页面 inventoryError.xhtml 就是一个普通的 JSF 视图页面(参阅图 17-2)。注意，该页面仍然访问对话作用域的组件(也就是#{hotel})，而用户能够使用"返回(Back)"按钮来在同一个对话中预订另一家酒店。

```
<ui:composition ... template="template.xhtml">

  <ui:define name="content">
    <div class="section">
```

```
      <h1>Insufficient Inventory</h1>
      <p>The <b>#{hotel.name}</b> hotel
      in #{hotel.city} does not have any rooms left.
      Please use your browser's BACK button to
      go back and book another hotel!</p>
    </div>
  </ui:define>
  ......
</ui:composition>
```

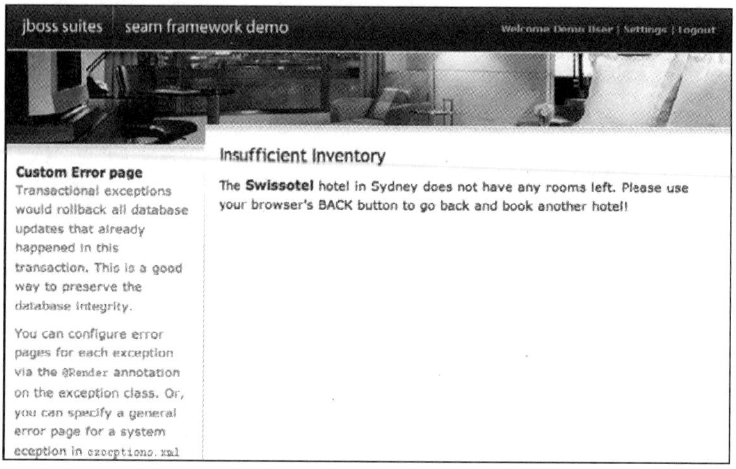

图 17-2　错误处理页面显示没有客房

没有栈跟踪信息

注意，并没有在自定义错误处理页面中显示异常栈跟踪信息。在生产网站上绝不应该显示栈跟踪信息。如果正在调试应用程序，并且希望看到栈跟踪信息，那么可以启用 Seam 调试功能(参阅 3.3 节)，然后打开/debug.seam。

@HttpError 注解使 Seam 在被注解的异常传播到 Seam 运行时外部时向浏览器发送一个 HTTP 错误代码。message 属性用来提供发送到浏览器的 HTTP 消息，end 属性指定是否应该在这里结束当前的长期运行对话。

```
@HttpError(errorCode=404, end=true)
public class SomeException extends Exception {
   ...
}
```

17.4　使用 pages.xml 来处理系统异常

注解方法只适用于应用程序定义的异常。当然，这并不足够，因为很多运行时错误属于系统级或框架级异常。例如，当发生数据库连接错误时，应用程序会抛出 RuntimeException 异常，这并不是应用程序定义的异常，因此不能注解。

在 Seam 应用程序中，可以通过本书前面讨论过的 pages.xml 文件(参阅 15.1 节)来配置如何处理系统或框架异常。应该将这个文件连同 web.xml、components.xml 等文件一起打包放到 app.war 文件的 WEB-INF 目录中。与使用注解一样，可以重定向到某个自定义 JSF 页面，发送 HTTP 错误代码，也可以在抛出这类异常时结束当前的长期运行对话。

下面的 pages.xml 文件取自 Hotel Booking 示例应用程序，它为 RuntimeException 异常以及其他系统异常配置了自定义错误处理页面。当 Seam 重定向到某个错误处理页面时，它还附带发送一条 JSF 消息，可以在错误处理页面上使用 UI 元素<h:messages/>来显示该消息。

```xml
<pages>

  ... Page actions and parameters ...

  <exception class="javax.persistence.EntityNotFoundException">
   <http-error error-code="404"/>
  </exception>

  <exception class="javax.persistence.PersistenceException">
   <end-conversation/>
   <redirect view-id="/generalError.xhtml">
     <message>Database access failed</message>
   </redirect>
  </exception>

  <exception class="java.lang.RuntimeException">
   <redirect view-id="/generalError.xhtml">
     <message>Unexpected failure</message>
   </redirect>
  </exception>

</pages>
```

当从应用程序中抛出 RuntimeException 异常时，Seam 重定向到/generalError.xhtml 页面，并且附带 JSF 错误消息，但是并没有结束当前的长期运行对话。下面是 generalError.xhtml 页面的代码，图 17-3 给出了该页面在浏览器中的显示效果。

```xml
<ui:composition ...>

  <ui:define name="content">
   <div class="section">
     <h1>General</h1>
     <p>The following general error has occurred</p>

     <p><h:messages/></p>

     <p>Please come back and try again! Thanks.</p>
   </div>
  </ui:define>

  <ui:define name="sidebar">
   <h1>Custom Error page</h1>
   ......
```

```
    </ui:define>

</ui:composition>
```

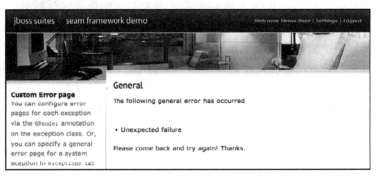

图 17-3 RuntimeException 的错误处理页面 generalError.xhtml

@Redirect 附带错误消息

@Redirect 注解还可以附带一个 message 属性，Seam 会使用它向该注解要重定向到的错误处理页面发送一条 JSF 消息。

与 Seam 安全子系统一起使用错误处理页面

当一个未经身份验证的用户试图访问一个受到 Seam 安全框架(参阅第 18 章)保护的受限网页时，我们很容易将其重定向到一个自定义登录页面。只需要捕捉并重定向 org.jboss.seam.security.NotLoggedInException 异常即可。

17.5　调试信息页面

对于生产系统来说，自定义错误处理页面非常适用。但是在开发应用程序时，并不会知道错误什么时候发生，也不知道会发生什么样的错误。Seam 和 Facelets 提供了一般性的机制，可以捕获开发期间出现的任何错误并重定向到调试信息页面，这样就可以精确地定位错误来源。

17.5.1　Facelets 调试页面

要启用 Facelets 调试页面，需要在 app.war/WEB-INF/web.xml 文件中将 Facelets 置于开发模式:

```
<web-app ...>
  ......
  <context-param>
    <param-name>facelets.DEVELOPMENT</param-name>
    <param-value>true</param-value>
  </context-param>
</web-app>
```

如果在 Facelets 呈现页面的时候出现一个错误，那么它会显示一个外观非常专业的错误处理页面，其中给出了精确的调试信息，指出 Facelets XHTML 文件中导致该错误的源代码行的行号(参见图 17-4)。源文件行号非常有用，这是因为标准 JSF 栈跟踪信息给出的只是从视图页面编译成的 servlet 上的无用行号。

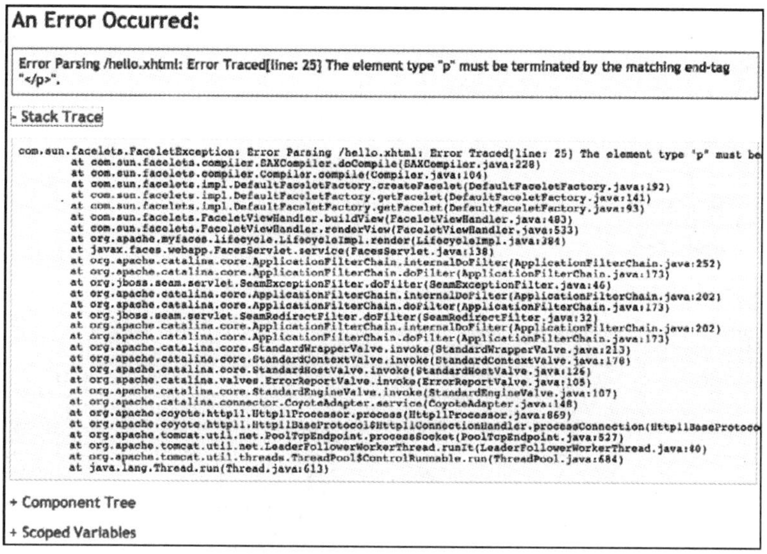

图 17-4 Facelets 调试页面

调试页面还提供了 JSF 呈现引擎的当前内部状态的信息。例如，可以查看与当前页面关联的完整 JSF 组件树。实际上，可以从任何 Facelets 页面上将调试页面作为弹出窗口来启动，只需要将<ui:debug hotkey="d"/>元素放到 Facelets 页面中。然后，在运行时按下Ctrl+Shift+d 组合键就可以启动调试弹出窗口。可以选择不同于这里给出的 d 的其他任何热键。当然，如果此时并没有错误出现，那么调试页面只显示组件树和作用域内的变量，并没有栈跟踪信息。

17.5.2 Seam 调试页面

如果在 JSF Facelets 页面呈现操作外部出现了错误(例如 UI 事件处理程序方法中的错误)，那么 Facelets 调试页面就不会捕获它。必须使用 Seam 调试页面来处理这种类型的错误。

要使用 Seam 调试页面，需要按照 3.3 节中的指示将 jboss-seam-debug.jar 文件打包进来并设置 Seam 异常过滤器。然后，在 app.war/WEB-INF/components.xml 文件中，必须在core:init 组件中启用调试功能：

```
<components ...>
  <core:init jndi-pattern="booking/#{ejbName}/local" debug="true"/>
  ......
</components>
```

现在，任何未被捕获的错误都将重定向到/debug.seam 页面，该页面将显示上下文信息以及栈跟踪信息(如图 17-5 所示)。

```
- Session Context

bookingList

bookings

facelets.ui.DebugOutput

localeSelector

loggedIn

org.jboss.seam.core.conversationEntries

resourceBundle

user

+ Application Context

- Exception

Exception during INVOKE_APPLICATION(5): java.lang.RuntimeException: Simulated DB error

org.jboss.ejb3.tx.Ejb3TxPolicy.handleExceptionInOurTx(Ejb3TxPolicy.java:69)
org.jboss.aspects.tx.TxPolicy.invokeInOurTx(TxPolicy.java:83)
org.jboss.aspects.tx.TxInterceptor$Required.invoke(TxInterceptor.java:197)
org.jboss.aop.joinpoint.MethodInvocation.invokeNext(MethodInvocation.java:101)
org.jboss.aspects.tx.TxPropagationInterceptor.invoke(TxPropagationInterceptor.java:7
org.jboss.aop.joinpoint.MethodInvocation.invokeNext(MethodInvocation.java:101)
org.jboss.ejb3.stateful.StatefulInstanceInterceptor.invoke(StatefulInstanceIntercept
org.jboss.aop.joinpoint.MethodInvocation.invokeNext(MethodInvocation.java:101)
org.jboss.aspects.security.AuthenticationInterceptor.invoke(AuthenticationIntercepto
org.jboss.ejb3.security.Ejb3AuthenticationInterceptor.invoke(Ejb3AuthenticationInter
org.jboss.aop.joinpoint.MethodInvocation.invokeNext(MethodInvocation.java:101)
org.jboss.ejb3.ENCPropagationInterceptor.invoke(ENCPropagationInterceptor.java:47)
org.jboss.aop.joinpoint.MethodInvocation.invokeNext(MethodInvocation.java:101)
org.jboss.ejb3.asynchronous.AsynchronousInterceptor.invoke(AsynchronousInterceptor.j
org.jboss.aop.joinpoint.MethodInvocation.invokeNext(MethodInvocation.java:101)
org.jboss.ejb3.stateful.StatefulContainer.localInvoke(StatefulContainer.java:203)
org.jboss.ejb3.stateful.StatefulLocalProxy.invoke(StatefulLocalProxy.java:98)
$Proxy111.confirm(Unknown Source)
org.jboss.seam.example.booking.HotelBooking$$FastClassByCGLIB$$c83b792d.invoke(<gene
net.sf.cglib.proxy.MethodProxy.invoke(MethodProxy.java:149)
org.jboss.seam.intercept.RootInvocationContext.proceed(RootInvocationContext.java:45
org.jboss.seam.intercept.ClientSideInterceptor$1.proceed(ClientSideInterceptor.java:
org.jboss.seam.intercept.SeamInvocationContext.proceed(SeamInvocationContext.java:66
org.jboss.seam.interceptors.RemoveInterceptor.removeIfNecessary(RemoveInterceptor.ja
sun.reflect.GeneratedMethodAccessor105.invoke(Unknown Source)
sun.reflect.DelegatingMethodAccessorImpl.invoke(DelegatingMethodAccessorImpl.java:25
java.lang.reflect.Method.invoke(Method.java:585)
org.jboss.seam.util.Reflections.invoke(Reflections.java:18)
```

图 17-5　一个没有自定义错误处理页面的未捕获异常被重定向到/debug.seam

同样，即使没有错误发生，Seam /debug.seam 页面也一样可以正常运行。任何时候都可以加载这个页面来查看当前 Seam 运行时上下文信息。

Seam 将业务层中的异常整合到表示层中的自定义错误处理页面内。这是 Seam 的统一组件方法带来的另一个好处。没有理由再出现丑陋的错误处理页面了！

第 18 章

Seam 安全框架

安全被认为是应用程序开发中最为重要的方面之一。考虑到安全漏洞可能会给组织带来巨大损失，因此在开发应用程序时，安全本应具有最高的优先级。但是，由于其复杂性，安全经常是完成开发之后才考虑的事情，这可能导致应用程序中存在会被恶意用户利用的安全漏洞。开发人员如何分配必要的时间来彻底保护应用程序呢？想象一下，经理已经为接下来的 6 个月时间安排了 1 年的工作量，难道您注定要上早九点新闻的下一个安全漏洞头条吗？幸运的是，在使用 Seam 时，这种复杂性大部分被隐藏起来，这就使得我们可以很容易地确保应用程序的安全。

安全属于横切关注点(cross-cutting concern)，这意味着用来处理安全需求的大部分代码并不会直接与正在努力编码的业务规则相关。例如，假如要求只有已经登录且具有FOO_USER 角色的用户才能访问类 Foo 中的方法 bar()，那么我们本来可以很容易地将这种限制编写进该方法中。如果需求发生改变，现在希望确保 Foo 中的每一个方法都被限制到 FOO_USER，那么立即就会看到这段代码被不断地重复。同样的场景也适用于网页。如果要保护/secured 目录中的所有页面，那么我们希望只应用这种限制一次即可。Seam 使得处理这种横切关注点变得容易。

在本章讨论 Seam 安全框架的过程中，将详细讲解 Rules Booking 示例的基本安全功能，可以在随本书发行的示例中的 rulesbooking 文件夹下找到这个示例。Rules Booking 也是Seam Hotel Booking 示例的另一个扩展，它利用了基本的 Seam 安全框架功能(将在以下几节中讲解)以及基于规则的授权(参阅第 22 章)，同时使用了规则库(参阅第 23 章)。Rules Booking 示例为系统的用户提供了一个奖励项目，可以让用户评论他们最近预订过的酒店。很明显，这些场景需要一定的角色和权限检查，以确保系统提供与业务的预期相一致的行为。我们将演示 Seam 的安全特性如何满足这类应用程序的需求。

除了基本的安全框架功能之外，本章还将讲解 Seam 提供的用来帮助您进一步保护应用程序的其他安全功能，例如 SSL 和 CAPTCHA。赶紧行动起来，现在很可能就有一些别有用心的黑客在单击您的网站！

18.1 验证与用户角色

安全框架最为重要的一个方面就是用户验证。每位用户必须提供用户名与密码的组合进行登录，才能访问 Web 应用程序的受限部分。这些用户名和密码要与某种验证源(例如 LDAP、数据源等)核对以验证该用户是否就是他所声称的用户。一旦这位用户的身份得以证实，就可以确定该用户在应用程序中的角色。

每位用户可以有一个或多个安全角色，这意味着他得到授权以访问应用程序特定的受限部分或功能。例如，在 Rules Booking 示例中，用户分为基本用户和奖励用户。奖励用户享受的待遇有：每次确认预订时都会获得奖励积分，并且可以将这些奖励积分用到将来的预订中，从而可以实现节省目的。基本用户只能够搜索并预订酒店(如同前面的示例中那样)，以及撰写对他们最近预订过的酒店的评论。为了区分奖励用户和基本用户，把奖励用户关联到 rewardsuser 角色。下面查看如何验证用户并为其赋予适当的角色。

Seam 构建在 JAAS(Java Authentication and Authorization Service，Java 验证与授权服务)之上，这是一个标准化的解决方案。JAAS 还提供了一种实现验证和授权的简化方法，可用来快速把安全性加入到应用程序中。首先，需要为用户编写一个登录表单来输入用户名和密码。在登录表单中，应该将用户凭证绑定到 Seam 内置的#{credentials}组件。然后可以调用#{identity}组件来根据已提供的用户凭证验证用户。

```
<div>
  Username:
  <h:inputText value="#{credentials.username}"/>
</div>

<div>
  Password:
  <h:inputSecret value="#{credentials.password}"/>
</div>

<div>
  <h:commandButton value="Account Login"
                   action="#{identity.login}"/>
</div>
```

#{credentials}组件和#{identity}组件的作用域均为 HTTP 会话。一旦用户登录，他就保持已登录状态直到会话过期。接下来，#{identity.login}方法调用一个"验证器"方法来执行实际的验证工作。本章稍后将讨论如何配置验证器方法。如果登录成功，#{identity.login}方法就会返回 String 值 loggedIn，在导航规则中可以使用这个值来判断下一个要显示的页面。如果登录失败，#{identity.login}方法就会返回 null，并重新显示登录表单，同时给出一条错误消息。

登录表单 home.xhtml 允许用户输入他们的用户凭证以登录到 Rewards Booking 应用程序，如图 18-1 所示。

图 18-1　登录失败之后的登录表单 home.xhtml

可以看到，当尝试登录失败之后，就会向用户显示"Login failed(登录失败)"消息。可以通过在 message.properties 资源文件中指定 org.jboss.seam.loginFailed 键来自定义这条消息。

注销

#{identity.logout}方法为从 Seam 应用程序中注销用户提供了一种简单的机制。它只是将当前会话失效并让 Seam 重新加载当前页面，如果当前页面属于受限页面，就会把用户重定向到登录页面。

验证方法(从#{identity.login}调用)必须确保被注入的用户凭证中的用户名和密码是有效的用户凭证。如果它们是有效的凭证，那么该方法返回 true；否则，它就返回 false。在证实用户名和密码之后，验证方法可以选择检索该用户的安全角色并通过 Identity.addRole(String role)将这些角色添加到 Identity 组件中。下面的 authenticate()方法是一个示例验证方法。它检查数据库中的 User 表来验证用户，如果验证成功，就从同一个数据库中检索该用户的角色。

```
@Stateless
@Name("authenticator")
public class AuthenticatorAction implements Authenticator
{
  @In EntityManager em;

  @In Credentials credentials;
  @In Identity identity;

  @Out(required=false, scope = SESSION)
  private User user;

  public boolean authenticate()
  {
```

```
List results = em.createQuery(
  "select u from User u where u.username=#{credentials.username}"
  + " and u.password=#{credentials.password}").getResultList();

if ( results.size()==0 )
{
  return false;
}
else
{
  user = (User) results.get(0);

  for(Role role : user.getRoles())
  {
    identity.addRole(role.getRolename());
  }

  return true;
}
}
}
```

这是一种蛮力(brute-force)的验证方法，但是如果必须调用现有的验证逻辑或执行自定义验证任务，那么这可能是非常有用的方法。为了让 Seam 知道#{authenticator.authenticate}方法就是应用程序的验证方法，必须在 components.xml 文件中声明它：

```
<components xmlns="http://jboss.com/products/seam/components"
          xmlns:security="http://jboss.com/products/seam/security"
          xmlns:core="http://jboss.com/products/seam/core">

  ......

  <security:identity
    authenticate-method="#{authenticator.authenticate}"/>

</components>
```

在 18.3 节中可以看到，Seam 2.1 通过 IdentityManager 组件可以支持许多常见验证用例。这样就可以避免实现这种自定义验证逻辑。

安全生命周期事件

Seam 为安全操作提供了多个生命周期事件，从而能够以挂钩的方式连接该框架。其示例包括：

- 当登录成功之后引发 org.jboss.seam.security.loginSuccessful 事件；
- 当登录失败之后引发 org.jboss.seam.security.loginFailed 事件；
- 当用户注销之后引发 org.jboss.seam.security.loggedOut 事件。

Seam 文档中详细列举了这些事件，对于审核工作，这些事件非常有用。

18.2　声明式访问控制

验证本身并没有多大用处，必须将其与某种授权方案合起来，根据用户的身份来授予访问应用程序的权限。Seam 使得人们很容易通过 XML 标记、注解以及 JSF EL 表达式来声明对网页、UI 组件以及 Java 方法的约束。通过这种声明式方法，Seam 可用来轻易地构建分层的安全体系结构。安全专家通常将这种分层的安全方法称为纵深防御(defense-in-depth)方法，并推荐使用它来抵御安全攻击。分层方法不仅减少了易受外部攻击的漏洞数量，而且有助于避免由于简单的编程错误导致的安全漏洞。

Seam 处理 Seam 应用程序中以下几个常见的层：

- **页面访问**　限制访问应用程序的特定页面或部分；
- **UI 组件**　限制访问页面上特定的组件；
- **组件访问**　在组件级或方法级限制访问 Seam 组件；
- **实体访问**　限制访问特定的实体。

以下几节将讨论前 3 个安全层，而实体访问限制以及基于规则的权限将留在第 22 章讨论。

18.2.1　页面访问控制

我们将讨论的第一个安全层是最为常见的访问控制场景之一，其中包括只有在用户登录之后才会显示的某些网页。可以使用 pages.xml 文件轻易地实现该安全层。继续 Rules Booking 示例，下面的程序清单显示，只有登录用户才能访问 password.xhtml 页面，以及满足 URL 模式/rewards/*的所有页面。如果用户没有登录，就会显示 home.xhtml 页面，这是因为已经在<pages>标记中指定它作为 login-view-id。

```
<pages ... login-view-id="/home.xhtml">
  ......
  <page view-id="/password.xhtml" login-required="true">
    ......
  <page>

  <page view-id="/rewards/*" login-required="true">
    ......
  <page>
</pages>
```

当在页面定义中使用通配符时，Seam 使用最接近的匹配来确定要将哪些属性应用到页面。可以利用这项功能来应用带有一些例外情形的宽泛限制。在 Rules Booking 示例中，如果希望要求除了登录页面自身之外的所有页面都需要登录，那么可以使用下面的定义：

```
<pages ... login-view-id="/home.xhtml">
  ......
  <page view-id="*" login-required="true">
    ......
```

```
    <page>

    <page view-id="/home.xhtml" login-required="false">
      ......
    <page>
</pages>
```

因为/home.xhtml 要比通配符定义更加匹配登录页面，所以这个页面并不需要登录。对于对特定页面或页面子集限制较为宽松或更为苛刻的场合，这也同样有用。

如果希望在登录之后将用户重定向到他最初请求的页面，那么将以下元素添加到 components.xml 文件中：

```
<event type="org.jboss.seam.notLoggedIn">
  <action expression="#{redirect.captureCurrentView}"/>
</event>

<event type="org.jboss.seam.postAuthenticate">
  <action expression="#{redirect.returnToCapturedView}"/>
</event>
```

通过在<restrict>标记中使用简单的 EL 表达式，还可以将页面限制为只有具有某个特定安全角色的用户才能访问。例如，再次查看 Rules Booking 示例，下面的 pages.xml 代码段指出，只有具有 rewardsuser 角色的已登录用户才能访问/rewards/*页面。s:hasRole 函数隐式地调用 Identity.hasRole(String role)方法。这个方法检查在验证期间与 Identity 组件相关的角色。

```
<pages ... >
  ......
  <page view-id="/rewards/*">
    <description>Rewards Summary</description>
    <restrict>#{s:hasRole('rewardsuser')}</restrict>
  </page>
</pages>
```

当拒绝访问该页面时，如果用户目前尚未登录，那么 Seam 抛出 NotLoggedInException 异常；而如果角色/权限检查失败的话，就会抛出 AuthorizationException 异常。可以使用第 17 章中描述的技术，当出现这些异常时重定向到自定义错误处理页面。

Seam 同时提供了 s:hasRole 和 s:hasPermission，我们将在第 22 章中把它们作为便利操作讨论。因为可以通过 EL 表达式来访问这些操作，所以无论对于 pages.xml 限制，还是在 UI 组件内部，又或者是在组件级利用@Restrict 注解，都可以使用它们。所有这些情况都将在下面的几节中讨论。

18.2.2　UI 组件

除了控制对全部网页的访问之外，下一个安全层还可以使用 EL 表达式来选择性地向不同的用户显示页面上的 UI 元素。通过 JSF 组件的 rendered 属性来实现该操作。下面的程序清单显示用户信息面板，可以在 Rules Booking 示例的/template.xhtml 文件中找到它：

```
Welcome #{user.name}
<s:link id="rewards" value="| Points: #{rewards.rewardPoints}"
        view-id="/rewards/summary.xhtml" propagation="none"
        rendered="#{s:hasRole('rewardsuser')}" />
| <s:link id="search" view="/main.xhtml" value="Search"
        propagation="none"/>
| <s:link id="settings" view="/password.xhtml" value="Settings"
        propagation="none"/>
| <s:link id="logout" action="#{identity.logout}" value="Logout"/>
```

注意，只有当用户具有 rewardsuser 角色时才会呈现奖励积分。如果将同一个模板用在不要求登录的页面中，那么也可以根据用户的登录状态来有选择地显示完整的用户信息栏。可以通过#{identity.loggedIn}方法来确定用户的登录状态。

```
<s:div rendered="#{identity.loggedIn}">
 Welcome #{user.name}
 <s:link id="rewards" value="| Points: #{rewards.rewardPoints}"
         view-id="/rewards/summary.xhtml" propagation="none"
         rendered="#{s:hasRole('rewardsuser')}" />
 | <s:link id="search" view="/main.xhtml" value="Search"
         propagation="none"/>
 | <s:link id="settings" view="/password.xhtml" value="Settings"
         propagation="none"/>
 | <s:link id="logout" action="#{identity.logout}" value="Logout"/>
</s:div>
```

18.2.3 组件访问控制

在 UI 上进行访问控制易于理解，但是并不足够。聪明的黑客或许能够绕过 UI 层直接访问 Seam 组件的方法。保护应用程序中的组件以及个别 Java 方法也同样非常重要。限制组件访问是纵深防御方法的下一层。然而，利用 Seam 注解和 EL 表达式，可以很容易声明组件级和方法级的访问约束。下面的示例给出了 changePassword()方法，只有已登录用户才能够访问这个方法。

```
@Stateful
@Scope(EVENT)
@Name("changePassword")
public class ChangePasswordAction implements ChangePassword
{
  @Restrict("#{identity.loggedIn}")
  public void changePassword()
  {
    if ( user.getPassword().equals(verify) )
    {
      user = em.merge(user);
      facesMessages.add("Password updated");
      changed = true;
```

```
    }
    else
    {
      facesMessages.addToControl("verify", "Re-enter new password");
      revertUser();
      verify = null;
    }
  }
}
```

考虑到 ChangePasswordAction 的所有方法只有已登录用户才能够访问，因此将这条限制放在组件级：

```
@Stateful
@Scope(EVENT)
@Name("changePassword")
@Restrict("#{identity.loggedIn}")
public class ChangePasswordAction implements ChangePassword
{
  // ......
```

类似地，可以给方法添加标记，只有具有特定角色的用户才能访问。在 Rules Booking 示例中，RewardsManager 组件的 updateSettings()方法被限制为只有具有 rewardsuser 角色的用户才能访问。这就确保非奖励用户将不会被授权更新 Rewards 设置。

```
@Name("rewardsManager")
@Scope(ScopeType.CONVERSATION)
public class RewardsManager {
  @In User user;
  @In EntityManager em;

  @Out(required=false)
  private Rewards rewards;
  // ......
  @Restrict("#{s:hasRole{'rewardsuser'}}")
  public void updateSettings() {
    if(rewards.isReceiveSpecialOffers()) {
      facesMessages.add("You have successfully registered to " +
        "receive special offers!");
    } else {
      facesMessages.add("You will no longer receive our " +
        "special offers.");
    }

    rewards = em.merge(rewards);
    em.flush();
  }
  // ......
}
```

与以前一样，当拒绝访问该方法时，Seam 抛出 NotLoggedInException 异常或 Authorization Exception 异常，具体取决于用户当前是否已经登录。同样，可以使用第 17 章中描述的技术，在出现这些异常时重定向到自定义错误处理页面。

18.2.4　类型安全的角色注解

除了通过 EL 执行角色检查之外，还可以使用注解来实现更加类型安全的方法。可以使用这些自定义注解来为组件方法添加注解，以根据注解名称执行角色检查。@Admin 注解是唯一由 Seam 安全定义的开箱即用的角色检查注解，但是可以通过使用@RoleCheck 注解来根据应用程序需要随意定义任意多个注解。例如，在 Rules Booking 示例中可以定义 @RewardsUser 注解：

```
@Target({METHOD})
@Documented
@Retention(RUNTIME)
@Inherited
@RoleCheck
public @interface RewardsUser {}
```

只要使用元注解@RoleCheck 将这个自定义注解声明成角色检查，就可以激活并在组件中使用它。RewardsManager 现在可以指定这个注解作为更新 rewards 实例的保护措施：

```
@Name("rewardsManager")
@Scope(ScopeType.CONVERSATION)
@Transactional
public class RewardsManager {
  @In User user;
  @In EntityManager em;
  @In FacesMessages facesMessages;

  @Out(required=false)
  private Rewards rewards;

  // ......

  @RewardsUser
  public void updateSettings() {
    if(rewards.isReceiveSpecialOffers()) {
      facesMessages.add("You have successfully registered to " +
        "receive special offers!");
    } else {
      facesMessages.add("You will no longer receive our " +
        "special offers.");
    }

    rewards = em.merge(rewards);
    em.flush();
  }
  // ......
}
```

当调用 updateSettings()方法时，Seam 安全框架将执行角色检查，以确保当前已登录用户具有 rewardsuser 角色。总是根据注解名称的小写形式执行角色检查。

18.3 身份管理

Seam 身份管理提供了管理用户和角色的公共 API。这个 API 将身份管理功能从底层提供程序中抽取出来。不管是在使用关系型数据库、LDAP 或者任何其他身份存储库，IdentityManager API 均支持验证和管理操作。IdentityManager API 提供了以下支持：

- 根据配置好的身份存储库进行验证；
- 对用户和角色执行 CRUD 操作(创建、读取、更新和删除)；
- 授予和撤消角色、修改密码、启用和禁用用户账户、列出用户和角色。

IdentityStore 组件与底层的提供程序交互。只需要配置适当的 IdentityStore 实例，该实例在运行时注入到 IdentityManager 中。通过实现 IdentityStore 接口并配置它注入到 IdentityManager 组件中，就可以创建一个自定义提供程序。

图 18-2 中的类图表示的是应用程序和 IdentityManager 组件之间的关系。IdentityManager 被注入到任何依赖组件中并将底层的提供程序抽取出来。Seam 安全框架提供的开箱即用的组件有 JpaIdentityStore 和 LdapIdentityStore，我们将在以下几节中对此进行讨论。

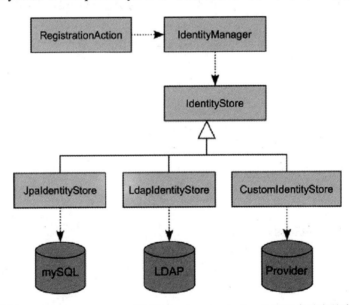

图 18-2   通过与 IdentityManager API 交互把 RegistrationAction 从底层身份存储库中抽取出来

18.3.1 使用 JpaIdentityStore

JpaIdentityStore 利用关系型数据库提供身份管理功能。Rules Booking 示例(可以在本书发布的示例中找到)演示了 JpaIdentityStore 的用法。首先，必须定义用来表示用户和角色的实体。表 18-1 列出了这些实体所需的注解。

表 18-1　身　份　注　解

注　　解	使 用 场 合	实　体	说　　　明
@UserPrincipal	字段、方法	用户实体	这个注解用来标记包含用户的用户名的字段或方法
@UserPassword	字段、方法	用户实体	这个注解用来标记包含用户密码的字段或方法。可以指定散列算法
@UserRoles	字段、方法	用户实体	这个注解用来标记包含用户角色的字段或方法。应该是 List 或 Set
@RoleName	字段、方法	角色实体	这个注解用来标记包含角色名称的字段或方法

下面的实体定义摘自 Rules Booking 示例，它声明了使用 JpaIdentityManager 时定义用户实体所必需的最少注解：

```
@Entity
@Name("user")
@Scope(SESSION)
@Table(name="Customer")
public class User implements Serializable
{
  private String username;
  private String password;
  private List<Role> roles;

  // ......

  @UserPrincipal
  @Id
  @Length(min=5, max=15)
  @Pattern(regex="^\\w*$", message="not a valid username")
  public String getUsername()
  {
    return username;
  }
  public void setUsername(String username)
  {
    this.username = username;
  }

  @UserPassword(hash = "md5")
  @NotNull
  @Length(min=5, max=15)
  public String getPassword()
  {
    return password;
  }
  public void setPassword(String password)
  {
```

```
    this.password = password;
  }

  @UserRoles
  @ManyToMany(fetch=FetchType.EAGER)
  @JoinTable(joinColumns={ @JoinColumn(name="USERNAME") },
              inverseJoinColumns={ @JoinColumn(name="ID") }
  )
  public List<Role> getRoles()
  {
    return roles;
  }

  public void setRoles(List<Role> roles)
  {
    this.roles = roles;
  }
  // ......
}
```

注意，这里混用了 JPA 注解和 Seam 安全注解。JPA 注解指定如何存储 User，可用来把实体映射到自定义表定义。Seam 安全注解指定 JpaIdentityManager 应该如何使用这个实体。

@UserPrincipal 注解定义了包含用户的用户名的字段或方法。注意，我们将其指定为@Id，这是因为用户名也被认为是用户的唯一标识符。@UserPassword 注解的字段或方法包含用户的密码。hash 属性用来指定用于用户密码加密的散列算法。在默认情况下，Seam 支持 Java Cryptography Architecture 规范中的标准 MessageDigest 算法。表 18-2 列举了可能的 hash 属性值。

表 18-2　标准 MessageDigest 算法

算法	说　　明
md5	如果没有指定 hash 属性，那么这个就是默认使用的散列算法。MD5 消息摘要算法的定义位于 RFC 1321 中
sha	SHS(Secure Hash Standard，安全散列标准)定义的另一个选项
none	指定 Seam 不应该对用户的密码进行散列。在生产环境中并不建议使用这个选项，因为这是一种安全漏洞

@UserRoles 注解适用于含有与用户相关的角色的集合。现在查看 Role 实体。

```
@Entity
public class Role implements Serializable {
  private Long id;
  private String rolename;

  // ......

  @Id @GeneratedValue
```

```
public Long getId() {
  return id;
}

public void setId(Long id) {
  this.id = id;
}

@RoleName
public String getRolename() {
  return rolename;
}

public void setRolename(String rolename) {
  this.rolename = rolename;
}

// ......
}
```

在 Role 实体上只需要指定@RoleName 注解。

@RoleName 可能并不唯一

在 Role 实体中使用了数据库生成的@Id，而不是依赖于@RoleName 的唯一性。这有助于确保可扩展性：万一需要把这个模式扩展到跨越多个应用程序使用，那么它们的用户库虽有不同，但是角色名称可能会冲突。

现在，只需要在 components.xml 文件中配置 JpaIdentityStore：

```xml
<components xmlns="http://jboss.com/products/seam/components"
          xmlns:drools="http://jboss.com/products/seam/drools"
          xmlns:security="http://jboss.com/products/seam/security"
          xmlns:xsi="http://www.w3.org/2001/XMLSchema-instance"
          xsi:schemaLocation=
            "http://jboss.com/products/seam/security
             http://jboss.com/products/seam/security-2.1.xsd
             http://jboss.com/products/seam/components
             http://jboss.com/products/seam/components-2.1.xsd">
......
  <security:jpa-identity-store entity-manager="#{em}"
    user-class="org.jboss.seam.example.booking.MemberAccount"
    role-class="org.jboss.seam.example.booking.MemberRole" />
  <persistence:managed-persistence-context
    name="em"
    auto-create="true"
    persistence-unit-jndi-name=
      "java:/EntityManagerFactories/bookingEntityManagerFactory"/>
......
</components>
```

注意，JpaIdentityStore 的定义指定了 EntityManager。只有在为 SMPC(Seam-managed persistence context，Seam 托管的持久化上下文)实例指定不同于一般命名约定 entityManager 之外的组件名称时，才需要这样做。有关配置 SMPC 实例的详细信息，请参阅第 11 章。

此外，不需要配置 IdentityManager，因为 JpaIdentityStore 就是假定的默认 IdentityStore。在下一节中将介绍如何指定 IdentityStore。

一旦配置好，就可以使用 IdentityManager 来进行验证以及完成管理功能。例如，在前面定义了以下验证视图片段：

```
<div>
  Username:
  <h:inputText value="#{credentials.username}"/>
</div>

<div>
  Password:
  <h:inputSecret value="#{credentials.password}"/>
</div>

<div>
  <h:commandButton value="Login" action="#{identity.login}"/>
</div>
```

在验证时，JpaIdentityStore 根据使用 @UserName 注解的字段以及用户输入的 #{credentials.username} 值生成必要的查询，从持久化存储库中检索用户。一旦检索到值，JpaIdentityStore 就将用户输入的值 #{credentials.password} 与使用 @UserPassword 注解的字段进行比较。

如果需要在验证之后访问来自于该上下文的用户实体，应该如何操作？通过使用 JpaIdentityStore.EVENT_USER_AUTHENTICATED 事件可以非常容易地做到这一点。

```
@Name("authenticationObserver")
public class AuthenticationObserver
{
  @Observer(EVENT_USER_AUTHENTICATED)
  public void userAuthenticated(User user) {
  Contexts.getSessionContext().set("user", user);
  }
}
```

此外，还可以执行管理方面的功能，例如添加用户或角色。register.xhtml 表单可用来让新用户注册到应用程序中(如图 18-3 所示)。

下面的程序清单摘自 RegisterAction，它演示了如何在注册时将一个用户添加进来。

```
@Stateful
@Scope(EVENT)
@Name("register")
public class RegisterAction implements Register
{
```

```
@In private User user;
@In private StatusMessages statusMessages;
@In private IdentityManager identityManager;

// ......

private boolean rewardsUser;

public void register()
{
  if ( user.getPassword().equals(verify) )
  {
  try {
    new RunAsOperation(true) {
      public void execute() {
        identityManager.createUser(user.getUsername(),
          user.getPassword(), user.getFirstName(),
          user.getLastName());
          if(rewardsUser)
            identityManager.grantRole(user.getUsername(),
              "rewardsuser");
        }
      }.run();
      statusMessages.add(
        "Successfully registered as #{user.username}");
      registered = true;
    } catch(IdentityManagementException e) {
      statusMessages.add(e.getMessage());
    }
  }
  else
  {
    statusMessages.addToControl("verify", "Re-enter your password");
    verify=null;
  }
}
// ......

public boolean isRewardsUser()
{
  return rewardsUser;
}
public void setRewardsUser(boolean rewardsUser)
{
  this.rewardsUser = rewardsUser;
}
}
```

图 18-3 register.xhtml 表单可让用户进行注册并选择接收奖励积分

这里注入 IdentityManager，并使用它来注册新用户。createUser()方法根据提供的属性来创建一个新的用户。注意，已经指定用户的姓和名。这里用到了 Seam 安全框架提供的两个额外的字段级或方法级注解，即@FirstName 和@LastName。此外，如果用户请求成为奖励用户，那么就为其授予 rewardsuser 角色，这个角色必须已经存在于角色实体映射的数据库表中。

使用临时安全特权来执行操作

RunAsOperation 组件可用来以一组临时的特权执行一项操作。通过使用一个内部类定义来扩展这个组件，然后向其构造函数传递一个 true 值，就可以执行 createUser()和 createRole()操作，从而绕开所有安全检查。这是有必要的，因为这个示例允许任何用户注册到该应用程序，而不需要管理员创建用户账户。我们还可以通过使用 RunAsOperation API 提供的 addRole()方法来指定在执行操作时所具有的一组角色。

18.3.2 使用 LdapIdentityStore

LdapIdentityStore 提供了一个身份存储库，可用来把用户和角色存储到 LDAP 目录中。LdapIdentityStore 使用起来非常简单。下面的示例演示了一个虚构的、运行在主机 directory.solutionsfit.com 上的 LDAP 目录的配置：

```
<components xmlns="http://jboss.com/products/seam/components"
        xmlns:drools="http://jboss.com/products/seam/drools"
        xmlns:security="http://jboss.com/products/seam/security"
        xmlns:xsi="http://www.w3.org/2001/XMLSchema-instance"
```

```
          xsi:schemaLocation=
            "http://jboss.com/products/seam/security
             http://jboss.com/products/seam/security-2.1.xsd
             http://jboss.com/products/seam/components
             http://jboss.com/products/seam/components-2.1.xsd">
......

<security:ldap-identity-store
   server-address="directory.solutionsfit.com"
   bind-DN="cn=Manager,dc=solutionsfit,dc=com"
   bind-credentials="secret"
   user-DN-prefix="uid="
   user-DN-suffix=",ou=Person,dc=solutionsfit,dc=com"
   role-DN-prefix="cn="
   role-DN-suffix=",ou=Roles,dc=solutionsfit,dc=com"
   user-context-DN="ou=Person,dc=solutionsfit,dc=com"
   role-context-DN="ou=Roles,dc=solutionsfit,dc=com"
   user-role-attribute="roles"
   role-name-attribute="cn"
   user-object-classes="person,uidObject"
   enabled-attribute="enabled"
/>

<security:identity-manager identity-store="#{ldapIdentityStore}"/>
......
</components>
```

将用户存储到上下文 ou=Person,dc=solutionsfit,dc=com 下的目录中,通过对应到他们的用户名的 uid 属性进行标识。角色则存储在它们自己的上下文 ou=Roles,dc=solutionsfit,dc=com 中,用户条目通过 roles 属性来引用这些角色。角色条目由 cn 属性配置的常见名标识,常见名对应到角色名称。这里指定了 enabled-attribute 属性,可以通过将该属性的值设置为 false 来禁用用户。

请注意 IdentityManager 的配置。在使用 LdapIdentityStore 时,需要指定身份存储库,这是因为 IdentityManager 默认会尝试使用 JpaIdentityStore。此外,还应该选择实现自己的 IdentityStore,而配置将会相同。只需要通过组件名称来引用 IdentityStore 组件。

为用户和角色使用不同的身份存储库

Seam 安全框架并没有限制用户和角色必须使用同一个 IdentityStore。相反,可以使用 identity-store 属性来配置用户检索,使用 role-identity-store 属性来配置角色检索:

```
<security:identity-manager
   identity-store="#{ldapIdentityStore}"
   role-identity-store="#{jpaIdentityStore}" />
```

这里为用户检索配置了 LdapIdentityStore,为角色检索配置了 JpaIdentityStore。

18.4　其他安全功能

除了验证和授权之外，Seam 还提供了其他安全功能，可用于以最小的工作量改善应用程序的安全性。在这一节中将演示使用 Seam 来增强应用程序的安全性是多么简单的一件事情。

18.4.1　简化 SSL

对于需要在客户端和服务器之间传递敏感信息的应用程序，强烈推荐启用 SSL，而对于登录页面则总是建议启动它。如果没有 SSL，恶意用户可以窃听用户的凭证信息并使用这些用户凭证以该用户的身份来访问应用程序。SSL(Secure Sockets Layer，安全套接字层)是一种被认为是安全的经过加密的 Internet 通信协议。实际上，SSL 在服务器和客户端之间建立了一次握手，协商建立一条有状态连接。一旦协商完成，所有的服务器/客户端通信都将经过加密之后才在通信端点之间进行传输。

这就意味着应用程序现在受到了合理的保护，免受"中间人(man-in-the-middle)"攻击和窃听。那么，应该如何操作才能获得这种保护呢？在使用 Seam 时，这实际上非常简单，这里假设已经配置好应用程序服务器以接受 HTTPS 请求。HTTP 只是在 SSL 通信协议上执行的 HTTP 交互。有关如何在特定的应用服务器上启用 SSL 通信，请查阅相关文档。一般而言，这涉及使能通过 443 端口进行的通信。

一旦应用服务器配置完毕，在应用程序中启用这种通信就是一件简单的事情：只需要在 pages.xml 文件中放置一个配置参数。下面的代码为登录页面使能安全通信：

```
......
<page view-id="/login.xhtml" scheme="https"/>
......
```

如果接收到 login.xhtml 页面的 HTTP 请求，Seam 自动将该请求重定向成一个 SSL 请求。因此，如果用户在 URL 栏中输入的是 http://localhost/myApp/login.seam，那么这个 URL 将自动被 Seam 重定向到 https://localhost/myApp/login.seam。重定向到一个 HTTPS URL 时，就会通过安全的 SSL 连接来执行 HTTP 通信。类似地，如果成功登录之后将用户重定向到某个非 SSL 页面，那么 Seam 自动把这个请求重定向成一个 HTTP 请求。这在 Web 应用程序中极大地简化了混合通信协议。

此外，可以配置应用程序来使用一个默认方案。下面的程序清单演示了一种混合的通信协议，其中 SSL 只用于用户登录：

```
......
<page view-id="*" scheme="http" />

<page view-id="/login.xhtml" scheme="https"/>
......
```

记住，一旦初始的握手发生，SSL 通信的系统开销就会很小。因此，如果在应用程序中使用 SSL，就应该仔细考虑使用它的合适位置。

最后，必须配置用于通信的端口。因为环境不同，所以这些端口也可能有所区别。建议在 components.xml 文件中配置该信息，以便使用各种配置文件(参阅 5.2.3 节)。下面的程序清单演示了这种配置：

```
<components
  xmlns="http://jboss.com/products/seam/components"
  xmlns:navigation="http://jboss.com/products/seam/navigation"
  xmlns:xsi="http://www.w3.org/2001/XMLSchema-instance"
  xsi:schemaLocation=
    "http://jboss.com/products/seam/navigation
     http://jboss.com/products/seam/navigation-2.1.xsd
     http://jboss.com/products/seam/components
     http://jboss.com/products/seam/components-2.1.xsd">

  <navigation:pages http-port="8080" https-port="8443" />
  ......
</components>
```

现在已经为 HTTP 和 HTTPS 定义了端口。在 components.properties 文件中，还可以在端口值中使用通配符，从而可以根据环境来交换端口。

18.4.2　使用 CAPCHA 来区分人类和计算机

CAPTCHA 是 Completely Automated Public Turing test to tell Computers and Humans Apart(全自动区分计算机和人类的图灵测试)的缩写。CAPTCHA 用于减少垃圾信息(例如向博客和论坛自动发帖)以及恶意的资源浪费行为(例如昂贵的搜索查询或大型文件下载请求)。根据所需的安全等级的不同，CAPTCHA 的复杂性也有所区别，但是可以非常有效。

通常，CAPTCHA 会向用户呈现某种挑战信息，对于人类而言，这些信息非常易于解决，但是对于计算机而言却非常困难。例如，Seam 默认会使用图像的形式向用户呈现一道简单的数学题，用户必须提供正确的答案才能继续前行。因为使用图像形式来表示数学，所以自动代理很难给出正确答案——但并非绝对不可能。Seam 使得人们可以非常容易地使用简单的 CAPTCHA，同时提供了一定的灵活性，可以随着应用程序的不断增长而不断增加安全等级。

Rules Booking 示例提供了在表单中使用 CAPTCHA 的一个示例。为了使用 Seam CAPTCHA，必须首先在 web.xml 中配置 SeamResourceServlet，它将生成 CAPTCHA 图像：

```
......
<servlet>
  <servlet-name>Seam Resource Servlet</servlet-name>
  <servlet-class>
    org.jboss.seam.servlet.SeamResourceServlet
  </servlet-class>
</servlet>

<servlet-mapping>
```

```
  <servlet-name>Seam Resource Servlet</servlet-name>
  <url-pattern>/seam/resource/*</url-pattern>
</servlet-mapping>
......
```

一旦配置好 SeamResourceServlet，将 CAPTCHA 添加到表单中就会非常简单。下面的
程序清单取自 Rules Booking 示例中的 review.xhtml 页面：

```
......
<h:graphicImage value="/seam/resource/captcha"/>
<h:inputText id="verifyCaptcha" value="#{captcha.response}"
             required="true">
  <s:validate />
</h:inputText>
<div class="errors">
  <h:message for="verifyCaptcha"/>
</div>
......
```

当用户提供响应之后，挑战信息就会自动得到核实，如果提供的答案不正确，就会通过
<h:message for="verifyCaptcha"/>标记来显示一条消息。此外，可以重写内置的 Seam CAPTCHA
组件以提供自定义 CAPTCHA 消息。Rules Booking 示例在 org.jboss.seam.examples.booking.
security.BookingCaptcha 类中给出了这样的一个示例。下面的程序清单给出了这个 CAPTCHA
生成算法的简化版本：

```
@Name("org.jboss.seam.captcha.captcha")
@Scope(ScopeType.SESSION)
@Install(precedence=Install.APPLICATION)
public class BookingCaptcha extends Captcha
{
  // ......

  public String getRandomWord() {
    String[] randomWords = { "Seam", "Framework",
      "Experience", "Evolution", "Java EE" };

    Random random = new Random();

    return randomWords[random.nextInt(4)];
  }

  @Override @Create
  public void init()
  {
    String randomWord = getRandomWord();

    setChallenge(randomWord);
    setCorrectResponse(randomWord);

    log.info(
```

```
        "Initialized custom CAPTCHA with challenge: #0", getChallenge());
    }

    // ......
}
```

很明显，破解这个算法并不困难，但是正如 Rules Booking 示例所示，可以通过随机摆放字母、添加随机的模糊图像等方法，使得破解显示给用户的图像变得更加具有挑战性。您的想象力是自定义 CAPTCHA 实现中的唯一限制，但是要注意自定义 CAPTCHA 通常容易被 Web 机器人破解。

JCaptcha(http://jcaptcha.sourceforge.net)提供了自定义 CAPTCHA 实现的开源替代方案。JCaptcha 是用于 Captcha 定义和集成的开源 Java 框架，它提供了一种非常难以破解的可自定义的图像生成引擎，但是有时用户可能比较难以辨认。

reCAPTCHA(http://recaptcha.net)是另一个可以替代自定义 CAPTCHA 实现的免费替代方案。reCAPTCHA 不仅易于辨认，而且有助于对在数字化时代来临之前出版的图书进行数字化。将不能被计算机识别的单词作为 CAPTCHA 发送给人类解读。由于使用 Web 服务，这个方案的设置和使用有点困难，但是它提供了 Java API。要想了解更多相关信息，请访问 reCAPTCHA 网站。

第 IV 部分

Seam 对 AJAX 的支持

通过 JSF(JavaServer Faces)这个桥梁，Seam 对最前沿的 Web 技术提供了良好的支持。在这一部分中将讨论几种使用 AJAX 技术来改善 Web 页面的方法，能够使 Web 页面更具动态性，能够更快响应用户请求，对用户更为友好。可以很容易地在 Seam 应用程序中添加 AJAX 功能，并通过采用专门的异步 JavaScript 库来访问 Seam 后端组件。

第 19 章　自定义 AJAX UI 组件

第 20 章　让已有组件支持 AJAX

第 21 章　在 Seam 中直接集成 JavaScript

第 19 章

自定义 AJAX UI 组件

AJAX(Asynchronous JavaScript and XML，异步 JavaScript 和 XML)是由 Google 倡导的富 Web UI 方法。事实上，这个术语本身是由 Adaptive Path 公司的 Jesse James Garret 在 2005 年提出来的。其思想是使用 JavaScript 从服务器上获取动态内容，然后更新 Web 页面上的 UI 组件，而无需刷新整个页面。例如，在 Google Maps(http://maps.google.com)的 Web 页面上，无需重新加载页面就可以使用鼠标完成地图的平移和缩放操作。地图页面通过 JavaScript 脚本捕获用户的鼠标事件，然后通过 AJAX 调用服务器来根据鼠标事件检索并显示新地图。因此，只需轻轻移动鼠标，就能够看到更新后的地图。另一个著名的 AJAX 示例是 Google Suggest(www.google.com/webhp?complete=1&hl=en)。只要在搜索框中输入搜索内容时，Google Suggest 就会向服务器发出一个 AJAX 调用请求。然后，服务器就会根据当前搜索内容返回一个建议列表，并在搜索框下方以弹出窗口的形式显示可选列表。当用户输入内容时，这种即时搜索并更新的操作是实时进行的，所以感觉这个智能的文本框似乎总是能够"猜到"用户的意图。

AJAX 技术可以让一个 Web 页面本身成为一个功能丰富的应用程序。从用户角度来说，AJAX Web 页面反应敏捷，而且非常直观。事实上，当前大多数 Web 2.0 网站都包含有一些 AJAX 元素。AJAX UI 本质上就是由浏览器中能够感知网络的 JavaScript 脚本呈现的动态 UI。

那么，在 JSF 和 Seam Web 应用程序中使用 AJAX 究竟会遇到哪些问题呢？毕竟，JSF 和 Seam 允许 Web 页面上使用任意的 HTML 标记和 JavaScript 代码。当然，也可以使用任意的 JavaScript 库来构建所需的 Web UI。真正的挑战是把 JavaScript 呈现的 UI 与后端业务逻辑组件集成起来。例如，可以使用现成的 JavaScript 库处理 Web 页面上的富文本编辑框，但是如何把用户在编辑框中输入的文本与后端组件(例如，Seam EJB3 实体 bean 中的一个字符串属性)绑定呢？JavaScript 呈现的动态 UI 并不是 JSF 组件，而且也不会解释引用支持 bean 的 JSF EL(即#{obj.property}标记)。

一种简单的方法就是编写一个特殊的 HTTP servlet 来专门处理 JavaScript 代码中的 AJAX 请求。这个 servlet 可以与 FacesContext 上下文或 HttpSession 会话中的对象进行交互，以保存用户输入，或者生成对 JavaScript 的 AJAX 响应。但是，这种方法存在一个问题，就是无论是客户端 JavaScript 脚本，还是服务器端 Java Servlet 程序，其中都包含了大量的手动编写的代码。这就要求 AJAX servlet 开发人员必须对服务器端对象的状态非常小心。显然，这不是一个理想的解决方案。是否有更简单的方式来支持在 JSF 和 Seam 应用程序中运用 AJAX 呢？

事实上，作为一种前沿的 Web 框架，JSF 和 Seam 提供了几种优秀的方法，可以将 AJAX 支持集成到 Web 应用程序中。在本书中，我们将主要讨论以下 3 种方法：

- 第一种方法就是重用支持 AJAX 的 JSF UI 组件。它的优点就是简单，并且功能强大：无需编写任何 JavaScript 脚本或 AJAX servlet 代码，UI 组件自身就知道如何呈现 JavaScript 脚本和 AJAX 视觉效果；JavaScript 代码和后端通信机制一起被封装在组件自身之中。绑定到 UI 组件的 Seam 后端组件负责实现 AJAX 服务。本章稍后将讲解这个方法；

- 第二种方法就是使用针对 JSF 的通用 AJAX 组件库，如 Ajax4jsf 库。该方法的优点就是能够方便地在任何现有 JSF 组件中添加 AJAX 功能。并且，它不需要编写任何 JavaScript 脚本或 AJAX servlet 代码。但是，除了重新呈现某些 JSF 组件之外，它并不能呈现视觉效果。因为所有的 AJAX 请求都发生在 JSF 组件的生命周期之中，所以不需要任何附加代码，后端值绑定就能够正常运行。本书的第 20 章中将讲解这种方法；

- 第三种方法就是当页面事件发生时，使用 Seam Remoting JavaScript 库来直接访问后端 Seam 组件。这样就可以在 JavaScript 调用中通过 JSF EL 来访问后端组件。这种方法操作任何第三方 JavaScript 库，并提供了最大的灵活性。本书将在第 21 章中介绍此方法。

现在就开始讲述第一种方法。我们将利用开源的 JSF 组件库 RichFaces 来阐述如何在 Seam 应用程序中使用 AJAX 组件。实际上，RichFaces 不仅仅适用于 Seam。正如将在后面示例中所看到的那样，开发人员无需对标准配置进行任何更改，只需在视图页面中直接放置组件即可！本章的示例应用程序就是本书源代码软件包中的 ajax 项目。其实，该示例就是本书前面提到过的 Integration 示例的 AJAX 化版本。

RichFaces 的定义

RichFaces 是一个功能丰富的、支持 AJAX 的 JSF 组件库。它最初由 Exadel 开发，随后被 Red Hat 公司购买并作为开源库。该库能够很好地集成到 Red Hat Developer Studio 套件之中，为基于 Seam 的 Web 应用程序提供了一个可拖放的 UI 组件集。

在本章中只展示几个 RichFaces 小部件示例。有关实际使用 RichFaces 小部件的完整列表，请参阅 http://livedemo.exadel.com/richfaces-demo/index.jsp。

19.1 具有自动完成功能的文本输入示例

此处要介绍的第一个 AJAX 示例(位于 ajax 项目中)就是类似于 Google Suggest 的具有自动完成功能的文本输入字段。

该文本输入字段(在 hello.xhtml 页面上)负责接收用户的姓名。根据用户的部分输入，该文本输入字段可以自动地建议一个常见人名列表。例如，如果输入的字符串是 "an"，那么在建议列表中会出现 "Michael Yuan" 和 "Norman Richards"，因为它们都包含 "an"。与该文本输入字段相关联的 JavaScript 脚本负责捕获用户的每一次键盘输入，执行 AJAX 调用来获取自动完成建议，然后显示这些建议。图 19-1 展示了一个具有自动完成功能的文本输入字段如何根据用户的部分输入来 "猜测" 出完整人名的一个列表。

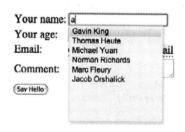

图 19-1　正在运行的 AJAX 自动完成文本字段

自动完成文本字段需要在浏览器和服务器之间进行一些复杂的交互。但是，有了已经经过良好封装的 RichFaces 组件，就再也不必为此担心，只要简单地将<rich:suggestionbox>组件放到希望出现自动建议下拉列表框的 Web 页面上(通常位于获取建议的文本输入字段之下)即可。下面的程序清单给出了建议下拉列表框的工作原理:

```
<html xmlns="http://www.w3.org/1999/xhtml"
      xmlns:ui="http://java.sun.com/jsf/facelets"
      xmlns:h="http://java.sun.com/jsf/html"
      xmlns:f="http://java.sun.com/jsf/core"
      xmlns:s="http://jboss.com/products/seam/taglib"
      xmlns:rich="http://richfaces.org/rich">
......

<h:inputText value="#{person.name}" id="suggestion"/>
<rich:suggestionbox height="200" width="200"
                    selfRendered="true"
                    for="suggestion"
                    suggestionAction="#{manager.getNameHints}"
                    var="hint">
  <h:column>
    <h:outputText value="#{hint}"/>
  </h:column>
</rich:suggestionbox>
```

代码中的 for 属性即为文本输入字段的 id 属性。无论用户从建议下拉列表框中选择的是什么选项，该选项都将自动放入目标文本字段。用户在目标文本字段的每一次输入也都会激活建议下拉列表框并进行更新。

建议列表其实就是一个由表中文本项组成的列表，因此可以将<rich:suggestionbox>组件视为<h:dataTable>组件——它从某个支持 bean 方法中获得建议列表，然后遍历该列表，并将其内容显示在 h:column 元素上。该建议列表来自 suggestionAction 属性，然后通过 var 属性所指定的 EL 变量名来遍历它。

在这个示例中，随着用户输入每个字符，都会调用#{manager.getNameHints}方法来更新建议列表。文本字段中的当前值将作为一个参数传递给该方法。然后该方法再返回一个可用于 h:dataTable 组件的数据结构。这就意味着，在该过程中可以使用任意类型的对象 List 结构。下面就是这个后端方法的代码：

```java
@Stateful
@Name("manager")
public class ManagerAction implements Manager {

  String [] popularNames = new String [] {
    "Gavin King", "Thomas Heute", "Michael Yuan",
    "Norman Richards", "Bill Burke", "Marc Fleury",
    "Jacob Orshalick"
  };

  public List <String> getNameHints (Object p) {
    String prefix = (String) p;
    int maxMatches = 10;

    List <String> nameHints = new ArrayList <String> ();
    int totalNum = 0;
    if (prefix.length() > 0) {
      for (int i=0; i<popularNames.length; i++) {
        if (popularNames[i].toLowerCase()
          .indexOf(prefix.toLowerCase())!=-1
          && totalNum < maxMatches) {

          nameHints.add(popularNames[i]);
          totalNum++;

          System.out.println("Add " + popularNames[i]);
        }
      }
    } else {
      for (int i=0; i<maxMatches && i<popularNames.length; i++) {
        nameHints.add(popularNames[i]);
      }
    }
    return nameHints;
  }
  ......
}
```

只用几分钟时间，我们就得到了一个支持 AJAX 的示例应用程序，而且没有编写一行 JavaScript 脚本或 DHTML 代码！

19.2　功能丰富的输入控件示例

上一节的"自动完成"示例是一个经典的 AJAX 用例。然而，当人们谈论丰富的 Web 体验时，他们实际上不仅是指 AJAX 技术应用，还包括利用 JavaScript 脚本和 DHTML 效果来实现功能丰富的 UI 控件。在这个示例中，我们将展示使用功能丰富的 UI 输入小部件是多么容易的一件事情，这些 UI 输入小部件包括数字微调器和内联文本编辑器。

在数字微调器上，可以选择要输入的数字。数字微调器不同于一般的文本输入字段，它能够根据服务器期望的数据给予用户更为强烈的视觉提示。

内联文本编辑器平时显示的是一段普通文本，而在用户单击它后就立即成为一个文本编辑器。它可以用于编辑文档样式页面，而不会被普通文本输入字段搞乱页面。图 19-2 显示了这两个页面小部件的运行情况。

图 19-2　输入数字微调器和内联文本编辑器

下面就是在 hello.xhtml 页面上运行这两个小部件所需的全部代码：

```
<rich:inputNumberSpinner value="#{person.age}"/>
......
<rich:inplaceInput defaultLabel="click to enter your email"
                   value="#{person.email}"
                   showControls="true"/>
```

19.3　可滚动数据表

最后的 RichFaces 示例是一个可滚动的数据表。在 Web 开发中，显示大型数据表一直是一个棘手的问题。在理想情况下，该表需要为结果集提供查看下一页或上一页的分页功能，这样在显示结果集时才不会生成大到无法读取、永远无法加载完毕的单个 Web 页面。然而，实现分页是一个冗长无趣的过程，这是因为服务器必须管理表的分页状况。

RichFaces 为此问题提供了一个方便的解决方案：只要将常规数据表替换为 RichFaces 数据表即可。通过一个滚动器自动地进行分页。当按页滚动时，每一页显示的都是通过 AJAX 从服务器上实时检索到的内容。下面的程序清单显示的是 fans.xhtml 中的可滚动数据表：

```
<rich:dataTable width="483" id="fansList" rows="5" columnClasses="col"
                value="#{fans}" var="fan">
  <f:facet name="header">
    <rich:columnGroup>
      <h:column>Name</h:column>
      <h:column>Age</h:column>
      <h:column>Email</h:column>
      <h:column>Comment</h:column>
      <h:column>Action</h:column>
      <h:column>Action</h:column>
    </rich:columnGroup>
  </f:facet>
  <rich:column>#{fan.name}</rich:column>
  <rich:column>#{fan.age}</rich:column>
  <rich:column>#{fan.email}</rich:column>
  <rich:column>#{fan.comment}</rich:column>
  <rich:column>
    <h:commandButton value="Delete" action="#{manager.delete}"/>
  </rich:column>
  <rich:column>
    <a href="person.seam?pid=#{fan.id}">Edit</a>
  </rich:column>
</rich:dataTable>

<rich:datascroller align="left" for="fansList" maxPages="20"/>
```

数据表下方的 Rich:datascroller 组件使得 UI 具有了分页的功能，该组件的 for 属性值指向其滚动的数据表。图 19-3 显示的就是带滚动器的数据表。

Name	Age	Email	Comment	Action	Action
Jacob Orshalick	28	jacob@seamframwork.org	Seam is great!	(Delete)	Edit
Michael Yuan	34	michael@michaelyuan.com	I love Seam	(Delete)	Edit
Gavin King	30	gavin@redhat.com	Invented this stuff!	(Delete)	Edit
Norman Richards	31	norman@jboss.org	Seam is a great framework	(Delete)	Edit
Bill Burke	31	bill@jboss.org	RESTEasy!	(Delete)	Edit

Name	Age	Email	Comment	Action	Action
Marc Fleury	33	marcf@jboss.org	I started all these!	(Delete)	Edit
Pete Muir	28	pete@redhat.com	Seam is the best!	(Delete)	Edit

图 19-3　带滚动器的数据表

19.4　在 Seam 中使用 RichFaces

RichFaces 独立于 Seam Framework 运行。基本上不需要更改配置,而只需要将 RichFaces 的 JAR 库文件包含进来,并在 XHTML 文件中声明 rich:名称空间,就可以使用这些组件。

必须将 richfaces-impl.jar 和 richfaces-ui.jar 文件放在 app.war/WEB-INF/lib 中,将 richfaces-api.jar 文件放在 EAR 包的 lib 路径下:

```
mywebapp.ear
|+ app.war
   |+ web pages
   |+ WEB-INF
   |+ web.xml
      |+ faces-config.xml
      |+ other config files
      |+ lib
      |+ jboss-seam-ui.jar
      |+ jboss-seam-debug.jar
      |+ jsf-facelets.jar
      |+ richfaces-impl.jar
      |+ richfaces-ui.jar
|+ app.jar
|+ lib
   |+ jboss-seam.jar
   |+ jboss-el.jar
   |+ richfaces-api.jar
   |+ commons...jar
|+ META-INF
   |+ application.xml
   |+ other config files
```

在 web.xml 文件中,还可以通过配置 RichFaces 小部件的“皮肤”来控制它们的观感。在本例中使用 blueSky 皮肤:

```
<web-app ...>
  ......
  <context-param>
    <param-name>org.richfaces.SKIN</param-name>
    <param-value>blueSky</param-value>
  </context-param>
  ......
</web-app>
```

19.5　其他 JSF 组件库

通过在 Java EE 中对 Web 组件体系结构进行标准化,JSF 已经促成了一个组件库市场。除了 ICEfaces,还有超过 12 个商业供应商和开源供应商在这个市场上竞争,为 Web 开发人员提供了相当多的高质量 JSF 组件选择。下面列出了一些众所周知的第三方 JSF 组件包。JSF 的社区网站(如 http://jsfcentral.com 和 http://java.net)提供了完整的最新组件供应商列表。

- ICEfaces(www.icefaces.com)是一个高品质的 AJAX JSF 组件库，能够很好地兼容 Seam。相比 RichFaces 而言，它需要进行更多的配置，但支持另一组功能丰富的小部件。标准 Seam 零售版中有一个 ICEfaces 示例应用程序；

- Apache MyFaces Tomahawk 项目(http://myfaces.apache.org/tomahawk)开发了丰富的 Web UI 组件，例如高级数据表、带有选项卡的面板、日历、颜色拾取器等，以及超越标准验证器的输入数据验证器。Tomahawk 组件都遵循 Apache 开源许可 (Apache Open Source License)；

- Oracle 公司的应用开发框架(Application Development Framework，ADF)Faces 是最早的商业 JSF 组件套件之一。ADF 提供了超过 80 个 UI 组件，包括所有标准组件的替代组件。ADF 组件有优秀的观感，可以针对不同主题更换皮肤。ADF 组件还拥有足以自夸的高性能，这是因为每个组件都是通过局部页面更新(AJAX 风格，无需重新载入页面)来刷新的。Oracle 公司已经把 ADF Faces 的源代码捐赠给了 Apache 基金会名下的开源项目 Trinidad(http://incubator.apache.org/adffaces)；

- Woodstock 项目(https://woodstock.dev.java.net)是一个开源项目，开发基于 AJAX 的企业级 JSF Web UI 组件。现在它已经能够提供十多个组件；

- Sun 公司的 BluePrint Catalog(https://bpcatalog.dev.java.net)提供了一个支持 AJAX 的、遵循 BSD 许可协议的 JSF 组件集。这些组件主要为教学目的而提供；

- ILOG JView JSF 组件(www.ilog.com/products/jviews)可以从数据模型生成具有专业外观的商业图表。这是一款领先的商业数据可视化产品；

- Otrix(www.otrix.com)提供支持 AJAX 的商业 JSF 组件，可用于文件树、菜单以及数据网格等。

大多数 JSF 组件库包括 UI 组件和验证器组件。我们在第 12 章中曾经讨论过，当没有相应的 Seam 验证器时，自定义 JSF 验证器就非常有用。以下示例显示了在 Apache Tomahawk 库中如何使用信用卡验证器组件：

```
Credit Card Number:
<h:inputText id="creditCard" required="true"
             value="#{customer.creditCard}">
  <t:validateCreditCard />

</h:inputText>
* <h:message for="creditCard" styleClass="error"/>
```

自定义 JSF 组件库可以帮助 Seam 应用程序始终拥有最为尖端的 Web 展示技术。作为开发人员，我们应该充分利用这些组件，以开发出更好的应用程序。

第 20 章

让已有组件支持 AJAX

在上一章中，我们展示了使用预先包装的 AJAX JSF 组件是一件多么容易的事情。然而，开发这些组件并不是一项简单的工作，它不仅需要开发人员熟练地掌握 JavaScript 和 AJAX 编程技术，而且要求开发人员对 JSF 的工作原理有深入的理解。在大多数情况下，自己编写 AJAX JSF 组件的成本过高，除非打算广泛地重用这些组件。因此，大多数开发人员只使用第三方已经推出的组件。

但是，如果现有的组件不能满足需要，该怎么办？如果现有的组件太昂贵又该怎么办？在现实的企业应用程序中经常发生类似的情况。这时，我们就需要 AJAX 解决方案：AJAX 不仅使用方便，而且具有足够的灵活性，能够满足不同的个性化需求。在这一章中，我们将介绍 Ajax4jsf 组件库，它为 JSF 组件提供了灵活的、可定制的 AJAX 支持。这也是我们在第 19 章一开始就提出的第二个 AJAX 解决方案。

Ajax4jsf 是由 Exadel 开发的一个开源 JSF 组件库，同时也是 Exadel 专有 AJAX JSF 组件的基础。Ajax4jsf 有别于其他 AJAX JSF 框架的独特功能在于，Ajax4jsf 可以将 AJAX 功能添加到任何现有的 JSF 组件中。事实上，它可以把应用程序上运行的任何 JSF 操作转变成 AJAX 操作，然后通过部分页面更新(也就是说，无需重新载入整个页面)将结果显示出来。如果想了解更多 Ajax4jsf 组件库的相关内容，请访问其网站 https://ajax4jsf.dev.java.net。

Ajax4jsf 的工作方式如下：首先通过 AJAX 提交 JSF 请求，然后根据后端组件更新后的状态重新呈现页面上的特定元素。为了演示 Ajax4jsf 的工作原理，我们再来看一下 Hello World 示例。当然该示例要经过修改，修改之后的示例代码就放置在 ajax4jsf 项目中。该项目所使用的技术包括 Facelets、Seam 和 Ajax4jsf。

20.1 AJAX 验证器示例

在输入字段中利用 AJAX 技术进行验证，这是展示 Ajax4jsf 库功能的最简单、最有用的示例之一。第 12 章中展示了如何结合使用 Hibernate 验证器注解和 Seam JSF 标签，按照数据库的约束条件来对表单的输入进行验证并显示更为美观的错误消息。然而，只有在表单提交后才会显示这些错误消息。但是有了 AJAX 技术,我们就可以极大地提高验证流程的效率:一旦某个表单输入字段失去焦点,Web 页面上的 JavaScript 脚本就会立刻把每个字段中用户的输入发送回服务器进行验证;如果验证失败,错误消息就会立即显示,而无需提交表单。

然而,通过"常规"的 AJAX 技术,在 Seam JSF 验证程序中添加对 AJAX 的支持,是非常困难的事情。因为 Seam JSF 的验证过程几乎全部采用声明式方法,也没有提供客户端的 JavaScript 脚本的挂钩程序来触发服务器端的验证功能或访问验证消息。Ajax4jsf 组件库对此问题的解决之道就是:直接把对 AJAX 的支持集成到现有的 JSF 组件和标准的 JSF 生命周期之中。

下面就是一个基于 AJAX 技术来进行验证的输入字段(如图 20-1 所示)例子。<s:validate/> 标签表明,这个输入字段应当通过 Person.getEmail()方法中名为@NotNull @Email 的 Hibernate 验证器进行验证;当发生验证错误时,<s:decorate>标签通过图像、背景或边框等直观的形式高亮显示该输入字段。这些标签的具体工作原理在第 12 章中有专门讲述。在此最重要的就是<a4j:support>标签,接下来很快将会讨论该标签。

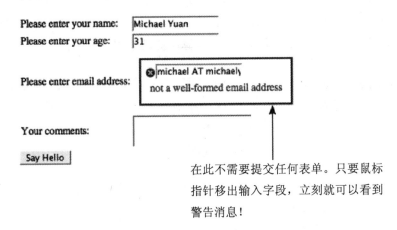

图 20-1 支持 AJAX 验证的输入字段

```
Please enter email address:<br/>
<a4j:outputPanel id="emailInput">
  <s:decorate>
    <h:inputText value="#{person.email}" size="15">
      <s:validate/>
      <a4j:support event="onblur" reRender="emailInput"/>
    </h:inputText>
  </s:decorate>
</a4j:outputPanel>
```

相对于非 AJAX 版本的<h:inputText>组件,支持 AJAX 的 JSF 组件<h:inputText>封装了一个<a4j:support>标签,该标签的 event 属性指定 AJAX 调用所涉及的 JavaScript 事件。在这种情况下,只要文本输入字段失去焦点(即触发 onblur 事件),Ajax4jsf 就通过一个 JSF POST

操作，将用户输入的文本提交给该文本输入字段组件所对应的后端绑定属性(在此处就是
#{person.email}属性)。AJAX 提交的内容必须经过常规的 Seam JSF 验证。处理完 AJAX 请
求之后，Ajax4jsf 将重新呈现带有 emailInput ID 的组件，也就是整个经过修饰的输入字段组
件。一旦发生错误，立刻就会在呈现页面上显示相应的警告消息(如图 20-1 所示)。在这里，
我们需要用到<a4j:outputPanel>元素，以便为整个经过修饰的输入字段赋予一个 JSF ID 值。

当然，您也可以通过使用 reRender 属性，在完成 AJAX 调用之后重新呈现 web 页面上
的任意组件，甚至可以重新呈现多个组件：只要将多个以逗号分隔的组件 ID 值指派给
reRender 属性即可。重新呈现之后的组件反映了在执行 AJAX 调用之后服务器端组件的最
新状态。

<a4j:outputPanel>组件

为什么需要<a4j:outputPanel>元素呢？难道不能只使用<s:decorate id="emailInput">吗？问题
就在于，当没有发生错误时(例如表单首次加载时)不会呈现<s:decorate>元素。因此，如果
没有刷新整个页面，那么 Ajax4jsf 的 JavaScript 脚本就会因为缺少 emailInput 这一 HTML
元素而不能重新呈现。

反之，如果使用<a4j:outputPanel id="emailInput">标签元素，那么就能够确保页面上存在
附带有正确 JSF ID 的 HTML 元素。这一点对于包装缺乏正确 JSF ID 的页面元素(例如，Facelets
页面上的某个 XHTML 文本片段)来讲非常有用。可以将多个 JSF 组件以及任意的 XHTML 文
本包装在一起，放入<a4j:outputPanel>元素之中，这样在完成 AJAX 调用后将它们一并重新呈
现。事实上，我们也建议将所有的 Ajax4jsf reRender 组件都包装起来放入<a4j:outputPanel>中
进行集中处理。

在前面的示例中，在 AJAX 调用返回之后，a4j:support 组件将会重新呈现 JSF 组件。
此外，我们也可以在完成 AJAX 响应之后立刻就使浏览器执行任意的 JavaScript 脚本，只
需要将相关 JavaScript 脚本的函数调用添加到 a4j:support 标签的 oncomplete 属性即可：

```
<h:inputText value="#{person.email}" size="15">
  <s:validate/>
  <a4j:support event="onblur"
              reRender="emailInput"
              oncomplete="alertUser()"/>
</h:inputText>
```

20.2　编程式 AJAX

验证器是一个简单明了的示例，但它并没有真正涉及任何编程，因为所有代码都是声
明式的。然而，对于大多数创新的 AJAX 应用程序来说，我们可能希望在 AJAX 交互中运
行一些自己的应用程序特有代码。

例如，在下面的示例中将通过一个 AJAX 调用来检查用户输入的姓名：一旦用户在输
入字段中输入某个人的姓名，立刻就可以知道该姓名是否已经存在于数据库中(如图 20-2 所

示)。此处的数据库查询就是自定义的业务逻辑,要想通过任何现有的验证框架对其进行处理并不是一件简单的事情。此功能的实现经常用于网站的注册表单,可以实时地对用户输入的用户名进行可用性检查。

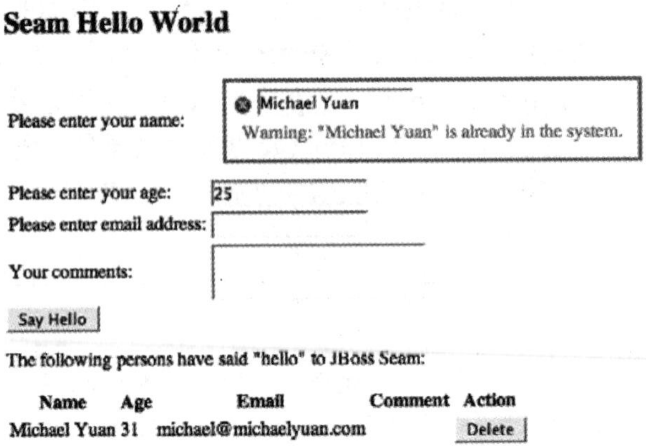

Seam Hello World

Please enter your name:　⊗ Michael Yuan
　　　　　　　　　　　　　Warning: "Michael Yuan" is already in the system.

Please enter your age:　25

Please enter email address:

Your comments:

Say Hello

The following persons have said "hello" to JBoss Seam:

Name	Age	Email	Comment	Action
Michael Yuan	31	michael@michaelyuan.com		Delete

图 20-2　带有自定义逻辑的 AJAX 交互

在 Ajax4jsf 组件库中,自定义代码(即示例中执行数据库检查的代码)运行在 JSF 支持组件方法之中。当 Ajax4jsf 请求被提交之后,这些方法就在标准的 JSF 生命周期内被调用。当 AJAX 调用完成之后,这些方法就可以用来控制在经过 AJAX 处理的组件中显示的内容。现在就查看它的工作原理。

下面就是对应于 name 输入字段的 JSF 组件:

```
Please enter your name:
......
<h:inputText value="#{manager.name}" size="15">
  <a4j:support event="onblur" reRender="nameInput"/>
</h:inputText>
```

而且,a4j:support 元素还指明只要输入文本字段失去焦点(即触发 onblur 事件),Ajax4jsf 就会将该输入字段组件的值提交给相应的后端绑定属性(即#{manager.name}属性)。当 AJAX 的请求得到处理之后,Ajax4jsf 根据 nameInput ID 重新呈现输入字段组件。

接下来是 nameInput 组件。支持组件属性#{manager.nameErrorMsg}控制 nameInput 组件的显示。如果该属性的值不是空字符串,那么 nameInput 组件就会使用错误图标和错误消息对文本字段进行突出显示。因此,在 AJAX 交互过程中,我们需要在 AJAX 调用返回前添加代码来改变后端#{manager.nameErrorMsg}属性的值。

```
<a4j:outputPanel id="nameInput">
 <f:subview rendered="#{!empty(manager.nameErrorMsg)}">
  <f:verbatim><div class="error"></f:verbatim>
  <h:graphicImage styleClass="errorImg" value="error.png"/>
 </f:subview>

 <h:inputText value="#{manager.name}" size="15">
  <a4j:support event="onblur" reRender="nameInput"/>
 </h:inputText>
```

```
<f:subview rendered="#{!empty(manager.nameErrorMsg)}">
  <h:outputText styleClass="errorMsg"
                value="#{manager.nameErrorMsg}"/>
  <f:verbatim></div></f:verbatim>
</f:subview>
</a4j:outputPanel>
```

　　一旦 onblur 事件被触发,相关的 AJAX 请求就会导致 JSF 调用 manager 组件中的 setName()
方法,以便设置 name 属性的值。在 setName()方法中就包含了用于 AJAX 交互的自定义业
务逻辑:它会检查输入的姓名是否已经存在于数据库之中。如果该姓名已经存在,那么
setName()方法就会设置 nameErrorMsg 属性的值,在本次 AJAX 调用异步返回之后重新呈
现 nameErrorMsg 组件时就会显示它的值。

```
@Stateful
@Name("manager")
public class ManagerAction implements Manager {

  ......

  String name;

public void setName (String name) {

  this.name = name;

  List <Person> existing = em.createQuery(
    "select p from Person p where name=:name")
    .setParameter("name", name).getResultList();

  if (existing.size() != 0) {
  nameErrorMsg = "Warning: \"" + name +
                 "\" is already in the system.";
  } else {
   nameErrorMsg = "";
  }
  return;
  }
  public String getName () {
    return name;
  }

  String nameErrorMsg;
  public void setNameErrorMsg (String nameErrorMsg) {
    this.nameErrorMsg = nameErrorMsg;
  }
  public String getNameErrorMsg () {
    return nameErrorMsg;
  }
}
```

20.3 AJAX 按钮

Ajax4jsf 可以将任意 JSF commandButton 按钮或 commandLink 链接转换成 AJAX 操作。AJAX 按钮或链接通过 JavaScript 调用提交表单,调用这个按钮在服务器端对应的 JSF 事件处理程序方法之后,根据新的后端状态来重新呈现页面上的指定组件。

为了演示该功能,接下来查看如何将 fans 的数据表当中的 Delete 按钮 "AJAX 化"。当单击表中任意一行的 Delete 按钮时,该行对应的数据将从数据库中删除,同时重新呈现前台的显示组件 dataTable 以反映该变化。这是一种 AJAX 方式的页面更新,即无需重新加载整个页面。对于包含有超长数据表的显示页面来说,这种更新方式尤其有用。因为如果刷新整个页面,就会丢失滚动栏的当前位置,使得用户不得不重新从顶部开始拉动滚动栏(如图 20-3 所示)。

要想使用 AJAX 的提交按钮,只需要将 h:commandButton 按钮(或 h:commandLink 链接)替换成 a4j:commandButton 按钮(或 a4j:commandLink 链接)即可。在 a4j:support 组件示例中,a4j 组件通过 reRender 属性来指定在 AJAX 调用返回之后要对哪些组件予以更新。下面就是经过 "AJAX 化" 的新 dataTable 组件:

图 20-3 表中某一行的 "AJAX 化" 删除

```
<h:form>
<h:dataTable id="fans" value="#{fans}" var="fan">
  <h:column>
    <f:facet name="header">
      <h:outputText value="Name" />
    </f:facet>
    <h:outputText value="#{fan.name}"/>
  </h:column>
```

```
......

<h:column>
  <f:facet name="header">
    <h:outputText value="Action" />
  </f:facet>
  <a4j:commandButton type="submit"
                     value="Delete"
                     reRender="fans"
                     action="#{manager.delete}"/>
</h:column>
</h:dataTable>
</h:form>
```

就是如此简单，不需要编写更多的后端代码。当用户单击某个 Delete 按钮之后，后端组件就会“看到”一个标准的 JSF 表单提交，该表单提交操作将经历标准的 JSF 生命周期。至于具体的 AJAX 交互过程，则由 Ajax4jsf 组件库自动完成。

通过为 onclick 和 oncomplete 属性指定相应的事件处理函数，我们就可以在开始 AJAX 调用之前和完成 AJAX 调用之后，分别执行某个自定义的 JavaScript 函数。如下例所示，可以在 AJAX 调用开始之后将鼠标指针改为一个等待的形状，而在收到 AJAX 响应并完成相关显示组件的重新呈现之后，再将鼠标指针恢复原状。

```
<a4j:commandButton type="submit"
                   value="Delete"
                   reRender="fans"
                   onclick="showWaitCursor()"
                   oncomplete="restoreCursor()"
                   action="#{manager.delete}"/>
```

20.4　AJAX 容器

在标准 JSF 中，通过单击按钮就可以向服务器提交整个表单，并触发相应的事件处理程序方法。但是在有了 AJAX 的支持之后，我们通常都不需要将整个表单都进行提交。有时甚至只需要向后端提交一个或两个相关的输入组件，就可以让 AJAX 调用能够正确运行。在这种情况下，再提交整个表单无疑会浪费带宽。Ajax4jsf 框架中提供了一个特殊的标签 a4j:region，该标签可以限定需要提交的部分表单。这样一来，当用户单击该区域中的某个 AJAX 按钮时，只有包含在<a4j:region> ... </a4j:region>元素之间的组件才会提交。a4j:region 组件也称为 AJAX 容器，因为它包含了页面特定部分中需要更新的 AJAX 活动。其他的 AJAX 容器标签还包括 a4j:form 和 a4j:page。要了解这些标签的更多使用信息，请参阅 Ajax4jsf 的相关文档。

AJAX 容器标签中有一个名为 ajaxListener 的可选属性，该属性指向某个后端方法——只要该区域内任意一个组件上发生 AJAX 事件，就会调用该方法。因此，可以在 JSF 的输入组件中直接触发后端的事件处理程序方法，而无需手动单击按钮。

20.5　其他好用的工具

除了 AJAX 输入组件、AJAX 按钮以及链接外，Ajax4jsf 组件库还提供了其他一些重要的组件，以方便 AJAX 开发。

a4j:poll 组件能定期轮询服务器，并根据服务器的当前状态重新呈现特定的组件。例如，您可能需要为某个长期运行的服务器进程显示一个进度条。该页面定期向服务器发起轮询，根据该服务器进程的当前进度，对进度条进行部分更新即可。

a4j:mediaOutput 组件则可用来调用某个服务器端方法进行绘图，并将其显示在浏览器中。服务器端的 paint()方法可以使用 Java SE 2D 以及 Swing 绘图 API 的任何功能。这样就可以在浏览器中呈现动态的自定义图形。这一点对于显示与 AJAX 调用相关的一些简单的视觉效果(例如前面提到的进度条)是非常有用的。

a4j:include 组件可以将某个外部 JSF 页面包含到当前页面之中。而且，该 JSF 页面自身可以进行更新和导航到其他页面等操作，而不影响当前页面。这一点特别适合于嵌入式 HTML 框架结构页面，但是不会受到框架结构页面所带来的负面影响。甚至可以利用这一技术实现页内 AJAX 向导。

a4j:status 和 a4j:log 组件能够实时地显示客户端和服务器之间的 AJAX 交互，这对于应用程序调试来说非常有用。

Ajax4jsf 库中还有许多功能强大的组件。更多有关于此方面的细节，请参阅 Ajax4jsf 库的相关文档。

20.6　在 Seam 中使用 Ajax4jsf 组件库

类似于 RichFaces，Ajax4jsf 组件库当然不仅仅适用于 Seam。它不需要进行任何配置，所需要做的只是将 Ajax4jsf 的 JAR 库文件与应用程序一起打包。ajax4jsf.jar 是主要的 Ajax4jsf 组件库，oscache-xxx.jar 是 Ajax4jsf 所需的一个独立库文件。必须将这两个文件都放入到最终应用程序的 WAR 包文件(即 app.war)之中。下面就是 JAR 文件在 ajax4jsf.ear 中的包装结构示意图：

```
ajax4jsf.ear
|+ META-INF
|+ lib
|+ app.war
|  |+ WEB-INF
|  |  |+ lib
|  |  |  |+ ajax4jsf.jar
|  |  |  |+ oscache-2.3.2.jar
|  |  |  |+ jboss-seam-ui.jar
|  |  |  |+ jboss-seam-debug.jar
|  |  |  |+ jsf-facelets.jar
|+ app.jar
```

当然，您还需要在 XHTML 页面中声明 a4j:名称空间才可以使用这些组件。

20.7　Ajax4jsf 组件库的优缺点

Ajax4jsf 能够将普通的 JSF 组件转换成对应的 AJAX 组件。它适用于现有的 JSF 应用程序，几乎不需要对已有代码进行更改。Ajax4jsf 组件库易学易懂，相比较第 19 章中曾经讨论过的预先封装组件的方式而言，其功能更为多样和全面。

但是，Ajax4jsf 组件库也有自身的局限性。由于 AJAX 更新是通过重新呈现 JSF 组件来实现的，因此很难再向其中添加炫目的 JavaScript 效果；如果要添加 JavaScript 效果，就必须下大力气改变组件本身，而本书前面已经讨论过，这绝不是一件容易的事情。当然，我们可以通过使用 a4j:mediaOutput 组件来呈现自定义的一些图形，但是对于来自服务器端的动画和其他一些视觉效果来说，这种处理方法的速度太慢。此外，因为 Ajax4jsf 与普通的 JSF 具有相同的生命周期，所以在每个 AJAX 调用中也都必须提交所有 JSF 状态信息。这样在 JSF 中使用客户端状态保存机制时，就会导致带宽占用过高以及响应迟缓的问题。

为了彻底解决这些问题，我们必须考虑提供一个与 JavaScript 更紧密集成的解决方案。这就是下一章讨论的主题。

第 21 章

在 Seam 中直接集成 JavaScript

本书已经讨论了在 Seam 应用程序中支持 AJAX 技术的两种方法。这两种方法都不需要编写 JavaScript 脚本或 XML 通信代码——但同时也存在一些缺陷。

组件化的 AJAX UI 方法(见第 19 章)非常简单，但受限于供应商所能提供的内容。如果想要实现 AJAX 化 JSF 组件，以呈现自定义的视觉效果或后端业务逻辑，学习起来可能会非常困难。Ajax4jsf 方法(见第 20 章)在 JSF 上下文中运行良好，但是除了现有 JSF 组件所支持的标准 HTML 小部件之外，它难以实现带有视觉效果的组件(例如拖放、淡入淡出和弹出式窗口)。此外，将 JSF 请求打包放入 AJAX 调用需要占用很多的带宽，在使用客户端状态保存机制的情况下尤其如此。

面对数量如此众多的免费高质量 JavaScript 库，如果仅仅是因为受限于 JSF 组件的供应商而不加以充分利用，似乎并不是明智的做法。幸好，Seam 提供了一个 JavaScript 远程处理框架，可以用于通过 JavaScript UI 访问任何一个 Seam 后端组件。这样，您就可以轻松地将从 JavaScript UI 小部件中捕获的用户输入绑定到后端，或者使用后端组件产生的 AJAX 数据动态地修改 Web 页面上显示的内容。

在本章中，我们将演示如何通过使用 Seam Remoting JavaScript 库把 Seam 服务器端组件与 HTML/JavaScript UI 元素连接起来。在最后一节中，我们将举出一个具体的示例来展示如何将流行的 Dojo JavaScript 工具箱集成到 Seam 应用程序中。

21.1 AJAX 验证器示例(重装上阵)

在第 20 章的 Seam Hello World 示例中，我们演示了如何使用 AJAX 来验证用户输入的姓名。一旦用户填完 Web 页面表单，用户的姓名立刻就会发送给服务器，并对照数据库进行检查。如果该姓名已存于数据库中，就会在文本输入字段旁边显示警告消息——而这一切都无需提交表单。在这一章的第一个示例中，我们将通过使用 Seam Remoting 方法来再度实现此功能。本节中的示例代码位于源代码软件包中的 remote 项目。在该应用程序运行时，可以通过 http://localhost:8080/remote/对其进行访问。

此外，要想正常使用 Seam Remoting，还需要将 jboss-seam-remoting.jar 库文件包含在这个 EAR 应用程序包的 lib 目录中，这样才能与 EJB 会话 bean 远程协同工作。

21.1.1　服务器端组件

首先，我们需要在后端 Seam 组件中添加一个方法以对照数据库来验证输入的姓名。为此，在 ManagerAction 类中添加 checkName()方法：

```
@Stateful
@Scope(SESSION)
@Name("manager")
public class ManagerAction implements Manager {
  ......
  public boolean checkName (String name) {
    List <Person> existing = em.createQuery(
      "select p from Person p where name=:name")
      .setParameter("name", name).getResultList();

    if (existing.size() != 0) {
      return false;
    } else {
      return true;
    }
  }
}
```

接下来介绍的部分非常重要：在该会话 bean 的接口中，必须为此方法添加@WebRemote 注解，这样才能够通过 Seam Remoting JavaScript 对其进行访问。

```
@Local
public interface Manager {
  ......
  @WebRemote
  public boolean checkName (String name);
}
```

客户端 JavaScript 脚本对带有@WebRemote 注解的方法的所有 AJAX 调用都是由 Seam 资源 servlet 进行处理的，并且所有的 AJAX 调用都是通过 seam/resource/remoting/*这样的 URL 进行路由的。同时，与 AJAX 相关的资源文件(例如动态生成的 JavaScript 脚本，详情请见本章后面所述)也是通过这一特殊的 URL 来提供的。此外，在 3.3 节中已经解释过如何配置资源 servlet，只需将下列代码行添加到 web.xml 文件中即可：

```
<servlet>
  <servlet-name>Seam Resource Servlet</servlet-name>
  <servlet-class>org.jboss.seam.servlet.ResourceServlet</servlet-class>
</servlet>

<servlet-mapping>
```

```
    <servlet-name>Seam Resource Servlet</servlet-name>
    <url-pattern>/seam/resource/*</url-pattern>
  </servlet-mapping>
```

21.1.2 在 Web 页面上触发 JavaScript 事件

后端方法都已经准备就绪，现在就来查看如何在 Web 页面上触发 AJAX 请求。

```
<h:inputText id="name"
            value="#{person.name}"
            onfocus="hideCheckNameError()"
            onblur="checkName()"
            size="15"/>
<span id="nameError" style="display:none">
  You have already said hello! :)
</span>
<h:message for="name" />
```

<h:inputText>中的 onblur 属性指明了当文本字段失去焦点时需要调用的 JavaScript 方法——也就是说，如果用户完成了文本字段的输入，并在该文本字段之外的区域单击，那么就会调用 JavaScript 方法 checkName()。该 JavaScript 方法将通过一个 AJAX 调用提交文本字段中的输入文本并调用服务器端的 ManagerAction.checkName()方法。至于是否应该显示<span>元素中所包含的错误消息，则由 AJAX 调用的返回值决定。下面就来查看 JavaScript 方法 checkName()的工作原理。

隐藏和显示 span 元素

属性 style="display:none"表明，该 span 元素中包含的错误消息在最初是不显示的，只有当 ManagerAction.checkName()方法返回 false 时，JavaScript 才会显示该消息。而另一个 JavaScript 方法 hideCheckNameError()则可以保证，如果文本字段再次被激活，那么就把错误消息隐藏起来。下面就是用来操作该 span 元素的 hideCheckNameError()和 showCheckNameError()方法：

```
function showCheckNameError () {
  var e = document.getElementById("nameError");
  if (!(e === null)) {
    e.style.visibility = "inherit";
    e.style.display = "";
  }
}

function hideCheckNameError () {
  var e = document.getElementById("nameError");
  if (!(e === null)) {
    e.style.visibility = "hidden";
    e.style.display = "none";
  }
}
```

21.1.3　执行 AJAX 调用

AJAX 操作的核心涉及执行 AJAX 调用，再以异步的方式获取返回结果。在需要执行 AJAX 调用的页面中加载 JavaScript 文件 seam/resource/remoting/resource/remote.js。而 Seam 资源 servlet 实时地组合脚本并为该脚本服务。对于每个包含@WebRemote 注解方法的 Seam 组件来说，Seam 也为访问该组件生成了一个自定义的 JavaScript 脚本。在下面的示例中，为了访问 Seam 后端组件 manager，需要加载 JavaScript 脚本 interface.js?manager。

```
<script type="text/javascript"
        src="seam/resource/remoting/resource/remote.js">
</script>

<script type="text/javascript"
        src="seam/resource/remoting/interface.js?manager">
</script>
```

现在，您可以通过 Seam.Component.getInstance("manager")调用得到一个 JavaScript 版本的 manager 组件。对 JavaScript 方法 manager.checkName()的调用将会被翻译成访问服务器端的 manager.checkName()方法的 AJAX 调用。我们从文本字段中获取用户的输入，并使用 manager. checkName()方法来检查用户的输入是否已经存在于服务器端的数据库中：

```
<script type="text/javascript">
  // Seam.Remoting.setDebug(true);

  // Don't display the loading indicator
  Seam.Remoting.displayLoadingMessage = function() {};
  Seam.Remoting.hideLoadingMessage = function() {};

  // Get the "manager" Seam component
  var manager = Seam.Component.getInstance("manager");

  // Make the async call with a callback handler
  function checkName () {
    var e = document.getElementById("form:name");
    var inputName = e.value;
    manager.checkName(inputName, checkNameCallback);
  }

  ......
</script>
```

为实体 bean 或 JavaBean POJO 组件创建 JavaScript 对象

通过 Seam.Component.getInstance()方法，我们可以获得一个 Seam 会话 bean 的单元素集存根对象，可以通过这个会话 bean 进行 AJAX 方法调用。但是，对于 Seam 实体 bean 或简单的 JavaBean 组件来说，则需要使用 Seam.Component.newInstance()方法来创建相应的 JavaScript 对象。实体 bean(或者 JavaBean)上的所有 getter 和 setter 方法都可以在此 JavaScript 对象上获得。可以编辑实体 bean，然后将其作为在会话 bean 组件上执行 AJAX 调用的实参。

JavaScript 和服务器端的 manager.checkName()方法带有同样的调用实参。在前面的提示中提到，我们甚至可以在 JavaScript 中构造一个实体 bean 实例，并将其作为调用实参传递给远程的 AJAX 方法。然而，有一点要特别注意：JavaScript 方法还需要一个异步回调处理程序作为其调用实参。为了不使这个 JavaScript 脚本阻塞 UI 以等待响应，我们使用异步的方式调用 manager.checkName()方法，因为该调用是通过网络进行的，所以极可能花费很长的时间。因此，没有等待来自于远程调用的返回值，而是传入 JavaScript 回调处理程序实参 checkNameCallback()，让 JavaScript 方法 manager.checkName()立即返回。当服务器端的方法完成时，就利用它的返回值来调用 checkNameCallback()方法。然后，由回调处理程序根据返回值来决定是否显示错误消息。

```
<script type="text/javascript">
......

function checkNameCallback (result) {
  if (result) {
    hideCheckNameError ();
  } else {
    showCheckNameError ();
  }
}

......
</script>
```

在前面的提示中已经讨论过，hideCheckNameError()方法和 showCheckNameError()方法可以隐藏和显示包含错误消息的 span 元素。

如上所述，该示例就是这样简单。当然，通过服务器端进行姓名验证不是一件很困难的事情，毕竟在第 20 章中就已经在没有 JavaScript 脚本的情况下实现该功能。但是，确实可以把它作为更复杂用例的一个示例。在下一节中将介绍更为复杂的示例。

用户评论字段

您可能已经注意到，在 remote/hello.seamWeb 表单上，用户评论字段不是普通的 HTML 文本字段。您可以单击文本来进行编辑，在编辑结束之后通过单击 Save 按钮来保存这条新评论。实际上，通过 Dojo 内联文本编辑工具实现该操作，我们将在 21.3.2 节中讨论该小部件。

21.2 AJAX 进度条

Seam 应用程序中的 AJAX 进度条是一个更加复杂的 Seam Remoting AJAX 示例，我们将使用此例来演示如何使用与 JSF 组件完全无关的 AJAX 小部件，以及如何对 AJAX 内容进行轮询。本示例的源代码位于源代码软件包的 ProgressBar 目录中。在成功编译 progressbar.ear 并将其部署到 JBoss 应用服务器之后，可以通过 http://localhost:8080/progressbar/对其进行访问。在 progressbar.seam 页面中，单击 Go 按钮来启动进度条(如图 21-1 所示)。当进度条到达 100%

时，服务器重定向到 complete.seam 页面。

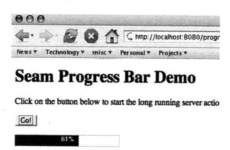

图 21-1　Seam 应用程序中的 AJAX 进度条

21.2.1　Seam 组件

当单击 Go 按钮时，Seam 方法 progressBarAction.doSomething()将作为一个事件处理程序被调用。

```
<h:commandButton  value="Go!"
                  action="#{progressBarAction.doSomething}"/>
```

progressBarAction.doSomething()方法无论执行何种任务，都需要花费很长时间完成。因此在这个过程中，它会更新存储在会话上下文中的 progress 组件：

```
@Stateless
@Name("progressBarAction")
@Interceptors(SeamInterceptor.class)
public class ProgressBarAction implements ProgressBar {

  @In(create = true)
  Progress progress;

  public String doSomething() {
    Random r = new Random(System.currentTimeMillis());
    try {
      for (int i = 0; i < 100;)
      {
        Thread.sleep(r.nextInt(200));
        progress.setPercentComplete(i);
        i++;
      }
    }
    catch (InterruptedException ex) {
    }
    return "complete";
  }
  public Progress getProgress() {
    return progress;
  }
}
```

实际上,progress 组件只是一个具有与进度条相关的属性的 JavaBean:

```
@Name("progress")
@Scope(ScopeType.SESSION)
public class Progress {
  private int percentComplete;

  public int getPercentComplete() {
    return percentComplete;
  }
  public void setPercentComplete(int percentComplete) {
    this.percentComplete = percentComplete;
  }
}
```

为了给客户端的 JavaScript 脚本提供一种通过 AJAX 调用访问 progress 组件的机制,我们为 getProgress()方法添加了@WebRemote 注解:

```
@Local
public interface ProgressBar {
  String doSomething();
  @WebRemote Progress getProgress();
}
```

21.2.2 在 JavaScript 中访问 Seam 组件

为了访问 progressBarAction 组件,现在必须加载一些必要的 JavaScript 脚本:

```
<script type="text/javascript"
        src="seam/resource/remoting/resource/remote.js">
</script>

<script type="text/javascript"
        src="seam/resource/remoting/interface.js?progressBarAction">
</script>

<script type="text/javascript">
  //<![CDATA[
    // Seam.Remoting.setDebug(true);

    // Don't display the loading indicator
    Seam.Remoting.displayLoadingMessage = function() {};
    Seam.Remoting.hideLoadingMessage = function() {};

    // Get the progressBarAction Seam component
    var progressBarAction =
      Seam.Component.getInstance("progressBarAction");

    ... used the progressBarAction object ...
  // ]]>
</script>
```

　　现在我们就可以使用一个回调实参来调用 progressBarAction.getProgress()方法。当服务器端的 AJAX 方法退出时,当前的 progress 对象就将被传递给这个回调。实际上,progressCallback()函数使用在 slider.js 脚本文件中定义的 progressBar 对象来实际绘制更新之后的进度条。最后要说明的是,既然我们需要定期地获取进度信息来更新进度条,那么干脆将异步的progressBarAction.getProgress()调用放入 JavaScript 函数 setTimeout()中,这样在每次超时(本例中设置的超时时限为 250 毫秒)之后都会自动调用包装函数。

```
<script type="text/javascript">
  //<![CDATA[
    ......
    // Make the async call with a callback handler
    function getProgress() {
      progressBarAction.getProgress(progressCallback);
    }

    // The callback function for receiving the AJAX response
    // and then updating the progress bar
    function progressCallback(progress) {
      progressBar.setPosition(progress.percentComplete);
      if (progress.percentComplete < 100)
        queryProgress();
    }

    // Wrap the async call in setTimeout so that it is
    // called again and again to update the progress bar
    function queryProgress() {
      setTimeout("getProgress()", 250);
    }

  // ]]>
</script>
```

　　如下的 JSF 代码片段将 CommandButton 组件、服务器端方法 progressBarAction.doSomething()以及 JavaScript 方法 queryProgress()连接在一起,以满足 AJAX 交互的需求:

```
<h:form onsubmit="queryProgress();return true;">
  <h:commandButton value="Go!"
                   action="#{progressBarAction.doSomething}"/>
</h:form>
```

　　当用户单击 Go 按钮时,浏览器就会发送一个请求,以启动后端的 progressBarAction. doSomething()方法,同时启动 JavaScript 函数 queryProgress()。在浏览器等待 progressBarAction. doSomething()方法返回结果的过程中,queryProgress()方法就可以通过访问 progressBarAction. getProgress()方法的 AJAX 调用不断更新进度条。

21.3   在 Seam 应用程序中集成 Dojo 工具箱

现在我们已经知道如何使用 Seam Remoting 来开发一般的 AJAX 应用程序。但在实际情况中，大多数流行的 AJAX Web 应用程序都会用到第三方 JavaScript 库，以便向自己的 AJAX 应用程序中添加丰富的 UI 小部件和视觉效果。在本节中介绍如何将第三方的 JavaScript 库集成到 Seam 应用程序中。本节将以流行的 Dojo 工具箱作为示例。示例应用程序仍然位于 remote 源代码项目中。

Dojo 的定义

Dojo 是一个用于富 Web 应用程序的开源 JavaScript 库，它被 AJAX 开发者广泛使用。可以从 Dojo 网站(http://dojotoolkit.org)学习更多有关 Dojo 的知识。

除了通信和数据建模实用程序之外，第三方 JavaScript 库通常还提供了两种类型的 UI 小部件：视觉效果和增强的用户输入控件。

21.3.1   视觉效果小部件

这种类型的小部件是为了实现丰富 UI 的效果。它们包括视觉效果(如动画、淡入/淡出效果和拖放效果等)和导航/布局工具(如选项卡、展开/收缩工具和树型工具等)。Dojo 中的 JavaScript 函数通过 XHTML 元素的 ID 或类型来检索这些元素，然后对这些元素进行必要的操作以创建想要的视觉效果。对于这些函数和小部件而言，Seam 应用程序与其他的 HTML Web 应用程序没有任何区别。我们只需要将内容片段放在具有正确 ID 值的<div>标签中即可。这对于 Facelets(详见 3.1 节)来说特别容易，因为 Facelets 页面实际上就是包含有 JSF 组件的 XHTML 页面。为了验证这个观点，查看两个简单的 Dojo 示例。下面的程序清单就展示了如何在 Dojo 中创建一个带有 3 个选项卡的面板。当页面加载时，头两个选项卡的内容也将被加载；然后，当单击第三个选项卡时，才会从另一个页面加载该选项卡的内容。

```
<div id="mainTabContainer" dojoType="TabContainer" selectedTab="tab1">
  <div id="tab1" dojoType="ContentPane" label="Tab 1">
   <h1>First Tab</h1>
   ... HTML and JSF component tags for tab content ...
  </div>
  <div id="tab2" dojoType="ContentPane" label="Tab 2">
   ... More HTML and JSF component tags for tab content ...
  </div>
  <a dojoType="LinkPane" href="somepage.seam"
     refreshOnShow="true">Tab 3</a>
  ......
</div>
```

第二个示例是使用 Dojo JavaScript 函数实现放在<div>标签中的部分 Web 页面的淡入淡出效果：

```
<a href="javascript:void(dojo.lfx.html.fadeOut('fade', 300).play())">
Fade out</a> |
<a href="javascript:void(dojo.lfx.html.fadeIn('fade', 300).play())">
Fade in</a> |
<a href="javascript:void(dojo.html.setOpacity(
                        document.getElementById('fade'), 0.5))">
Set opacity = 50%</a>

<div id="fade">
... XHTML and JSF components to be faded in/out by the above links ...
</div>
```

实际上这些示例与 Seam 并不相关。您可以在这些<div>标签中放入任意多个 Seam JSF 组件，Dojo JavaScript 照样会正常运行。

但是当 Dojo 的 JavaScript 函数需要直接操作 JSF 组件时，情况就开始变得复杂。在大多数情况下，只要将 JSF 组件放到一对<div>标签之间。如果这个方法行不通，那么就必须手动指出要呈现的 JSF 组件的 ID 值。这通常非常简单，只要查看所生成页面的 HTML 源代码即可。但是请注意，这些生成的 ID 值确实会随着 JSF 实现的不同而改变。

21.3.2　输入小部件

第二类 Dojo 小部件就是用来替换标准 HTML 文本输入字段的输入小部件。例如，Dojo 提供了富文本编辑器、内联文本编辑器、GUI 日期/时间选择器，以及其他许多有用的输入小部件。因为这些小部件并不是 JSF 组件，所以不能直接将它们的值绑定到某个支持 bean 属性。此时，Seam Remoting 就真正有了用武之地。图 21-2 展示了 hello.xhtml 表单中的 Dojo 富文本编辑器，它可以生成 HTML 样式的用户评论。

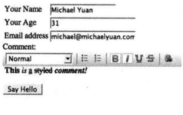

图 21-2　Dojo 富文本编辑器

以下就是该 Web 页面的相关代码，其中大多数只是标准的 Dojo 代码。当表单提交时，富文本编辑器中的用户评论并没有提交给后端 JSF 组件，因为这个 Web 页面上的 Dojo 富文本小部件并没有绑定到任何一个 JSF 后端组件。因此，当用户单击 Say Hello 按钮时，单独调用 JavaScript 函数 submitComment()来提交用户评论。

```
<script src="dojo-0.3.1-editor/dojo.js"
        type="text/javascript">
</script>

<script type="text/javascript">
  dojo.require("dojo.widget.Editor");
</script>

......

Comment:<br/>
<div id="comment" dojoType="Editor"></div>

<h:commandButton type="submit" value="Say Hello"
                  onclick="submitComment()"
                  action="#{manager.sayHello}"/>
```

下面就是 JavaScript 函数 submitComment() 的代码。请注意，在此无需把一个回调函数作为实参传递给 Seam Remoting 调用，这是因为并不需要处理返回值。

```
<script language="javascript">
  ......

  // Get the "manager" Seam component
  var manager = Seam.Component.getInstance("manager");

  ......

  function submitComment () {
    var ed = dojo.widget.byId("comment");
    manager.setComment (ed.getEditorContent());

    // This works too
    // var eds = dojo.widget.byType("Editor");
    // manager.setComment (eds[0].getEditorContent());
  }
</script>
```

当然，我们在前面提到过，#{manager.setComment} 方法必须是一个带有 Seam @WebRemote 注解的方法。该方法的作用非常简单，就是将提交的值设置为 person 组件。

```
@Local
public interface Manager {
  ......

  @WebRemote
  public void setComment (String comment);
}

......

@Name("manager")
public class ManagerAction implements Manager {
  ......
```

```
public void setComment (String comment) {
  person.setComment (comment);
}
}
```

一种替代方法

有一种替代 Dojo 富文本编辑器组件的方法，就是将其转化成 HTML 的 textarea 组件，而不是使用 div 标签进行封装。当用户提交表单时，textarea 中的富文本将作为 HTTP 请求的参数被提交。尽管我们仍然不能将这个 Dojo 的 textarea 组件直接绑定到某个后端的 Seam 组件，但是至少可以在后端通过@ RequestParameter 注入的方式(见第 15 章)来获取本次 HTTP 请求的参数，即 Dojo 的 textarea 组件。在大多数情况下，该方式可能比 Seam Remoting 方式更为简单。

上面给出的 Dojo 富文本编辑器示例比较简单。现在查看一个更为复杂的示例：hello.xhtml 表单上的 Dojo 内联编辑器。该示例的理念就是，用户评论在被单击之前，其表现为正常的文本；而在单击后就变成了可编辑的文本字段，可以在其中填写新的评论，并将新评论保存到后端(如图 21-3 所示)。

Seam Hello World

Your Name	Michael Yuan
Your Age	31
Email address	michael@michaelyuan.com
Comment	Hello Seam

Say Hello

1. 单击"Hello Seam"文本；

Seam Hello World

Your Name	Michael Yuan
Your Age	31
Email address	michael@michaelyuan.com
Comment	lo Seam From Michael	Save	Cancel

Say Hello

2. 现在已经变为内联文本编辑器，可以在其中进行编辑，并保存结果；

Seam Hello World

Your Name	Michael Yuan
Your Age	31
Email address	michael@michaelyuan.com
Comment	Hello Seam From Michael

Say Hello

3. 单击"Say Hello"按钮以提交表单中其他的内容；

The Seam Greeters

The following persons have said "hello" to JBoss Seam:

Name	Age	Email	Comment	Action
Michael Yuan	31	michael@michaelyuan.com	Hello Seam From Michael	Delete

图 21-3　Dojo 内联文本编辑器

　　此处涉及更多的 JavaScript 代码。我们赋予该内联文本编辑器小部件一个 onSave 处理程序方法 submitComment()，该方法将通过 Seam Remoting 把当前内容保存到后端。即使是使用这个小部件，我们也只使用了一行 Seam Remoting 代码来处理后端通信。

```
<script src="dojo-0.3.1-editor/dojo.js"
        type="text/javascript">
</script>
<script type="text/javascript">
  dojo.require("dojo.widget.InlineEditBox");
  dojo.require("dojo.event.*");
</script>

<script language="javascript">
  ......

  // Get the "manager" Seam component
  var manager = Seam.Component.getInstance("manager");

  function submitComment (newValue, oldValue) {
    manager.setComment (newValue);
  }

  function init () {
    var commentEditor = dojo.widget.byId("comment");
    commentEditor.onSave = submitComment;
  }

  dojo.addOnLoad(init);
</script>

......

<tr>
  <td>Comment</td>
  <td>
    <div id="comment" dojoType="inlineEditBox">
    Hello Seam
    </div>
  </td>
</tr>
```

　　虽然在此给出的是 Dojo 示例，但是实际上 Seam Remoting 可以与任何第三方 JavaScript 库协同工作。凡事皆有可能！

第 V 部分

业务流程和规则

除了支持数据驱动的 Web 应用程序之外，Seam 还通过 jBPM 业务流程引擎实现了对业务流程驱动的 Web 应用程序的支持。此外，通过 Drools 引擎(又称为 JBoss Rules)，Seam 还支持业务规则。只需要借助几个简单的注解，我们就可以将 Seam 的有状态组件附加到业务流程上，该业务流程可能需要多个用户的参与，并在经历多次服务器重启之后仍然保持有效。每个参与业务流程的用户都会被自动赋予该项业务流程中的某项任务。此外，业务流程和规则都已经集成到 Seam Framework 的核心中，Seam 通过 jBPM 工作流以有状态的方式来管理 JSF 页面流，而且 Seam 安全框架大量使用 Drools 引擎来管理访问安全规则。我们将在这一部分中讨论这些重要的用例。

第 22 章　基于规则的安全框架
第 23 章　在 Web 应用程序中集成业务规则
第 24 章　管理业务流程
第 25 章　集成业务流程和规则

第 22 章

基于规则的安全框架

业务流程与业务规则紧密相关。Seam 中已经集成了 Drools(又称为 JBoss Rules)引擎以支持复杂的业务规则。事实上，Seam 自身利用 Drools 实现了一个创新的 Web 应用程序安全框架。在本章中，我们将演示如何使用业务规则进行安全管理。

托管的安全(managed security)是企业级 Java 应用程序中一种典型的"权宜之计"。标准的 Java EE 安全模型对于简单应用程序(例如，需要登录才能访问的网站)来说确实已经够用。但实际情况是，开发人员往往并不愿意使用标准的 Java EE 安全模型，而是要设法绕开它们。

而在另一方面，Seam 安全模型是基于规则的。可以指定哪一个用户可以访问哪一个页面、哪一个 UI 元素以及哪一个 bean 方法。与 Seam 中的其他事物一样，所有 Seam 安全规则都是有状态的。这就意味着每个规则的输出结果都取决于当前的应用程序上下文状态。因此，我们可以在只有满足某些运行时条件的情况下才授权特定用户访问应用程序特定功能。对于 Web 应用程序可能会遇到的几乎每一个用例，Seam 安全框架都提供了强大的功能和高度的灵活性。

22.1 基于规则的访问控制

在第 18 章中介绍过，Seam 提供了大量与安全相关的功能，包括用户身份验证和授权，以及通过#{credentials}和角色来管理应用程序用户。虽然这些功能本身已经足够吸引人，但是我们尚未接触业务规则。业务规则将访问控制提高到了一个全新的层面，这是前几代 Java 安全框架所不能及的高度。

- 通过使用业务规则，我们可以将所有的安全配置信息都放置在一个文件中，并简化 Restrict 标记和注解。对于拥有大量用户角色和潜在入口点的大型网站而言，这意味着巨大的进步，因为可以实时地检查和分析所有的访问规则。此外，它还使得非专业编程人员能够通过 Drools 项目提供的 GUI 工具来编写规则。

- 业务规则还允许基于应用程序当前状态，根据应用程序实例的不同来制订合适的访问规则。我们将在 22.4 节中进一步讨论此话题。

当然，使用访问规则也有不便之处，就是必须将 Drools 的 JAR 库文件和相应的配置信息都绑定在应用程序中(详情请参阅第 23 章)。然而，考虑到业务规则所提供的强大功能，这么一点小小的代价还是值得我们忍受的。

下面首先介绍使用规则重新实现一个基于角色的访问控制方案。

22.2 基于规则的权限配置

Seam 安全框架负责解决权限问题。其工作原理非常简单，只需要实现 PermissionResolver 接口，就可以使用各种方式来解析用户权限。这种方式提供了极大的灵活性，但在大多数情况下，我们只需要用到如下所示的两种 Seam 实现方式之一就足够满足制定权限的需求。下面就是 Seam 提供的两种实现方式：

- RuleBasedPermissionResolver 本章中将通篇讨论这种权限解析器。该解析器使用 Drools 来解析基于规则的权限检查，并在权限的制定方面具有极大的灵活性，允许使用某种精简的脚本语言来授予权限检查。
- PersistentPermissionResolver 这种权限解析器把对象权限存储在某种持久存储器中，例如关系数据库。有时，我们需要用到 ACL(Access Control List，访问控制列表)安全约束，必须把一个权限列表附加到一个对象之上，这种权限解析器正好可以满足我们的需求。Seam 参考文档深入地讨论这种权限解析器。

为了配置 RuleBasedPermissionResolver，首先需要在类路径中定义 security.drl 文件。该文件中包含了可以激活以执行权限检查的规则。然后就可以配置一个规则库，权限解析器将引用该规则库。

```xml
<components xmlns="http://jboss.com/products/seam/components"
            xmlns:drools="http://jboss.com/products/seam/drools"
            xmlns:security="http://jboss.com/products/seam/security"
            xmlns:xsi="http://www.w3.org/2001/XMLSchema-instance"
            xsi:schemaLocation="http://jboss.com/products/seam/drools
                http://jboss.com/products/seam/drools-2.1.xsd
                http://jboss.com/products/seam/security
                http://jboss.com/products/seam/security-2.1.xsd">
  <security:rule-based-permission-resolver
    security-rules="#{securityRules}"/>

  <drools:rule-base name="securityRules">
    <drools:rule-files>
      <value>/META-INF/security.drl</value>
    </drools:rule-files>
  </drools:rule-base>
  ......
```

在 23.3 节中，我们将详细讨论如何构建和部署采用了 Drools 的应用程序，但是现在首先深入研究如何利用规则来制定权限。

22.3　简单的访问规则

在讨论访问规则前，首先解释一下 Restrict 标记或注解的工作原理。设置一个空的
Restrict，实际上就相当于向#{identity.hasPermission}方法发出一次调用。EL 的简写版本即
为#{s:hasPermission(...)}。为了理解这个方法的工作原理,返回到第 18 章中讨论的 Rules Booking
示例。在此之前，我们一直使用#{s:hasRole}操作来确定是否授权，现在就查看如何使用基
于规则的权限制定来实现授权：

```
@Name("rewardsManager")
@Scope(ScopeType.CONVERSATION)
public class RewardsManager {
  @In EntityManager em;

  @Out(required=false)
  private Rewards rewards;
  // ......
  @Restrict
  public void updateSettings() {
    if(rewards.isReceiveSpecialOffers()) {
      facesMessages.add("You have successfully registered to " +
        "receive special offers!");
    } else {
      facesMessages.add("You will no longer receive our special offers.");
    }
    rewards = em.merge(rewards);
    em.flush();
  }
  // ......
}
```

一个空的@Restrict 注解相当于如下代码：

```
@Restrict("#{s:hasPermission('rewardsManager', 'updateSettings')}")
```

第一个调用参数就是组件的名称(即规则中的 target 属性)，第二个参数是方法的名称(即
规则中的 action 属性)，它们都是构成安全规则的基本要素。为了只允许获得 rewards 角色的
用户访问该方法，必须在 Drools 的配置文件 security.drl 中设置如下规则：

```
package MyApplicationPermissions;

import org.jboss.seam.security.PermissionCheck;
import org.jboss.seam.security.Role;

rule RewardsUser
when
  c: PermissionCheck(target == "rewardsManager",
                     action == "updateSettings")
  Role(name == "rewardsuser")
```

```
then
  c.grant();
  end;
```

　　规则的名称可以任意指定；重要的是，一旦对#{rewardsManager.updateSettings}方法发出调用请求，就应该能触发规则，以确定当前用户是否具有rewardsuser角色并据此授予其访问权限。用户可能具有的每个角色都将作为一个事实(fact)插入到 WorkingMemory 中。这样就可以检查可能与用户相关的任何角色。

　　PermissionCheck 是在调用 Seam 安全规则之前就已经创建的 Seam 组件。Seam 将该组件插入到 WorkingMemory 中，并使用其识别用来确定用户权限的规则，如果规则成功，就把相应的权限授予该用户。可以看出，其中并无任何奥妙可言。PermissionCheck 组件的初始值确保预期的安全规则的唯一性。

　　一旦规则执行完毕，Seam 就会检查 PermissionCheck 组件的状态。如果已经调用过 grant() 方法，权限检查就返回 true。

检查用户是否已登录

　　如果希望把访问权限授给所有已经登录的用户，而不论他们是什么角色，那么可以通过 Principal 对象是否存在来确定已经登录成功的用户。因为 Principal 对象是在登录过程中创建的，所以只要 Principal 对象存在，就说明相关联的用户已经成功登录。为此，所需要做的就是使用 exists Principal()语句替换规则中原有的 Role(name == "rewardsuser")语句，在前面已经对此进行过讨论。

　　网页访问规则中的<restrict>标记与上述类似。因为这里没有组件名称和方法名称，所以默认的 target 属性即为该页面的 JSF 视图 ID，而默认的 action 属性则为 render。例如，如下页面配置的结果就是，当访问/rewards/summary.xhtml 页面时向#{s:hasPermission('/rewards/summary.xhtml', 'render')}发出调用请求：

```
<pages>

  ......

  <page view-id="/rewards/summary.xhtml">
    <restrict/>
  </page>

</pages>
```

下面的安全规则规定只有授权用户 rewardsuser 才能访问该页面：

```
rule CanUserViewRewards
when
  c: PermissionCheck(target == "/rewards/summary.xhtml",
                     action == "render")
  Role(name == "rewardsuser")
then
  c.grant()
end;
```

22.4 按实例配置访问规则

到目前为止，我们只提到了针对安全对象实例(也就是 Principal 和 Role)来执行规则。通过把来自 Seam 有状态上下文中的某个对象传递给安全检查方法，我们可以只有在满足特定的运行时条件时才创建授予访问权限的规则。实际上，我们之前所讨论的 PermissionCheck 中的 target 并不一定要是一个字符串。它可以是上下文中的任一对象，甚至可以是一个 Seam 组件。例如，target 实例可以作为一个来自当前上下文的 Fact(事实)插入到 WorkingMemory 中。

返回到 Rules Booking 示例。每个用户都可以在 main.xhtml 视图上看到以前的预订列表(如图 22-1 所示)。然后，用户通过单击 Write Review 链接就可以对某次预订进行评论(如图 22-2 所示)。

Current Hotel Bookings

Name	Address	Check in date Check out date	Room Preference	Payment	Conf #	Action
W Hotel	Union Square, Manhattan NY, NY	Sat Sep 27 00:00:00 CDT 2008 Fri Oct 10 00:00:00 CDT 2008	Cozy Room	$5,050.00	1	Cancel Write Review

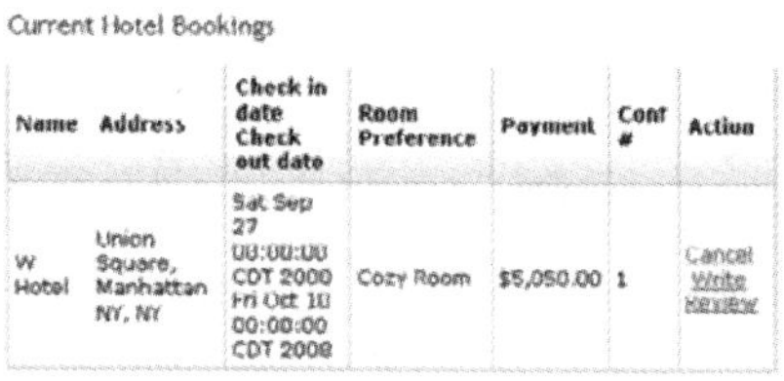

图 22-1　main.xhtml：用户预定某家酒店之后就可以根据入住情况对该酒店进行评论

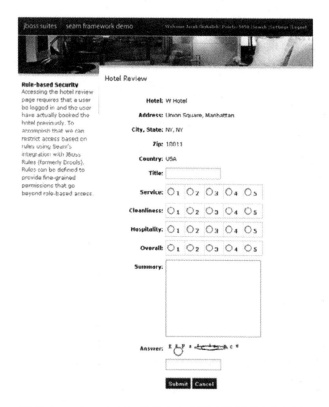

图 22-2　review.xhtml：根据安全规则来限制用户发表评论

只有已经登录并且之前预订过这家酒店的用户才能对该酒店的用户进行评论。可以将这些约束条件放置在 HotelReviewAction 的 submit()方法上，如下面的程序清单所示：

```
@Name("hotelReview")
@Stateful
public class HotelReviewAction implements HotelReview
{
  // ......
  @In private EntityManager em;

  @In(required=false)
  @Out(required=false)
  private Hotel hotel;

  @End
  @Restrict("#{s:hasPermission(hotelReview, 'review')}")
  public void submit()
  {
    log.info("Submitting review for hotel: #0", hotel.getName());

    hotel.addReview(review);
    em.flush();
    // ......
  }
  // ......
}
```

上述约束条件导致执行 HotelReview 安全规则。请注意，我们在调用 s:hasPermission 方法时把 hotelReview 组件作为 target 参数传递给该方法。实际上，组件或实体都可以作为 PermissionCheck target 参数而不是字符串传递。这样做的结果就是，Seam 会把该组件实例添加进来，作为 WorkingMemory 中激活规则的又一个可用的事实。

```
rule HotelReviewer
when
  exists Principal()
  $hotelReview: HotelReview($bookings: bookings, $hotel: hotel)
  exists ( Booking( hotel == $hotel ) from $bookings )
  c: PermissionCheck(target == $hotelReview, action == "review")
then
  c.grant();
end;
```

从本质上来说，规则首先要确定用户是否已经登录，方式就是检查 WorkingMemory 之中是否存在 Principal 对象。然后，规则还要确认该用户的酒店预订列表中是否有他试图发表评论的这家酒店。在此可以看到规则定义的强大之处——通过 Drools 语法可以很容易地表述复杂条件。更多有关规则定义的信息，请参阅第 23 章。

hotelReview 组件的状态可用于确定用户是否有权对该酒店发表评论。可以想象，这种约束条件是可以扩展的。例如，我们可以添加如下两条约束条件：Booking 的 checkoutDate 已经过去，而且该用户之前尚未对此次预订发表过任何评论。由此可见，要进行更多的权限检查是非常简单的。

在表单提交时进行检查是最后的一种手段，但考虑到我们采用的是深度防御，这也不失为一种优秀的做法。此外，对于没有授权的用户，彻底限制他不能访问 review.xhtml 页面也是一个不错的主意。

```
<page view-id="/review.xhtml" conversation-required="true">
  <description>Hotel Review: #{hotel.name}</description>
  <restrict>#{s:hasPermission(hotelReview, 'review')}</restrict>
  <navigation from-action="#{hotelReview.submit}">
    <redirect view-id="/main.xhtml"/>
  </navigation>
  <navigation from-action="#{hotelReview.cancel}">
    <redirect view-id="/main.xhtml"/>
  </navigation>
</page>
```

如同在 18.2.1 节中所展示的那样，通过使用<restrict>标记，我们可以很容易地限制用户对特定 Web 页面的访问。在此必须再次指出，约束条件的作用就是确保没有适当权限的用户不能访问 review.xhtml。

22.5　保护实体

在 Seam 中，最底层的安全层是实体保护。我们可以很容易地将与安全相关的约束条件应用于实体，以限制用户随意对数据库中的记录进行读取、插入、更新或删除等操作。为实体添加@Restrict 注解就可以确保每次发生持久化操作时都会激活权限检查。默认执行的安全检查是 entity:action 权限检查，其中 entity 指的就是权限检查所针对的实体实例。该实体实例将作为一个 Fact 插入到 WorkingMemory 之中。action 指的就是正在执行的持久化操作：read(查找)、insert(增加)、update(更新)或 delete(删除)。与前面一样，我们也可以在@Restrict 注解中使用 EL 表达式进一步定制该行为。

要想对 Rewards 实体的所有操作进行全面保护，只需要在该实体上添加@Restrict 注解即可：

```
@Entity
@Name("rewards")
@Restrict
@Table(name="Reward_Member")
public class Rewards {
  // ......
```

现在，我们可以针对 delete 操作定义一个权限检查：

```
when
  Role(name == "administrator")
  $rewards : Rewards(rewardPoints == 0)
  c: PermissionCheck(target == $rewards, action == "delete")
then
  c.grant();
end;
```

在这种情况下，管理员有权删除与某个不活跃用户相关的 Rewards 记录。实体的生命周期方法可用于进一步确定进行安全检查的时机。在上面的例子中，针对所有的持久化操作，系统都会进行安全检查，尽管在此我们只关心 delete 操作。在这种情况下，可以只为某个方法添加@PreRemove 和@Restrict 注解，并把实体顶部的@Restrict 注解删除，如下所示：

```
@PreRemove @Restrict
public void preRemove() {}
```

这么做的结果就是，只有在实体即将被删除时才会进行安全检查。preRemove()方法并不需要执行任何操作，而只需添加实体生命周期注解和@Restrict 注解即可。可用于执行权限检查的实体生命周期注解有以下几种：@PostLoad、@PrePersist、@PreUpdate 和@PreRemove，分别对应于 read、insert、update 种 delete 操作。

如果在应用程序中用到 EJB3，就必须通过 EntityListener 对象来使能实体安全检查功能。可以在项目的 META-INF/orm.xml 文件中加入如下所示的定义来配置 EntityListener：

```xml
<?xml version="1.0" encoding="UTF-8"?>
<entity-mappings
  xmlns="http://java.sun.com/xml/ns/persistence/orm"
  xmlns:xsi="http://www.w3.org/2001/XMLSchema-instance"
  xsi:schemaLocation="http://java.sun.com/xml/ns/persistence/orm
                      http://java.sun.com/xml/ns/persistence/orm_1_0.xsd"
  version="1.0">

  <persistence-unit-metadata>
    <persistence-unit-defaults>
      <entity-listeners>
        <entity-listener
          class="org.jboss.seam.security.EntitySecurityListener"/>
      </entity-listeners>
    </persistence-unit-defaults>
  </persistence-unit-metadata>

</entity-mappings>
```

此外，类似于在 18.2.4 节中介绍类型安全角色注解，Seam 也为标准的基于 CRUD 的权限提供了类型安全注解。表 22-1 列出了一些与平台无关的注解。

表 22-1　标准的基于 CRUD 权限的类型安全注解

注　　解	用　　途	说　　明
@Read	方法，参数	声明一种类型安全的权限检查，用来确定当前用户是否具有对指定类的 read 权限
@Update	方法，参数	声明一种类型安全的权限检查，用来确定当前用户是否具有对指定类的 update 权限
@Insert	方法，参数	声明一种类型安全的权限检查，用来确定当前用户是否具有对指定类的 insert 权限
@Delete	方法，参数	声明一种类型安全的权限检查，用来确定当前用户是否具有对指定类的 delete 权限

可以在应该执行安全检查的方法或参数上指定这些注解。如果将这些注解放在方法上，就必须指定该权限检查所针对的目标类。下面的示例确保用户具有删除 Rewards 实例所需的权限：

```
public void removeRewards(@Delete Rewards rewards) {
   ...
}
```

在这种情况下，也可以执行先前定义的权限检查。与角色注解一样，也可以使用 @PermissionCheck 元注解来定义自己的类型安全权限检查。

按实例配置访问规则可以使得开发人员能够动态地控制应用程序的行为。对于不仅仅满足于简单的基于角色访问控制安全方案的应用程序来说，这是非常有用的方法。Seam 允许用户使用一种简洁的、表达力极强的方式在应用程序中实现复杂的安全规则。

第 23 章

在 Web 应用程序中集成业务规则

第 22 章中介绍了如何在 Web 应用程序中使用规则来描述和实施安全策略。Seam 中的安全规则建立在 Drools 框架基础之上。通过使用同样的底层 Drools 引擎，我们也可以很容易地在 Seam 应用程序中添加一些通用的业务规则。

在 Seam 中，使用规则的最简单方式或许就是充分利用安全规则基础结构。可以将业务规则放在 app.ear/META-INF/security.drl 文件中，并运用#{s:hasPermission(...)}方法来检查是否向用户显示特定的导航或业务功能。

在本章中，我们首先继续完善 Rules Booking 示例应用程序，该示例使用的是嵌入在安全规则中的业务规则。然后，我们将讨论几个通用的 Drools 用例，并解释如何在不重新启动服务器的情况下重新加载规则。

23.1　嵌入式规则

为了说明业务规则如何与安全规则协同工作，我们在 Rules Booking 应用程序中增加了一个奖励积分系统。该系统中主要存在两种业务规则，一种控制是否允许用户使用积分来支付当前的酒店预订，另一种则控制是否在页面上显示"应用奖励积分(Apply Rewards)"按钮。从本质上来讲，这两种业务规则是一样的。这种天然的协同性使得我们能够从 security.drl 文件构建简单的基于规则的应用程序。

在深入研究实际规则之前，首先查看具体的应用程序。

23.1.1　基于规则的行为

要想查看运行中的基于规则的奖励积分系统，首先要通过用户名和密码(皆为 demo)登录到 Rules Booking 示例应用程序。当预订酒店房间之后，您就可以在页面右上角看到目前的奖励积分，每个奖励积分价值 10 美分。

现在，尝试预订其他酒店的房间，图 23-1～图 23-3 显示了这个过程。如果有足够的积分来支付新预订的全部费用，那么系统将提供一个新的导航选项，以便允许您确认是否使用奖励积分来进行支付。如果确认使用积分，那么将从您的账户中减去奖励积分，而您的订房成本则减为零。这里的业务规则就是判断用户是否有足够的奖励积分来兑换，并显示必要的确认选项。

图 23-1　积分不足以支付房间预订费用时的支付页面

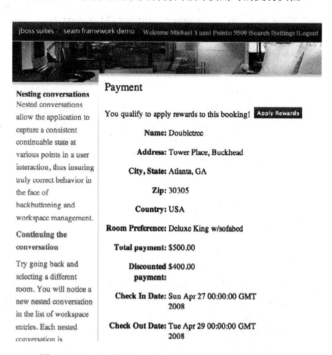

图 23-2　积分足以支付房间预订费用时的支付页面

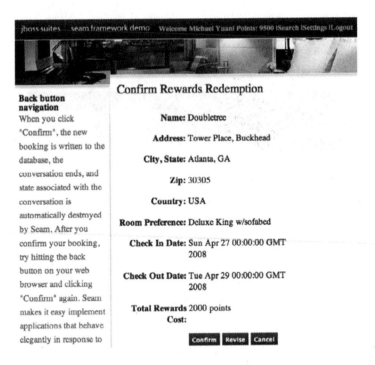

图 23-3 确认兑换积分的页面

23.1.2 应用规则

通过#{s:hasPermission('rewards', 'payment', rewardsManager)}方法进行安全检查，可以将奖励积分业务规则应用于 payment.xhtml 页面。如果能够顺利通过安全检查，那么该页面的适当位置上将会显示 Apply Rewards 按钮。

```
<s:div styleClass="entry"
      rendered="#{s:hasPermission('rewards','payment',rewardsManager)}">
  <h:outputText value="You qualify to apply rewards to this booking!"/>
  <h:commandButton action="#{rewardsManager.requestConfirmation}"
                   value="Apply Rewards" immediate="true"/>
</s:div>
```

安全检查实际上映射到 security.drl 中的 RewardsForPayment 规则，向该规则传入 rewardsManager 对象。

```
rule RewardsForPayment
when
  c: PermissionCheck(name == "rewards", action == "payment")
  Role(name == "rewards")
  RewardsManager($userRewards : rewards, $hotel : hotel,
                 $rewardPointsCost : rewardPointsCost)
  Hotel( name != "W Hotel" ) from $hotel
  Rewards( eval( rewardPoints >= $rewardPointsCost) )
         from $userRewards
```

```
then
  c.grant();
end;
```

规则引擎首先确定当前用户具备 rewards 角色(也就是在注册时已经签署加入积分奖励计划的协议)。然后从传入规则的 rewardsManager 对象中提取 rewards、hotel 和 rewardPointsCost 等属性。此处的业务规则要求 rewardPointsCost 少于 rewards.rewardPoints，也就是说，用户必须要有足够的积分来支付整个预订费用。业务规则也规定了酒店不能是"W Hotel"，即 W 酒店没有参与到积分支付计划中，这样就为酒店提供了一种退出奖励积分支付计划的机制。

一旦 RewardsForPayment 规则得到满足，就会在页面上显示 Apply Rewards 按钮，并且用户可以通过#{rewardsManager.requestConfirmation}操作来继续兑换奖励积分工作流(转入确认兑换积分页面)。

打包 Drools JAR 库文件

您需要将 Drools 的 JAR 库文件打包放入自己的应用程序之中，这样 security.drl 文件中的规则才能正常工作。要了解详细情况，请参阅 23.3 节。

23.2　通用规则

利用 security.drl 文件中的业务规则极大地方便了规则的使用。在很多情况下，这一点非常有意义，因为我们一般都要使用业务规则来进行安全检查，这样才能防止有些用户不首先经过规则引擎的检查，而直接在地址栏中输入相关 URL 来访问不能直接访问的功能(例如奖励积分系统)。

当然，规则引擎也可用于与安全根本无关的上下文之中。例如，我们可能会利用业务规则来计算酒店房间价格。每个用户所看到的房间价格都是不同的，这取决于用户已累积的奖励积分。具体的折扣显示在如图 23-1 和图 23-2 中所示的 Discounted payment 字段中。在这种场合下，并不存在安全约束条件。

除此之外，应用程序还可能使用可动态更新的规则——无需重新部署服务器就可以更新规则。这一节将重点讲述这些用例。但是在此之前，首先熟悉 Drools 中的一个关键概念：工作内存。

23.2.1　工作内存

规则引擎的工作方式如下：建立一个名为工作内存(working memory)的内存空间，其中包含了所有需要应用规则的对象。当应用程序要求规则引擎运行时，规则引擎就将规则应用于工作内存中的所有对象，并根据需要修改对象。应用程序将阻塞以等待规则运行完毕，再对工作内存中所有对象的最终状态进行检查，然后才继续运行。

因此，应用程序中的第一步就是创建一个工作内存实例，并使其成为一个可访问的 Seam 组件。这两项工作都是在 app.war/WEB-INF/components.xml 文件中完成的。

```
<drools:rule-base  name="pricingpolicy"
                   rule-files="/META-INF/pricingpolicy.drl"/>
<drools:managed-working-memory name="pricingWM"
                               rule-base="#{pricingpolicy}"/>
```

Seam 运行时首先从指定的规则文件中创建一个规则库。然后，Seam 运行时会创建一个名为 pricingWM 的工作内存组件，并使所有的 Seam 组件都能够使用它。这些规则定义如下：

```
package MyApplicationPrices;

import org.jboss.seam.example.booking.action.HotelReview;
import org.jboss.seam.example.booking.action.RewardsManager;
import org.jboss.seam.example.booking.entities.Booking;
import org.jboss.seam.example.booking.entities.Hotel;
import org.jboss.seam.example.booking.entities.Rewards;
rule HighDiscount
when
  $booking : Booking ()
  exists( Rewards( rewardPoints >= 3000 ))
then
  $booking.setDiscountRate (0.8);
end

rule MidDiscount
when
  $booking : Booking ()
  exists( Rewards( rewardPoints >= 2000 ))
then
  $booking.setDiscountRate (0.85);
end

rule LowDiscount
when
  $booking : Booking ()
  exists( Rewards( rewardPoints >= 1000 ))
then
  $booking.setDiscountRate (0.9);
end

rule NoDiscount
when
  $booking : Booking ()
  exists( Rewards( rewardPoints < 1000 ))
then
  $booking.setDiscountRate (1.0);
end
```

每个规则都会从工作内存中引用一个 Booking 类型对象和一个 Rewards 类型对象，并对 Rewards 对象的 rewardPoints 属性进行检查，再据此对 Booking 对象进行相应地修改。

例如，如果 rewardPoints 超过 3000，那么 HighDiscount 规则将把 Booking 对象的 discountRate
设置为 0.8，也就是说，该用户可以按照原价的 80%进行预订。

23.2.2　使用工作内存

接下来，为了在 Seam 组件中运行规则，必须首先注入工作内存实例 pricingWM。

```
public class HotelBookingAction implements HotelBooking {
  ......
  @In (create=true)
  private WorkingMemory pricingWM;
  ......
}
```

在这个案例中，当加载 payment.xhtml 页面时将运行上述规则，以便计算出当前预订的折
扣价格。

```
<page view-id="/payment.xhtml" conversation-required="true">
  ......
  <action execute="#{hotelBooking.applyPricingRules}"/>
  ......
</page>
```

在如上所述的页面操作方法#{hotelBooking.applyPricingRules}中，将当前的 booking 对
象和 rewards 对象插入到工作内存之中，然后激活规则。booking 是一个 Booking 类型的对
象，rewards 则是一个 Rewards 类型的对象，前一节中提到的规则同时引用了这两个对象。

```
public class HotelBookingAction implements HotelBooking {
  ......
  public void applyPricingRules () throws Exception {
    pricingWM.insert(rewards);
    pricingWM.insert(booking);
    pricingWM.fireAllRules();
  }
  ......
}
```

当所有规则都执行完毕之后，booking 对象的 discountRate 属性应该已经根据奖励积分
设置成相应的值。

该应用程序剩下的工作就是将打折之后的价格显示给用户，并据此在用户结账离开时
从用户的信用卡中扣除相应的金额。

23.2.3　可动态更新的规则

在上述示例中，我们的业务规则是固定的，并且已经打包放入应用程序包 EAR 文件之
中。然而，在实际应用中，业务规则往往会频繁发生变化。业务分析人员在 Excel 电子数
据表或其他某个基于 GUI 的设计工具中拟定规则，然后将其导出为.drl 文件。这样一来，

我们必须能够提供一种机制，以避免在每次规则发生变化时都不得不重新部署服务器。

Drools 就提供了这么一种机制，其做法是定期从某个网络位置下载新规则，以更新现有规则。这样就使得业务分析人员能够在运行时改变系统的行为。我们可以在 app.war/WEB-INF/components.xml 文件中对这个联机规则库的网络位置进行配置：

```
<drools:rule-agent name="myRules"
                   url="http://host/rules"
                   local-cache-dir="/var/rules/cache"
                   poll="30"
                   configuration-name="appRules" />
```

在上面的配置中，这个联机规则库的网络位置就是 http://host/rules/appRules.drl。此外，该配置中还规定，Drools 每隔 30 分钟就会对该规则库进行一次轮询，并将已经下载到本地的规则文件缓存于/var/rules/cache/appRules.drl 中。

23.3 构建和部署

如同已经在第 22 章和本章前面部分中所讨论的那样，在 app.war/WEB-INF/components.xml 文件中需要引用*.drl 文件。因此，为了使规则生效，必须将*.drl 文件和 Drools 的 JAR 库文件一起打包放入最终的应用程序包(EAR 文件)之中。

下面来自 build.xml 的代码片段表明，为了在 JBoss 应用服务器上部署 Drools，我们需要将必要的 JAR 库文件打包放入应用程序包中。当然，如果希望将应用程序部署在 JBoss 应用服务器之外的服务器上，那么可能还需要用到其他一些 JAR 库文件。更多有关此方面的细节，请参阅 Drools 的相关文档。至于*.drl 文件在应用程序包中的位置，一般都位于 app.ear/META-INF/目录中，以便可以通过 classpath:/META-INF/对其进行引用。

```
<target name="ear">
  <mkdir dir="${build.jars}"/>

  <ear destfile="${build.jars}/${projname}.ear"
       appxml="${resources}/META-INF/application.xml">

    <fileset dir="${build.jars}"
             includes="*.jar, *.war"/>

    <metainf dir="${resources}/META-INF">
      <include name="jboss-app.xml" />
      <include name="security.drl" />
      <include name="pricingpolicy.drl" />
    </metainf>

    <fileset dir="${seam.home}">
      <include name="lib/jboss-seam.jar"/>
      <include name="lib/jboss-el.jar" />
      <include name="lib/commons-lang.jar" />
```

```
        <include name="lib/commons-beanutils.jar" />
        <include name="lib/commons-digester.jar" />
        <include name="lib/richfaces-api.jar" />

        <!-- include drools dependencies -->
        <include name="lib/antlr-runtime.jar" />
        <include name="lib/core.jar" />
        <include name="lib/janino.jar" />
        <include name="lib/mvel14.jar" />
        <include name="lib/drools-core.jar" />
        <include name="lib/drools-compiler.jar" />
    </fileset>
  </ear>
</target>
```

如果您的应用程序包是一个将要部署在 Tomcat 服务器之上的 WAR 文件，那么就需要将上面所述的 JAR 库文件打包放入 app.war/WEB-INF/lib 目录中，而将*.drl 文件打包放入 app.war/WEB-INF/classes/META-INF 目录中。

23.4　结论

在本章中讨论了如何将业务规则添加到 Seam Web 应用程序之中。最简单的一种方式就是直接将业务规则放在安全规则之中，这种方式适合于业务规则中已经包含访问控制规则的情形。否则，我们也可以通过注入到 Seam 组件中的工作内存实例，直接将单独的业务规则集成进来，这种方式同样也很简单。

接下来的两章将讨论如何将业务流程集成到 Seam 应用程序之中。在第 25 章中将讨论如何将业务流程和规则集成到一起，这样就可以极大地减少应用程序中的业务逻辑代码。

第 24 章

管理业务流程

业务流程管理在当前的企业级应用程序中是非常关键的一个方面。业务流程引擎通过更改配置就能够使应用程序实时地改变操作，而不需要将业务流硬编码到应用程序中。这种灵活性使得应用程序能够快速适应不断变化的业务需求。

尽管许多企业级应用程序能够从可配置业务流程中受益，但是实际上，真正使用业务流程引擎的应用程序还是比较少见的。原因在于，Web 应用程序和业务流程引擎的整合还是相当困难的事情。大多数开发人员宁愿把业务流硬编码到应用程序中，也不愿意处理应用程序与业务流程引擎的集成问题。Seam 的出现改变了这一切，它使 jBPM(Business Process Manager，一种流行的业务流程管理框架)的集成工作变得简单。

Seam 与 jBPM 的集成已深深扎根于该框架的有状态设计之中。Seam 的一个突出表现就是，它为每一种情况——从对话状态到 jBPM 业务流程状态——都提供了一致的状态管理框架。Seam 可以很容易地将 jBPM 业务流程附加到 Seam 的有状态组件(例如，EJB3 有状态会话 bean)中。

在前面几章中已经展示，对于开发有状态的 Web 应用程序而言，Seam 是一个极为优秀的框架。然而到目前为止，我们所有的有状态应用程序示例都只涉及与单个 Web 用户有关的应用程序状态，而且有状态数据仅仅只持续几分钟(最多数小时)而已。在业务流程驱动的应用程序中，应用程序的状态往往需要长时间连续运行，涉及多个任务和多种角色。例如，查看一个简单的用例场景：在某个文档的作者修改文档之后，必须经过出版经理的批准，然后才能将该文档提交给出版商进行出版。这个非常简单的示例涉及几个任务(写作、批准、发送手稿、出版)和多个角色(作者、出版经理、出版商)。Seam 将与 jBPM 一起捕获该流程中所有的相关信息，并将其放入单个文档之中，然后将该流程集成到应用程序的代码中。

本章不涉及 jBPM 框架的详细信息，但是会重点展示如何将业务流程集成到 Seam 应用程序中。本章将围绕源代码软件包中的 ticketing 项目示例来进行讨论。如果您对 jBPM 一无所知，也无需担心：本章第一部分将介绍 jBPM 的基础知识，以便您能立刻着手编写自己的业务流程。如果您已经相当熟悉 jBPM 的概念和术语表，就可以直接跳过这部分内容。

24.1　jBPM 的概念和术语

　　业务流程中的关键概念就是状态和任务。一般来说，系统不得不花费大部分的时间来等待用户操作。每个用户操作(例如，加载某个 Web 页面或者通过单击某个按钮来触发一个事件处理程序)都将强制系统执行某项任务，并将其切换到一个新的等待状态。经过一系列这样的等待状态，系统就能够完成某项需要多人协作的业务任务。图 24-1 给出了一个非常简单的业务流程。

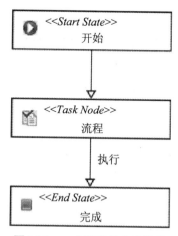

图 24-1　一个简单的业务流程

　　jBPM 中的流程是在流程定义 XML 文件中进行定义的。无论何时想要使用一个流程定义，都必须创建一个流程实例以容纳和保存与该实例相关的数据。从某种意义上说，流程定义就类似于 Java 中的类，而流程实例就类似于 Java 中的对象。

　　我们可以手动创建一个流程定义 XML 文件，也可以使用 JBoss Eclipse IDE 可视化创建流程定义。图 24-2 给出了一个使用 JBoss Eclipse IDE 的可视化流程设计器设计的订单履行流程示例，该流程描述了如何根据特定的条件来批准(或拒绝)订单。为了创建一个流程，必须首先将每一个可能的应用程序状态都分别定义为一个节点(设计器中的一个图形节点元素，或实际的流程定义文件中的一个 XML 元素)。然后，为每一个节点定义状态转换规则，系统根据此规则从当前状态(即当前节点)转换到另一个状态(由另一个节点表示)。

　　JBoss Eclipse IDE 为图 24-2 所示的流程定义自动生成如下的 XML 文件。这个 XML 文件非常直观，易于理解，即使是手动创建也不是一件困难的事情。

```
<process-definition name="OrderManagement">
  <start-state name="start">
    <transition to="decide"/>
  </start-state>

  <decision name="decide" expression="#{orderApproval.howLargeIsOrder}">
    <transition name="large order" to="approval"/>
    <transition name="small order" to="process"/>
  </decision>
```

```
<task-node name="approval" end-tasks="true">
  <task name="approve" description="Review order">
    <assignment pooled-actors="reviewers"/>
  </task>
  <transition name="cancel" to="cancelled"/>
  <transition name="approve" to="process"/>
  <transition name="reject" to="cancelled"/>
</task-node>

<task-node name="process">
  <task name="ship" description="Ship order">
    <assignment pooled-actors="#{shipperAssignment.pooledActors}"/>
  </task>
  <transition name="shipped" to="complete">
    <action expression="#{afterShipping.log}"/>
  </transition>
</task-node>

<end-state name="complete"/>
<end-state name="cancelled"/>

</process-definition>
```

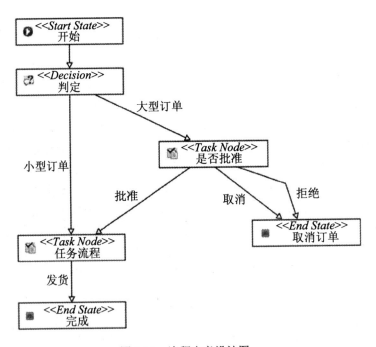

图 24-2 流程定义设计图

　　或许我们可以猜测到该流程将要完成的工作。如图 24-2 所示的流程的基本情况如下：
流程两端分别是初始状态和最终状态；在中间增加了一个判定节点，让系统能够根据实际
情况(Seam 表达式的计算结果)在图中选择正确的方向。此外，我们还定义了两个任务节点，

以及这两个节点与其他节点之间的转换。如果系统运行到某个任务节点，那么它首先必须完成该节点所定义的任务，然后再根据该任务的输出转换到另一个状态节点。流程定义文件中的 assignment 标记可以将流程传递给其他角色。最后，无论 shipped 转换何时被触发，我们都使用 action 来调用方法。如果想要了解更多有关 jBPM 和流程定义语言的知识，请登录 www.jboss.org/products/jbpm/docs 以查看相关的 jBPM 官方文档。

在流程定义中引用 Seam 组件

我们可以通过#{}符号将 Seam 组件直接绑定到 jBPM 流程定义文件，这与 JSF 页面中的使用情况非常相似。流程可以引用 Seam 数据组件的值，以便自动调用 Seam 会话 bean 方法，从而将其作为状态转换的操作。

在下一节中，为了清楚阐明相关概念，我们将提供一个新的示例——常见于客服网站的客户咨询流程。该示例项目位于本书源代码软件包中的 ticketing 目录，其中集成的业务流程就是与客服相关的整个流程(包括客户留言、对客户的留言进行答复以及在为客户进行答复之后关闭本次的客户咨询)。

24.2　应用程序用户和 jBPM 角色

在本章前面曾经提到，业务流程通常涉及多个合作者。流程定义阐明了将哪个任务分配给哪个任务承担者(即角色)。jBPM 运行时则负责维护一个可承担任务的角色列表。例如，在 Ticketing 示例中，要求管理人员对客户咨询进行答复的 answer 任务应该只对 admin 角色可见(可访问)。

```
<task-node name="process">
  <task name="answer" description="#{ticket.title}">
    <assignment pooled-actors="admin" />
  </task>
  ......
</task-node>
```

要想把业务流程集成到 Web 应用程序中，我们面临的第一个挑战就是如何把 Web 用户映射到 jBPM 角色。多个 Web 用户可以拥有相同的 jBPM 角色。例如，在 Ticketing 示例中，多个 Web 用户(例如，公司的每个雇员)都可以成为 admin 角色。因此，jBPM 角色实际上就类似于基于角色的传统授权系统中的用户组。

Seam 中的 jBPM API 使得将 Web 用户指派为 jBPM 角色成为一件简单的事情。Ticketing 示例中的 login.xhtml 页面是用户登录界面，在该页面中，用户可以选择是以 user(创建一条新的留言咨询)角色登录，还是以 admin(对用户的咨询进行答复)角色登录。根据用户在登录时单击 As user 或 As admin 按钮，系统为用户指派不同的 jBPM 角色。如下所示即为 login.xhtml 页面中的相关代码片段：

```
<h:inputText value="#{user.username}" />

......

<h:commandButton type="submit" value="As user"
                 action="#{login.loginUser}"/>
<h:commandButton type="submit" value="As admin"
                 action="#{login.loginAdmin}"/>
```

Seam 将当前用户所对应的 jBPM 角色保存在名为#{actor}的内置组件中。应用程序可以选择一个理想的用户身份验证机制。当某个用户通过验证之后，应用程序立即更新刚刚登录用户的角色所对应的 actor 组件。这个 actor 组件的作用域是整个会话，因此只要用户登录，该用户所对应的角色就会一直被系统维持。如下所示即为 login.xhtml 页面中的 As user 按钮所对应的 Seam 事件处理程序方法。当调用#{login.loginUser}方法时，就告诉 jBPM actor 组件当前的用户具有 user 角色。然后，jBPM 引擎将设法搞清楚应该有哪些任务或流程可以指派给该用户。

```
@Stateful
@Name("login")
@Scope(ScopeType.SESSION)
public class LoginAction implements Login {

  @In(create = true)
  private Actor actor;

  @In
  private User user;

  public String loginUser() {
    // Check user credentials etc.
    actor.setId(user.getUsername());
    actor.getGroupActorIds().add("user");
    return "home";
  }
 // ......
}
```

我们也可以为当前的登录用户指派多个角色。例如，在 Ticketing 示例中，如果用户以 admin 角色登录，那么实际上就相当于告诉 jBPM，该用户同时拥有 user 和 admin 两种角色。因此，这两种类型角色的流程任务都可以提供给该用户。

```
public String loginAdmin() {
  // Check user credentials etc.
  actor.setId(user.getUsername());
  actor.getGroupActorIds().add("user");
  actor.getGroupActorIds().add("admin");
  return "home";
}
```

在本章后面的"pooledTask 组件"一节中将讨论如何根据 jBPM 角色来为用户指派任务。

24.3　创建业务流程

在第 7 章和第 8 章中已经介绍过，Seam 为组件定义了多个作用域，其中关键的 Seam 作用域之一就是流程作用域。流程实例本身清晰地定义了该作用域的生命周期。附加于该流程实例的所有状态信息，即使是在服务器重新启动的情况下都仍然能够维持。此外，一个流程实例可以为多个用户会话所共享，因为可以将任务指派给不同的用户。

在这一节中将讨论如何创建业务流程定义，然后讨论如何在应用程序中启动该流程，以及如何创建与该流程相关的数据组件。

24.3.1　定义流程

作为一个示例，我们尝试在 Ticketing 示例中定义业务流程。该系统的工作原理如下：用户将一个想要咨询的问题输入到系统中，然后等待管理人员回复(如图 24-3 所示)；当某一位管理人员登录系统之后，他把该任务指派给自己，并回复该问题(图 24-4 所示)。

图 24-3　user 角色流程：登录并创建一条新的咨询

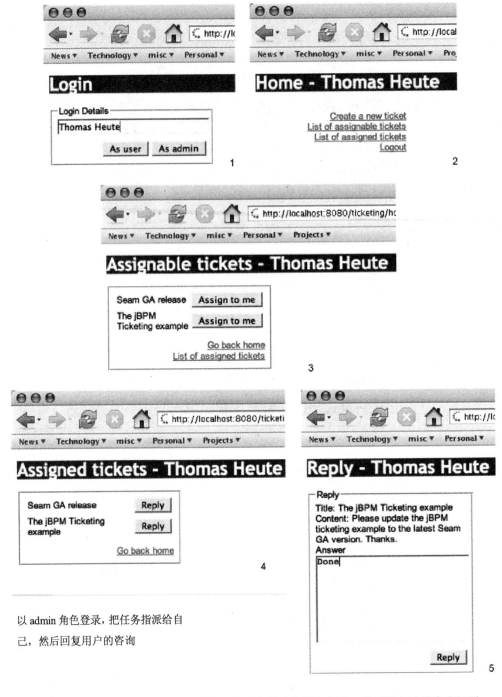

图 24-4 admin 角色流程：登录，给自己指派新的咨询回复任务，然后回复这些咨询问题

下面就是 ticketProcess.jpdl.xml 文件中的业务流程定义。一旦启动流程，就立刻将其转换到 process 节点，并在此状态等待。如果此时有一个 admin 用户登录，那么该用户必须完成 answer 任务才能推动流程继续前进。当完成 answer 任务之后，系统将转换到 complete 节

点，并执行操作方法 myLogger.myLog()。至此流程结束，这个流程实例也将在 complete 状态下被销毁。

```
<process-definition name="TicketProcess">
  <start-state name="start">
    <transition to="process"/>
  </start-state>

  <task-node name="process">
    <task name="answer" description="#{ticket.title}">
      <assignment pooled-actors="admin" />
    </task>
    <transition name="done" to="complete">
      <action expression="#{myLogger.myLog}" />
    </transition>
  </task-node>

  <end-state name="complete"/>
</process-definition>
```

24.3.2　创建业务流程实例

业务流程必须由用户操作触发。在我们的示例中，当用户在 Web 页面上单击 New ticket 按钮时，系统将为本次用户咨询创建一个新的业务流程，并将这个 ticket 对象附加于业务流程作用域中。当管理人员回复本次用户咨询并且系统记录该次回复之后，流程就到此结束。为了实现该流程，为 New ticket 按钮的事件处理程序方法添加@CreateProcess 注解。每个流程定义都有一个唯一的名称，这个名称作为参数传递给@CreateProcess 注解。

```
@Stateless
@Name("ticketSystem")
public class TicketSystemAction implements TicketSystem {
  @CreateProcess(definition="TicketProcess")
  public String newTicket() {
    return "home";
  }
  ......
}
```

现在，每次用户调用 newTicket()方法时，系统都将根据 TicketProcess 流程定义创建一个新的流程实例。每次客户发起一次新的咨询时，都将创建一个对应的业务流程实例。通过将 HTTP 请求参数 taskId 传递给相关的 Web 页面，Web 用户就能够选择其想要处理的业务流程(更多详情请参阅 24.4.2 节)。

关于有状态会话 bean

在这个示例中，我们将业务逻辑放在名为 TicketSystemAction 的无状态会话 bean 之中，而对于与该流程相关的有状态数据，则使用 POJO 组件来进行处理(详情请参阅 24.3.3 节)。

这样做是为了清晰起见，因为这可以使我们首先着重解决如何在业务流程中实现业务逻辑的问题，然后再讲解如何处理在流程中维持状态的问题。

理解了系统的工作原理之后，我们就可以很轻松地将上述两者融合在一起，即直接使用业务流程作用域的有状态会话 bean 来统一实现业务逻辑和应用程序状态。我们把这个问题留给读者作为练习。

24.3.3　将数据对象绑定在流程作用域中

业务流程中总是包含了与其关联的数据。例如在 Ticketing 示例中，每个流程实例都对应有一个 Ticket 对象与其关联。通过使用#{ticket}标记，我们就可以在流程定义文件和 JSF 页面中引用与当前流程关联的 Ticket 对象。在 24.4.3 节中将讨论如何选择"当前"业务流程，而本节则将着重讲解如何将数据对象与业务流程实例绑定在一起。

为了将一个值绑定到业务流程作用域中，可以直接为所有的基本类型和字符串类型添加@Out(scope=BUSINESS_PROCESS)注解。此外，如果需要存储更为复杂的对象，那么必须确保这些对象是可串行化的。此外，将 POJO 对象以串行化对象的形式存储在数据库中可能并不是最佳做法。相反，我们可以将其作为一个实体 bean 来进行存储，这样只需要将该实体 bean 的 ID 值存储到流程实例之中即可。这个示例只是告诉您，在流程实例中存储可串行化对象是可能的。但是还存在另一个相关的问题：因为对象是可串行化的，所以如果不得不更改类的定义，那么就有可能得不到某个需要的变量。在实际应用场景中，因为只有实体 bean 的标识符与业务流程相关，所以修改实体 bean 的定义通常只会对数据库中表的定义产生影响。

不拦截

上述示例将 Ticket 类作为带有@Intercept(InterceptionType.NEVER)注解的 Seam 组件使用。这就意味着，Seam 不会拦截这个 Java bean。截止到目前(本书成稿之时)为止，可拦截的 Java bean 不能绑定到业务流程，因为在服务器关机后它们不能反串行化。

```java
import java.io.Serializable;
import org.jboss.seam.*;

@Name("ticket")
@Intercept(InterceptionType.NEVER)
@Scope(ScopeType.BUSINESS_PROCESS)
public class Ticket implements Serializable {

  private String title;
  private String content;
  private String answer;

  public String getContent() {
    return content;
  }
  public void setContent(String content) {
```

```
      this.content = content;
   }
   public String getTitle() {
     return title;
   }
   public void setTitle(String title) {
     this.title = title;
   }
   public String getAnswer() {
     return answer;
   }
   public void setAnswer(String answer) {
     this.answer = answer;
   }
 }
```

上述对象可以附加于某个业务流程实例并与其"共存"。

24.4　任务管理

任务是业务流程中的核心要素。在业务流程创建之后，它就会一直等待用户来完成流程中所定义的任务。每次用户完成任务时，流程就会继续前进，并且判定该用户下一步需要完成的任务。为了在 Web 应用程序中提供业务流程支持，Seam 提供了一种机制，能够把 Web 操作(例如，单击 Web 页面上的某个按钮)与任务关联起来。在这一节中就将解释这个机制的工作原理。

24.4.1　实现任务的业务逻辑

在 jBPM 业务流程定义中，任务其实只是 XML 文件中的节点。流程本身并没有指定任何业务逻辑——也就是说，流程并没有规定每个任务需要执行什么操作，也没有指明应该如何完成任务。它只是需要知道用户什么时候启动任务，以及什么时候完成任务，这样流程才能够继续推进到下一个任务节点。

在 Seam jBPM 应用程序中，每个任务的业务逻辑都是使用 Java 代码和 JSF 代码实现的。用户通过浏览不同 Web 页面来触发任务的启动和完成。因此，必须告诉应用程序哪个 Web UI 事件表明任务的启动，以及哪个 Web UI 事件表明任务的完成。例如，在 Ticketing 示例应用程序中，当用户单击 Web 页面上的 Reply 按钮时，就启动了 answer 任务。为此，我们必须给 Reply 按钮的 UI 事件处理程序方法(即 TicketSystemAction.reply()方法)添加@BeginTask 注解。实际上，在这个示例中，这个 reply()方法只是重定向到回复页面而已。这个页面上的咨询信息由与该业务流程实例关联的 Seam 组件#{ticket}来提供(详情请参阅 24.3.3 节)。在有状态会话 bean 中，带有@BeginTask 注解的方法通常会获取和初始化任务数据。

```
@Stateless
@Name("ticketSystem")
public class TicketSystemAction implements TicketSystem {
  ......

  @BeginTask
  public String reply() {
    return "reply";
  }
  ......
}
```

从上述代码可以看出，#{ticketSystem.reply}方法的返回结果是 reply，该结果指示 JSF 显示 reply.xhtml 页面。一个任务在完成的过程中可能会经历多个页面，并且会跨越多个 Seam 会话 bean 方法。如果某个方法带有@BeginTask 注解，就意味着该方法是启动某项任务时要调用的第一个方法。从此之后，用户就可能经历多个页面，并调用多个会话 bean 方法以完成该项任务。在任务结束时，最后一个需要调用的方法是带有@EndTask 注解的方法。在 Ticketing 示例应用程序中，当管理人员单击 Web 页面上的 Answer 按钮时，该按钮的事件处理程序将发送咨询的回复信息，完成该任务，然后整个流程将转换到下一个状态。当然，如果当前任务节点还需要经历多次状态转换才能完成本项任务，那么必须在@EndTask 注解中指明下一个任务节点的名称(例如@EndTask("approve"))。

```
@Stateless
@Name("ticketSystem")
public class TicketSystemAction implements TicketSystem {
  ......

  @EndTask
  public String sendAnswer() {
    // send the answer to user
    return "home";
  }
  ......
}
```

上述代码表明，当 Answer 任务完成之后，流程将继续进行下一项任务。然后 Web 用户可以领取该任务并进行处理，直到流程结束。

带有多个状态转换的任务

下面的示例来自 Seam 零售版中附带的 DVD 样本唱片网店，它展示了如何在一个任务节点中处理多个转换。在任务执行期间，Seam 有状态会话 bean 组件决定调用哪个转换，然后指导用户调用适当的@EndTask 方法完成任务。

```
@BeginTask
public String viewTask() {
  order = (Order) em.createQuery("from Order o " +
    "join fetch o.orderLines " +
```

```
      "where o.orderId = :orderId")
        .setParameter("orderId", orderId)
        .getSingleResult();
    return "accept";
  }

  @EndTask(transition="approve")
  public String accept() {
    order.process();
    return "admin";
  }

  @EndTask(transition="reject")
  public String reject() {
    order.cancel();
    return "admin";
  }
```

在@EndTask 注释中定义了要触发的转换，而返回的字符串是 JSF 结果，它指出要显示的下一个视图页面。

24.4.2　指定要处理的任务

@BeginTask 和@EndTask 注解并没有附带任务名称参数。那么应用程序如何知道 #{ticketSystem.reply()}方法要启动一个 answer 任务，而不是流程中定义的其他任务呢？此外，如果应用程序在同一时间有多个业务流程运行，那么在任何特定时间都可能有多个 answer 任务在不同流程(即不同的咨询)中等待。当用户单击特定的 Reply 按钮之后，系统又如何知道应该启动这些 answer 任务中的哪一个任务作为响应呢？

这里的答案就是使用 HTTP 请求参数 taskId。在 jBPM 中，每个处于"等待"状态的任务都有一个唯一的 ID。如果流程中存在多个任务，那么只有当前正在等待用户操作的任务拥有有效的 ID。您可以将@BeginTask、@EndTask 或其他方法应用到带有特定 ID 的任务中。例如，下面的 Reply 按钮适用于正在等待的、ID 值为 123 的任务。从概念上讲，taskId 类似于在第 9 章中讨论过的 conversationId。

```
<h:commandLink action="#{ticketSystem.reply}">
  <h:commandButton value="Reply"/>
  <f:param name="taskId" value="123"/>
</h:commandLink>
```

运用这种技术，我们可以将任何按钮或链接与想要执行的任务关联起来。此外，还可以把 Web 页面与特定的任务或业务流程相关联。例如，当加载 reply.seam?taskId=123 URL 时，reply.xhtml 页面上的#{ticket}组件已经与 taskId 123 相关联的业务流程作用域的#{ticket} 组件一起加载。因此，reply.xhtml 页面确实非常简单：

```
Title: #{ticket.title}
...
```

```
Content: #{ticket.content}
...
Answer: <h:inputTextarea value="#{ticket.answer}"/>
...
<h:commandLink action="#{ticketSystem.sendAnswer}">
  <h:commandButton value="Reply"/>
  <f:param name="taskId" value="#{param.taskId}"/>
</h:commandLink>
```

当用户单击 Reply 按钮时，这个页面的当前 taskId 就传给了#{ticketSystem.sendAnswer} 方法。而 sendAnswer()方法也知道它正在操作哪个任务。本章前面提及，该方法结束任务 并导致业务流程往下推进。

当然，在实际应用程序中不会将 taskId(例如，123)硬编码到 Web 页面中。相反，我们 会要求系统为可指派给当前已登录用户的任务动态生成 taskId，这是 24.4.3 节将要讨论的 主题。

24.4.3　在 UI 中选择任务

目前我们仅知道 Web 操作通过 taskId 参数与 jBPM 任务关联起来。每个处于等待状态 的有效任务都有一个 taskId。但是，用户如何确定有效的 taskId，又如何把任务指派给自己 或其他用户呢？通过内置 Seam jBPM 组件可以实现这一点。

业务流程与对话

我们可以在业务流程和长期运行对话之间进行类比。当用户有多个长期运行对话时， 他可能通过切换浏览器窗口或从#{conversationList}中选择来加入其中一个对话。业务流程 并没有与浏览器窗口捆绑。本节中的 Seam 组件是等同于#{conversationList}的业务流程。

---

1. pooledTaskInstanceList 组件

pooledTaskInstanceList 组件查找可以指派给已登录用户的所有任务实例。例如，在咨询 系统中，可以使用该组件为管理人员获取他可以处理的未分配任务列表。该示例代码可以 按如下方式使用(例如，可用于 assignableTickets.xhtml 页面)：

```
<h:dataTable value="#{pooledTaskInstanceList}" var="task">
  <h:column>
    <f:facet name="header">Id</f:facet>
    #{task.id}
  </h:column>
  <h:column>
    <f:facet name="header">
      Description
    </f:facet>
    #{task.description}
  </h:column>
</h:dataTable>
```

我们已经在流程定义文件中指定(参见 24.3 节)，#{task.description}就是任务的业务流程作用域中的#{ticket.title}。

2. pooledTask 组件

这个组件通常用于#{pooledTaskInstanceList}数据表中，它提供了把一个任务指派给当前已登录角色的独特方法。必须把要指派的任务的 **id** 作为一个请求参数进行传递，以便操作方法(也就是@BeginTask 方法)可以确定它要启动哪个任务。为了使用该组件，您可以编写下面的代码，其中#{task.id}来自#{pooledTaskInstanceList}迭代器(参见前一节)。

```
<h:commandLink action="#{pooledTask.assignToCurrentActor}">
  <h:commandButton value="Assign"/>
  <f:param name="taskId" value="#{task.id}"/>
</h:commandLink>
```

3. taskInstanceList 组件

这个组件的目标就是获取已经指派给已登录用户的所有任务实例。在 Ticketing 示例中，该组件应用在 assignedTickets.xhtml 页面上，用来展示已经指派给用户的流程列表(也就是咨询)。

```
<h:dataTable value="#{taskInstanceList}" var="task">
  <h:column>
    <f:facet name="header">Id</f:facet>
    #{task.id}
  </h:column>
  <h:column>
    <f:facet name="header">
      Description
    </f:facet>
    #{task.description}
  </h:column>
</h:dataTable>
```

4. taskInstanceListByType 组件

可以把这个组件看作是前一个组件的过滤版本。它只返回某一类型的任务实例，而不是返回整个任务实例列表。

```
<h:dataTable value="#{taskInstanceListByType['todo']}" var="task">
  <h:column>
    <f:facet name="header">Id</f:facet>
    #{task.id}
  </h:column>
  <h:column>
    <f:facet name="header">
      Description
    </f:facet>
    #{task.description}
```

```
    </h:column>
  </h:dataTable>
```

一言以蔽之,可以使用 jBPM 定义流程,可以在流程中使用 Seam 有状态会话 bean 处理任务和转换,然后在 JSF 页面上使用 Seam 的内置组件把流程操作与 UI 元素相连接。

24.5 基于业务流程的页面导航流

第 3 章中介绍过,Seam 通过引入 pages.xml 改进了 JSF 的页面流管理。在 pages.xml 中,我们可以定义页面参数、操作以及基于应用程序内部状态的有状态导航规则。

通过 jBPM 支持,Seam 进一步扩展了有状态页面流管理功能,将实际的业务流程作为页面流来支持。这是 Scam 的 jBPM 集成的另一个重要方面。为了更好地阐明基于业务流程的页面流的工作原理,请仔细查看本书源代码软件包中的 numberguess 示例。该应用程序有两个流程,它们分别附加到 numberGuess.xhtml 和 confirm.xhtml 页面。

```
<pages>
  <page view-id="/numberGuess.xhtml">
    <begin-conversation join="true" pageflow="numberGuess"/>
  </page>
  <page view-id="/confirm.xhtml">
    <begin-conversation nested="true" pageflow="cheat"/>
  </page>
</pages>
```

numberGuess.xhtml 页面显示一份表单,让您猜测应用程序生成的随机数字。当输入一个猜测数字后,应用程序告诉您该数字是否太大或太小,然后要求继续猜测,直到猜到准确的数字。下面就是 numberGuess.xhtml 页面的代码:

```
<h:outputText value="Higher!"
  rendered="#{numberGuess.randomNumber gt numberGuess.currentGuess}"/>
<h:outputText value="Lower!"
  rendered="#{numberGuess.randomNumber lt numberGuess.currentGuess}"/>
<br/>
I'm thinking of a number between
#{numberGuess.smallest} and
#{numberGuess.biggest}. You have
#{numberGuess.remainingGuesses} guesses.
<br/>
Your guess:
<h:inputText value="#{numberGuess.currentGuess}"
             id="guess" required="true">
<f:validateLongRange maximum="#{numberGuess.biggest}"
                     minimum="#{numberGuess.smallest}"/>
</h:inputText>

<h:commandButton value="Guess" action="guess"/>
<s:button value="Cheat" view="/confirm.xhtml"/>
<s:button value="Give up" action="giveup"/>
```

　　在与该页面相关的业务流程中，Guess 和 Give up 按钮分别映射到 guess 和 giveup 转换。giveup 转换很简单：它只是把用户重定向到 giveup.xhtml 页面，用户可以单击两个分别映射到 yes 和 no 操作的按钮。guess 转换则略微复杂一点：Seam 首先执行#{numberGuess.guess}方法，该方法比较用户猜测数字与随机数字，并保存当前猜测数字。然后，流程进行到判定节点 evaluateGuess。而#{numberGuess.correctGuess}方法比较当前猜测数字与随机数字。如果结果是 true，则流程转换到 win 节点，并且显示 win.xhtml 页面。

```xml
<pageflow-definition name="numberGuess">

  <start-page name="displayGuess" view-id="/numberGuess.xhtml">
    <redirect/>
    <transition name="guess" to="evaluateGuess">
      <action expression="#{numberGuess.guess}"/>
    </transition>
    <transition name="giveup" to="giveup"/>
  </start-page>

  <decision name="evaluateGuess"
            expression="#{numberGuess.correctGuess}">
    <transition name="true" to="win"/>
    <transition name="false" to="evaluateRemainingGuesses"/>
  </decision>

  <decision name="evaluateRemainingGuesses"
            expression="#{numberGuess.lastGuess}">
    <transition name="true" to="lose"/>
    <transition name="false" to="displayGuess"/>
  </decision>

  <page name="giveup" view-id="/giveup.xhtml">
    <redirect/>
    <transition name="yes" to="lose"/>
    <transition name="no" to="displayGuess"/>
  </page>

  <page name="win" view-id="/win.xhtml">
    <redirect/>
    <end-conversation/>
  </page>

  <page name="lose" view-id="/lose.xhtml">
    <redirect/>
    <end-conversation/>
  </page>

</pageflow-definition>
```

　　下面是#{numberGuess.guess}和#{numberGuess.correctGuess}方法。通过业务流程的支持，这些方法只需要包含业务逻辑代码——不需要将其连接到导航逻辑。

```java
@Name("numberGuess")
@Scope(ScopeType.CONVERSATION)
public class NumberGuess {
  ......
  public void guess() {
    if (currentGuess > randomNumber) {
      biggest = currentGuess - 1;
    }
    if (currentGuess < randomNumber) {
      smallest = currentGuess + 1;
    }
    guessCount ++;
  }

  public boolean isCorrectGuess() {
    return currentGuess == randomNumber;
  }
}
```

如果用户加载 confirm.xhtml 页面，则启动 cheat 流程。如果单击映射到 yes 操作的按钮，则调用#{numberGuess.cheated}并把您标记为欺诈者，然后流程进入到 cheat 节点并显示 cheat.xhml 页面：

```xml
<pageflow-definition name="cheat">

  <start-page name="confirm" view-id="/confirm.xhtml">
    <transition name="yes" to="cheat">
      <action expression="#{numberGuess.cheated}"/>
    </transition>
    <transition name="no" to="end"/>
  </start-page>

  <page name="cheat" view-id="/cheat.xhtml">
    <redirect/>
    <transition to="end"/>
  </page>

  <page name="end" view-id="/numberGuess.xhtml">
    <redirect/>
    <end-conversation/>
  </page>

</pageflow-definition>
```

"返回(Back)" 按钮

当使用有状态页面流模型导航时，就必须确保应用程序已经决定什么是可能的情况。考虑以下转换：如果通过了某个转换，就不能返回，除非在页面流定义中使该操作成为可能。如果用户决定按下浏览器的 "返回(Back)" 按钮，就可能导致不一致的状态出现。幸好，Seam 自动将用户带回到其应该看到的页面。这就能够确信用户不会因为不小心单击"返回(Back)" 按钮并再次提交而将她的 1 000 000 美元订单提交两次。

24.6　jBPM 库和配置

为了使用 jBPM 组件，就必须在应用程序的 JAR 文件(即 EAR 文件中的 app.jar)中捆绑 jbpm-x.y.z.jar 文件。建议使用 JBPM 3.1.2 或以上版本。

您还必须将下面的配置文件添加到 EAR 文件的根目录中：*.jpdl.xml(定义业务流程)、jbpm.cfg.xml(配置 jBPM 引擎)以及 hibernate.cfg.xml(配置数据库以存储流程状态)。

```
ticketing.ear
|+ ticketProcess.jpdl.xml
|+ hibernate.cfg.xml
|+ jbpm.cfg.xml
|+ app.war
|+ app.jar
|  |+ class files
|  |+ jbpm-3.1.2.jar
|  |+ seam.properties
|  |+ META-INF
|+ jboss-seam.jar
|+ el.api.jar
|+ el-ri.jar
|+ META-INF
```

jbpm.cfg.xml 文件重写 jBPM 引擎中的默认属性。更重要的是，您必须为持久化数据禁用 jBPM 事务管理器，因为 Seam 现在负责管理数据库访问。

```
<jbpm-configuration>
  <jbpm-context>
    <service name="persistence">
      <factory>
        <bean
           class="org.jbpm.persistence.db.DbPersistenceServiceFactory">
          <field name="isTransactionEnabled">
            <false/>
          </field>
        </bean>
      </factory>
    </service>
  </jbpm-context>
</jbpm-configuration>
```

jBPM 引擎在数据库中存储流程状态，以使流程长期运行——即便是服务器重启之后。hibernate.cfg.xml 文件配置用来存储 jBPM 状态数据的数据库，并加载 jBPM 数据映射文件以建立数据库表。在这个示例中，我们只是把 jBPM 状态数据保存到嵌入式 HSQL 数据库中，该数据库位于 java:/DefaultDS。存在许多 jBPM 映射文件，在这里不一一列举。可以参阅 ticketing 项目中的 hibernate.cfg.xml 文件以了解更多信息。

```
<hibernate-configuration>
  <session-factory>
    <property name="dialect">
      org.hibernate.dialect.HSQLDialect
    </property>
    <property name="connection.datasource">
      java:/DefaultDS
    </property>
    <property name="transaction.factory_class">
      org.hibernate.transaction.JTATransactionFactory
    </property>
    <property name="transaction.manager_lookup_class">
      org.hibernate.transaction.JBossTransactionManagerLookup
    </property>
    <property name="transaction.flush_before_completion">
      true
    </property>
    <property name="cache.provider_class">
      org.hibernate.cache.HashtableCacheProvider
    </property>
    <property name="hbm2ddl.auto">update</property>

    <mapping resource="org/jbpm/db/hibernate.queries.hbm.xml"/>

    <mapping .../>
  </session-factory>
</hibernate-configuration>
```

此外，必须告诉 Seam 运行时在何处查找*.jpdl.xml 文件。为此，需要在 components.xml 文件中添加 core:Jbpm 组件：

```
<components>
  ......
  <core:Jbpm processDefinitions="ticketProcess.jpdl.xml"/>
</components>
```

总体而言，Seam 极大地简化了业务流程驱动的 Web 应用程序的开发。传统的 Web 开发人员最初可能会发现业务流程的概念有点混淆，但是当掌握了基本语法之后，就会发现这种方法非常易于使用，并且功能强大。Seam 降低了在 Web 应用程序中使用业务流程的门槛。

第 25 章

集成业务流程和规则

到目前为止，我们已经讨论了如何把 Drools 规则引擎(第 22 和 23 章)和 jBPM 业务流程引擎(第 24 章)作为独立的服务集成到 Seam 应用程序之中。业务流程和规则通常是相辅相成的。在每个流程节点中，可以基于应用程序的当前状态激活一组规则来决定下一步应该执行的操作。这样就可以采用声明式方法来表达大量的业务逻辑，从而避免在 Java 中编写大量的业务逻辑代码。

在本章中将重新实现 24.5 节中提到的猜数字游戏，但是这里使用声明式规则来管理应用程序的流，而不是使用 Java 硬编码业务逻辑。该示例改编自 Seam 的官方示例。

游戏要求猜测它选中的随机数字。每猜测一次，系统就提示猜测结果是否太大或太小，然后为下一次猜测调整许可的数字范围。每一局允许猜测 10 次。如果猜中正确答案，那么游戏就会显示"您赢了"的页面。如果 10 次都猜错，那么游戏则显示"您输了"的页面。

25.1 流程

通过以上游戏描述，可以知道猜数字游戏只有 3 个状态：等待用户输入猜测数字、宣布赢以及宣布输。当用户输入一个猜测数字后，应用程序计算出它下一步要进入这 3 个状态中的哪一个，然后流程自身重复。在此基础上，我们有以下的业务流程定义：

```
<pageflow-definition ... name="numberGuess">

  <start-page name="displayGuess"
              view-id="/numberGuess.xhtml">
    <redirect/>
    <transition name="guess" to="drools"/>
  </start-page>

  <decision name="drools">

    <handler class="org.jboss.seam.drools.DroolsDecisionHandler">
```

```
        <workingMemoryName>workingMemory</workingMemoryName>
        <assertObjects>
          <element>#{game}</element>
          <element>#{guess}</element>
        </assertObjects>
      </handler>

      <transition to="displayGuess"/>
      <transition name="lose" to="lose"/>
      <transition name="win" to="win"/>

    </decision>

    <page name="win" view-id="/win.xhtml">
      <end-conversation />
      <redirect/>
    </page>

    <page name="lose" view-id="/lose.xhtml">
      <end-conversation />
      <redirect/>
    </page>

</pageflow-definition>
```

当用户加载 numberGuess.xhtml 页面时，业务流程随即启动，并且 Seam 创建 game 组件。

```
@Name("game")
@Scope(ScopeType.CONVERSATION)
public class Game {

  private int biggest;
  private int smallest;
  private int guessCount;

  @Create
  @Begin(pageflow="numberGuess")
  public void begin() {
    guessCount = 0;
    biggest = 100;
    smallest = 1;
  }

  ......
}
```

　　流程在 displayGuess 状态下启动。当用户输入猜测数字并单击 Guess 按钮时，状态转换到 drools。在 drools 节点中，如果用户输入了正确的猜测数字，那么规则就进行确认；如果用户输入错误的猜测数字，而且没有达到尝试次数的最大上限，那么应用程序则后退到 displayGuess 状态，并通过 numberGuess.xhtml 页面显示允许猜测数字的当前范围。否则，系统根据规则转换到 win 或 lose 状态，并且显示相应的 Web 页面。

在前一章中讨论过，drools 节点中使用的 workingMemory 组件在 components.xml 中创建。

```
<components ...>
  <drools:rule-base name="ruleBase"
                    rule-files="numberguess.drl"/>
  <drools:managed-working-memory name="workingMemory"
                                 rule-base="#{ruleBase}"/>

  <bpm:jbpm>
    <bpm:pageflow-definitions>
      <value>pageflow.jpdl.xml</value>
    </bpm:pageflow-definitions>
  </bpm:jbpm>

</components>
```

25.2 规则

以下规则应用在 drools 节点中，用来决定下一步导航到哪个 Web 页面，以及在该 Web 页面上显示什么信息：

```
package org.jboss.seam.example.numberguess

import org.jboss.seam.drools.Decision

global Decision decision
global int randomNumber
global Game game

rule High
  when
    Guess(guess: value > randomNumber)
  then
    game.setBiggest(guess-1);
end

rule Low
  when
    Guess(guess: value < randomNumber)
  then
    game.setSmallest(guess+1);
end

rule Win
  when
    Guess(value==randomNumber)
  then
```

```
      decision.setOutcome("win");
end

rule Lose
  when
    Game(guessCount==9)
  then
    if ( decision.getOutcome()==null )
    {
      decision.setOutcome("lose");
    }
end

rule Increment
  salience -10
  when
    Guess()
  then
    game.incrementGuessCount();
end
```

当满足规则 High 时，就表明猜测数字太大。在这个示例中，规则引擎减少下一次猜测数字的上限，增加猜测计数，然后不输出判定结果。接下来，新的上限和猜测计数也会显示在 numberGuess.xhtml 页面上。

当满足规则 Win 时，规则引擎输出判定结果 win。win 结果自动设置为业务流程节点的转换名称。然后，页面流将用户带到 win.xhtml 页面。

Drools 和页面流引擎之间的关键集成点如下：

● drools 节点表明，业务流程可以自动根据工作内存来调用规则引擎。

● 规则的输出结果自动设置为业务流程转换(转到下一个状态)的名称。

25.3 结论

本章的示例应用程序演示如何在 Seam Web 应用程序中结合使用规则引擎和业务流程。本章中的 Java 类大多数是简单的 Java bean，它们为 Web 表单提供数据绑定。所有的应用程序流和业务逻辑都是采用声明式方法在配置文件中表达的，并通过业务流程引擎和规则引擎进行处理。当系统中的业务逻辑快速变化时，这种声明式编程将是非常强大的方法。

第 VI 部分

Seam 应用程序测试

　　测试是现代软件开发流程中一个很重要的组成部分。作为一个 POJO 框架，Seam 完全是为方便测试而设计的。在测试方面，Seam 要远远优于其他 POJO 框架。实际上，Seam 提供自己的基于 TestNG 的测试框架，从而可以更容易为 Seam 应用程序编写自动的容器外 (out-of-container)单元测试和集成测试。在接下来的两章中，您将学习如何为 Seam 应用程序编写测试用例。这一部分中还将解释如何为容器外测试建立适当的测试环境。

第 26 章　单元测试
第 27 章　集成测试

第 26 章

单元测试

随着敏捷软件开发方法(例如 TDD，Test-Driven Development，即测试驱动开发)的广泛采用，单元测试已经成为软件开发人员的一项中心任务。一般规模的 Web 项目都会拥有大量单元测试用例。因此，可测试性(testability)已成为软件框架的核心特性。

POJO(Plain Old Java Object，普通旧式 Java 对象)很容易进行单元测试。在任何一个单元测试框架中，只需使用标准 Java 关键字 new 实例化 POJO，并运行该实例的方法即可。在过去几年中，敏捷方法学和基于 POJO 的框架的迅速传播发生在同一时间，这并不是偶然的情况。Seam 是为易于进行单元测试而设计的基于 POJO 的框架。

企业级 POJO 不是孤立存在的。它们必须与其他 POJO 和基础结构服务(例如，数据库)进行交互来完成任务。在测试环境下，标准 TDD 和敏捷方法学的做法是"模拟(mock)"服务环境——也就是说，复制服务器 API 而无需真正运行服务器。然而，模拟服务常常难以建立，并且依赖于所选择的测试框架。为了迎接这一挑战，Seam 配备了 SeamTest 类来极大地简化模拟任务。SeamTest 功能基于流行的 TestNG 框架，可以在开发环境中模拟所有的 Seam 服务。

在本章中将讨论如何使用 SeamTest 类来编写 TestNG 单元测试。我们编写的测试用例针对第 7 章所讨论的 stateful 示例应用程序。为了运行测试，请进入 stateful 项目文件夹，然后运行命令 ant test。build 脚本运行 test 目录下的所有测试，并在命令控制台中报告结果，如下所示：

```
$ant test

......

[testng] PASSED: simulateBijection
[testng] PASSED: unitTestSayHello2
[testng] PASSED: unitTestSayHello
[testng] PASSED: unitTestStartOver

[testng] ===============================================
[testng]     HelloWorld
```

```
[testng]          Tests run: 4, Failures: 0, Skips: 0
[testng] ================================================
```

同时，在 build/testout 目录中提供 HTML 格式的测试结果(如图 26-1 所示)。

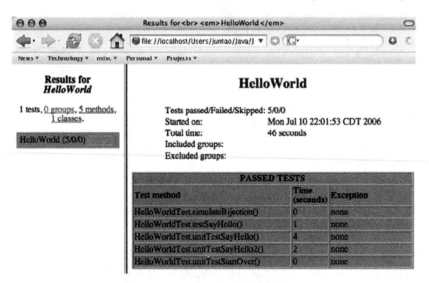

图 26-1   stateful 项目的测试结果

在附录 B 中将会讨论，您可以使用 stateful 项目作为模板，在 test 目录中放入自己的测试用例。这样就可以重用所有的配置文件、库 JAR 文件和 build 脚本。但是对于有兴趣了解更多相关信息的用户，我们将在附录 B 中详细地解释 build 脚本如何设置类路径和配置文件来运行测试。

TestNG 的定义

TestNG 是旨在替代 JUnit 的“下一代”测试框架，它支持多种类别的开发人员测试，包括单元测试、集成测试以及端到端测试。相对于 JUnit，TestNG 测试更具灵活性，而且更容易编写。

与 Seam 一样，TestNG 广泛使用 Java 注解来简化代码，这就使其成为 Seam 应用程序开发人员的自然选择。更重要的是，TestNG 为模拟对象提供优秀的内置支持，而这正是测试框架的一项关键功能。Seam 充分利用了这项功能，并且在 SeamTest 类中还带有一个自定义的模拟框架。我们将在本章和下一章中讲解 SeamTest 类的使用。

在本章中将对 TestNG 进行一些基本的介绍，以便读者能够快速掌握该框架。所有示例都简单明了。如果有兴趣了解更多有关 TestNG 的知识，请参阅 TestNG 网站 http://testng.org。

26.1   一个简单的 TestNG 测试用例

从 ManagerAction 类中的一个简单方法开始，阐明 TestNG 单元测试用例的关键元素。

```
public class ManagerAction implements Manager {

  public void startOver () {
    person = new Person ();
    confirmed = false;
    valid = false;
  }

  ......

}
```

下面的方法测试 ManagerAction.startOver()方法。它实例化 ManagerAction POJO，运行 startOver()方法，然后检查 manager.confirmed 的值是否确实被设置为 false。这是极其简单的测试，但是包含了单元测试的所有基本要素。

```
public class HelloWorldTest extends SeamTest {

  @Test
  public void unitTestStartOver() throws Exception {
    Manager manager = new ManagerAction ();
    manager.startOver();
    assert !manager.getConfirmed ();
  }
  ......

}
```

请注意 unitTestStartOver()方法上的@Test 注解。@Test 注解告诉 TestNG，该方法是一个测试用例，应当由测试运行器执行。HelloWorldTest 类继承自@Test SeamTest，从而允许测试方法访问 SeamTest 的内置模拟功能。在这个简单测试用例中，我们没有使用任何模拟服务，但是在下一节中就可以看到它们的用处。

TestNG 可以使用户拥有多个测试类和多个测试运行配置。在每个测试运行配置中，可以选择运行一个或多个测试类。测试配置的定义放在类路径的一个 XML 文件中。在 testing.xml 测试配置文件中，我们告诉 TestNG 应该运行在 HelloWorldTest 类中的测试用例：

```
<suite name="HelloWorld" verbose="2" parallel="false">

  <test name="HelloWorld">
    <classes>
      <class name="HelloWorldTest"/>
    </classes>
  </test>

</suite>
```

现在使用 TestNG 的内置 Ant 任务来运行测试配置。设置正确的类路径之后，我们只需要把测试配置文件传入类路径。下面是 stateful 项目的 build.xml 文件的代码片段。

```
<target name="test" depends="compile">

  <taskdef resource="testngtasks" classpathref="lib.classpath"/>
  ......
  <testng outputdir="${build.testout}">
    <jvmarg value="-Xmx800M" />
    <jvmarg value="-Djava.awt.headless=true" />
    <classpath refid="test.classpath"/>
    <xmlfileset dir="${test}" includes="testng.xml"/>
  </testng>

</target>
```

如上所述，测试结果显示在控制台上，同时在 build/testout 目录里也包含 HTML 格式的测试结果。

26.2　模拟双向依赖注入

双向依赖注入(参阅第 1 章)广泛应用于 Seam 应用程序。尽管双向依赖注入对开发人员来说很容易，但它给单元测试带来了挑战。Seam 双向依赖注入注解可以直接用于私有数据字段。没有 getter/setter 方法(或构造函数方法)，测试框架就不能访问这些私有字段，因此也就不能把 POJO 和服务融合在一起进行测试。下面的示例是 ManagerAction 类中的 person字段，它带有@In 和@Out 注解，但是并不包含 getter/setter 方法。那么，TestNG 中的单元测试用例如何才能操作 ManagerAction.person 字段呢？

```
@Stateful
@Name("manager")
@Scope (SESSION)
public class ManagerAction implements Manager {
  @In @Out
  private Person person;
  ......
}
```

在这里，SeamTest 类中的模拟功能就有了用武之地。SeamTest 类提供 getField()和setField()方法来模拟双向依赖注入，并直接操作 Seam 组件的私有字段。下面的示例演示了如何使用 getField()和 setField()方法。首先注入一个 Person 对象，并测试注入是否成功。然后，运行 ManagerAction.startOver()方法(该方法会刷新 person 字段)，并测试结果是否注出。重要的是把 getField()的结果转换为正确的对象类型。

```
public class HelloWorldTest extends SeamTest {
  @Test
  public void simulateBijection() throws Exception {
    Manager manager = new ManagerAction ();
    Person in = new Person ();
    in.setName ("Michael Yuan");
```

```
// Inject the person component
setField (manager, "person", in);
Person out = (Person) getField(manager, "person");
assert out != null;
assert out.getName().equals("Michael Yuan");

manager.startOver();

out = (Person) getField(manager, "person");
assert out != null;
assert out.getName() == null;
}
......
}
```

访问私有字段

Java 规范不允许从类外部访问类的私有字段。那么 SeamTest 如何做到这一点呢？SeamTest 类运行它自己的内嵌 Seam 运行时，利用类字节码来避开常规 JVM 的限制。

26.3 模拟数据库和事务

几乎所有的 Seam 应用程序都把自己的数据存储在关系数据库中。开发人员必须对数据库相关的功能进行单元测试。但是，在服务器容器之外进行数据库测试是很困难的。我们必须模拟所有与持久化相关的容器服务，包括创建全功能的 EJB3 EntityManager，连接到一个内嵌数据库，以及管理数据库事务。SeamTest 类使得模拟数据库服务变得容易。

我们需要做的第一件事情就是创建一个 EntityManager 实例。Persistence.xml 文件包含如何连接内嵌数据库的信息。为了在 Java SE 测试环境中引导实体管理器，需要为测试指定一个非 JTA 数据源(类似于在第 4 章讨论过的设置)。因此，就有了下面的 test/persistence.xml 文件。当运行测试但没有在 EAR 中打包时，该文件就加载到类路径中：

```
<persistence>
  <persistence-unit name="helloworld"
                    transaction-type="RESOURCE_LOCAL">
    <provider>
      org.hibernate.ejb.HibernatePersistence
    </provider>
    <non-jta-data-source>java:/DefaultDS</non-jta-data-source>
    <properties>
    ......
    </properties>
  </persistence-unit>
</persistence>
```

首先，我们应当把 persistence.xml 文件中的持久化单元传给某个静态工厂方法，以此来创建一个 EntityManagerFactory 对象。从这个 EntityManagerFactory 对象处，可以创建一个 EntityManager 实例，然后使用在前一节中讨论过的 SeamTest.setField()方法将其注入 Seam 组件中。

```
EntityManagerFactory emf =
  Persistence.createEntityManagerFactory("helloworld");
EntityManager em = emf.createEntityManager();

Manager manager = new ManagerAction ();
setField(manager, "em", em);
```

持久化上下文名称

在 scam-gen 项目中，持久化单元名称默认为项目名称。因此，如果正在把本书的示例应用程序移植到 seam-gen 项目，那么在运行测试之前，不要忘记为 createEntityManagerFactory()方法更改持久化单元的名称。

现在，您可以测试 Seam POJO 中的所有数据库方法。所有的数据库操作都针对绑定在测试环境中的内嵌 HSQL 数据库执行。如果使用本书源代码软件包中的项目模板(参阅附录 B)，就不需要自己设置数据库。如果要向数据库中写入任何数据，就必须把 EntityManager 操作放入一个事务中，例如：

```
em.getTransaction().begin();
String outcome = manager.sayHello ();
em.getTransaction().commit();
```

下面是 unitTestSayHello()测试用例的完整程序清单，它测试的是 stateful 示例中的 Manager Action.sayHello()方法。这个测试用例把本章前面讨论的各个方面联系在一起。

```
public class HelloWorldTest extends SeamTest {

  @Test
  public void unitTestSayHello() throws Exception {

    Manager manager = new ManagerAction ();

    EntityManagerFactory emf =
      Persistence.createEntityManagerFactory("helloworld");
    EntityManager em = emf.createEntityManager();
    setField(manager, "em", em);

    Person person = new Person ();
    person.setName ("Jacob Orshalick");
    setField(manager, "person", person);
    setField(manager, "confirmed", false);

    em.getTransaction().begin();
    manager.sayHello ();
    em.getTransaction().commit();
```

```
    List <Person> fans = manager.getFans();
    assert fans!=null;
    assert fans.get(fans.size()-1).getName().equals("Jacob Orshalick");

    person = (Person) getField (manager, "person");
    assert person != null;
    assert person.getName() == null;

    em.close();
  }
  ......
}
```

26.4　加载测试基础结构

在 26.1 节中讨论过，我们在 test/testng.xml 文件中定义了测试，然后在 Ant 任务 testng 中运行它们。所有测试用例的 Java 源代码都放在 test 目录中。

为了运行测试，特别是模拟数据库测试(参阅 26.3 节)和集成测试(参阅第 27 章)，测试运行器必须首先加载 JBoss 内嵌 EJB3 容器和 Seam 运行时。应用程序的所有 Seam 配置文件必须在类路径中(或在类路径的 META-INF 和 WEB-INF 目录中)，就如同它们在真正的应用服务器中一样。

使用 seam-gen

seam-gen 生成的项目已经有正确设置的测试基础结构。只需要把*Test.xml(也就是 testng.xml 的等效值)文件和测试用例源文件放入 test 目录中，然后运行ant test。在测试用例中也可以使用 EntityManager 和其他 EJB3 服务。

除了 WEB-INF/components.xml 和 META-INF/persistence.xml 文件之外，用于测试的配置文件与用于部署的配置文件相同。当运行测试时，test/components.xml 和 test/persistence.xml 文件将被复制到测试类路径中。在前面已经讲解过 test/persistence.xml 文件。我们需要对 components.xml 进行修改的地方就是 JNDI 名称模式。不再需要 EJB3 bean JNDI 名称模式中的 EAR 名称前缀，因为测试中没有 EAR 文件存在。如果正在测试 Seam POJO 应用程序(参阅示例应用程序 jpa)，就没有必要执行这种修改。

```
<components ...>
  ... same as deployment ...
  <core:init jndi-pattern="#{ejbName}/local" debug="false"/>
</components>
```

为了加载测试基础结构，也需要把支持库 JAR 和配置文件放入测试类路径中。这些文件位于样本代码软件包内的$SEAM_HOME/lib、$SEAM_HOME/lib/test 以及$SEAM_HOME/bootstrap 目录中。必须小心地排除 JAR 和目录中可能重复的配置文件，例如 components.xml。

下面就是 build.xml 文件中与运行测试相关的部分：

```xml
<property name="lib" location="${seam.home}/lib" />
<property name="applib" location="lib" />
<path id="lib.classpath">
  <fileset dir="${lib}" includes="*.jar"/>
  <fileset dir="${applib}" includes="*.jar"/>
</path>
<property name="testlib" location="${seam.home}/lib/test" />
<property name="eejb.conf.dir" value="${seam.home}/bootstrap" />
<property name="resources" location="resources" />

<property name="build.test" location="build/test" />
<property name="build.testout" location="build/testout" />

......

<target name="test" depends="compile">

  <taskdef resource="testngtasks" classpathref="lib.classpath"/>

  <mkdir dir="${build.test}"/>

  <javac destdir="${build.test}" debug="true">
    <classpath>
      <path refid="lib.classpath"/>
      <pathelement location="${build.classes}"/>
    </classpath>
    <src path="${test}"/>
  </javac>

  <copy todir="${build.test}">
    <fileset dir="${build.classes}" includes="**/*.*"/>
    <fileset dir="${resources}" includes="**/*.*"/>
  </copy>

  <!-- Overwrite the WEB-INF/components.xml -->
  <copy todir="${build.test}/WEB-INF" overwrite="true">
    <fileset dir="${test}" includes="components.xml"/>
  </copy>
  <!-- Overwrite the META-INF/persistence.xml -->
  <copy todir="${build.test}/META-INF" overwrite="true">
    <fileset dir="${test}" includes="persistence.xml"/>
  </copy>

  <path id="test.classpath">
    <path path="${build.test}" />

    <fileset dir="${testlib}">
      <include name="*.jar" />
```

```
    </fileset>

    <fileset dir="${lib}">
      <exclude name="jboss-seam-ui.jar" />
      <exclude name="jboss-seam-wicket.jar" />
      <exclude name="interop/**/*" />
      <exclude name="gen/**/*" />
      <exclude name="src/**/*" />
    </fileset>

    <path path="${eejb.conf.dir}" />
  </path>
  <testng outputdir="${build.testout}">
    <jvmarg value="-Xmx800M" />
    <jvmarg value="-Djava.awt.headless=true" />
    <classpath refid="test.classpath"/>
    <xmlfileset dir="${test}" includes="testng.xml"/>
  </testng>

</target>
```

　　这项测试设置的优点就是，测试运行器为 Seam 引导整个运行时环境。因此，它不仅可以运行单元测试，也可以运行集成测试(充分利用 JSF EL 来模拟现实中的 Web 交互)。

第 27 章

集成测试

单元测试非常有用，但也有其局限性。根据定义，单元测试重点放在 POJO 及其方法上。模拟基础结构的目的就是为了能够相对孤立地测试各个 POJO。这就意味着，我们不能测试 POJO 与框架本身的交互是否正确。例如，如何测试一个注出组件在 Seam 运行时上下文中的值是否正确？又如何知道 JSF 交互过程和 EL 表达式的效果是否令人满意？这里，我们就需要运用集成测试来测试 Seam 和 JSF 运行时内部的现场 POJO。不同于白盒(white box)单元测试，集成测试是从用户角度来处理应用程序的。

集成测试也可以比单元测试更简单，特别是在涉及数据库操作和其他容器服务时。在集成测试中，我们的测试对象是现场 Seam 组件，而不是单元测试用例中由测试实例化的 POJO。SeamTest 启动内嵌式 Seam 运行时来管理这些现场的 Seam 组件。这个内嵌的 Seam 运行时提供与 JBoss AS 服务器中的 Seam 运行时完全相同的服务。不需要模拟双向注入或手动为数据库访问设置 EntityManager 和事务。

如果要使用本书的示例项目作为模板(例如，stateful 示例)，或者使用 seam-gen 来生成项目，那么就已经做好进行集成测试的准备。本书前面描述过，只需把自己的测试用例添加到 test 目录，然后运行 ant test。不需要额外的配置或设置。

服务器容器测试的来龙去脉

有一种简单的集成测试形式，就是在 JBoss AS 中部署应用程序，然后通过 Web 浏览器手动运行测试。但对于开发人员来说，自动化才是容易测试的关键需求。开发人员应当无需照看就能运行集成测试，并通过一份具有良好格式的报表来查看结果。理论上，测试应当直接运行在开发环境内部(也就是 JDK 5.0 或直接在 IDE 内部)，而无需启动任何服务器或浏览器。

测试现场 Seam 组件的最大挑战在于模拟 JSF UI 交互。如何模拟 Web 请求，把值绑定到 Seam 组件，然后从测试用例中调用事件处理程序方法呢？幸运的是，Seam 测试框架已经使这一切变得容易。在下一节中将从 integration 中的具体测试示例开始介绍。

在 Seam Web 应用程序中，通过 JSF 页面中的 EL 表达式#{}来访问 Seam 组件。为了在 TestNG 测试用例中访问这些组件，Seam 测试框架做了两件事情。第一，它提供了一种机制在测试代码中模拟(或"驱动")整个 JSF 交互生命周期。第二，它通过 JSF EL 表达式或反射方法调用把测试数据绑定到 Seam 组件。接下来在测试代码中检验这两个方面。

27.1　模拟 JSF 交互

在每个 Web 请求/响应周期中，JSF 经历数个步骤(阶段)来处理请求并呈现响应。使用 SeamTest 中的内部类 FacesRequest，通过重写适当的方法就可以模拟每个 JSF 阶段的测试操作。FacesRequest 的构造函数可以附带一个字符串实参(表示脚本的目标 view-id)，后面可以紧跟任意数量的页面参数(在 pages.xml 中定义)。然后，测试运行器只需要按照 JSF 生命周期各个阶段依次调用这些生命周期方法。下列代码片段给出了一个用来测试 Web 表单提交的典型脚本的基本结构。

```
public class HelloWorldTest extends SeamTest {

  @Test
  public void testSayHello() throws Exception {

    new FacesRequest("/mypage.xhtml") {

      @Override
      protected void updateModelValues() throws Exception {
        // Bind simulated user input data objects to Seam components
      }

      @Override
      protected void invokeApplication() {
        // Invoke the UI event handler method for
        // the HTTP POST button or link
      }

      @Override
      protected void renderResponse() {
        // Retrieve and test the response data objects
      }

    }.run();

  }
  ......
}
```

updateModelValues()方法根据用户输入字段中的值来更新 Seam 数据组件。invokeApplication()方法调用表单提交按钮的事件处理程序方法，它使用在 updateModelValues()阶段中构造的数据组件。而 renderResponse()方法检查事件处理程序方法的输出结果，包括将要注出的任何组件。在接下来的几节中，我们将介绍这些方法的更多细节。

JSF 生命周期阶段

JSF 在一个请求/响应周期中共有 5 个阶段(可以参考 JSF 书籍,详细了解服务器在每个阶段中究竟做什么)。在本章中将演示 3 个最常用的 JSF 阶段。在 SeamTest.Script 类中,每个 JSF 生命周期阶段都有一个相应的方法。只有在需要执行对应生命周期阶段中的任务时才需要重写对应的生命周期方法。

27.2 使用 JSF EL 表达式

那么究竟如何"把测试数据绑定到 Seam 组件"以及"调用 Seam 事件处理程序方法"呢? 在普通 JSF 中,使用 EL 表达式来绑定数据和操作,当表单提交后由 JSF 进行解析。在测试脚本中,也可以使用 JSF EL 表达式。Seam 测试框架解决了这些问题。

可以在 SeamTest 中使用 getValue()和 setValue()方法,通过 EL 表达式把值对象绑定到 Seam 组件。SeamTest.invokeMethod()方法调用 EL 表达式中指定的 Seam 组件方法。下面的示例给出了完整的测试脚本。在 updateModelValues()方法中,把字符串"Michael Yuan"绑定到#{person.name}组件。在 invokeApplication()方法中,调用#{manager.sayHello}事件处理程序方法。然后,在 renderResponse()方法中检索#{manager.fans}组件并验证其内容。

```java
public class HelloWorldTest extends SeamTest {

  @Test
  public void testSayHello() throws Exception {

    new FacesRequest("/hello.xhtml") {

      @Override
      protected void updateModelValues() throws Exception {
        setValue("#{person.name}", "Michael Yuan");
        setValue("#{person.age}", 30);
        setValue("#{person.email}", "michael@mail.com");
        setValue("#{person.comment}", "test");
      }

      @Override
      protected void invokeApplication() {
        assert getValue ("#{person.name}").equals("Michael Yuan");
        invokeMethod("#{manager.sayHello(person)}");
      }

      @Override
      @SuppressWarnings("unchecked")
      protected void renderResponse() {
        ListDataModel fans = (ListDataModel) getValue("#{fans}");

        assert fans != null;
```

```
        fans.setRowIndex(0);
        Person fan = (Person) fans.getRowData();
        assert fan.getName().equals("Michael Yuan");
      }

   }.run();

 }

 ......
}
```

请注意，双向注入在此处将自动发生。测试运行器知道如何注入 EntityManager 和其他组件。当获取#{fans}组件时，它就已经被包装到 ListDataModel 类型中(这是因为在代码中为其添加了@DataModel 注解)。一切行为表现均与它在应用服务器容器中的真实运行情况一模一样。

这就是测试脚本的全部内容。使用 EL 表达式可以编写酷似 JSF 页面的测试用例。这样就可以在同一时间测试 Seam 组件和 EL 表达式。

27.3　事务型数据源

当通过 EL 表达式使用 FacesRequest 功能和调用方法时，Seam 自动把这些方法调用包装到事务中。因此，不需要手动启动和提交事务，如同在单元测试中所做的一样。也可以使用 JTA 数据源而不改变测试环境中的 EAR。

以下就是用于集成测试的 persistence.xml。请注意，需要指定一个事务管理器查找类，以便测试应用程序能够在 JBoss AS 容器之外的测试环境中找到 JBoss 事务管理器。

```
<persistence>
  <persistence-unit name="helloworld">
  <provider>org.hibernate.ejb.HibernatePersistence</provider>
  <jta-data-source>java:/DefaultDS</jta-data-source>
    <properties>
      <property name="hibernate.dialect"
                value="org.hibernate.dialect.HSQLDialect"/>
      <property name="hibernate.transaction.flush_before_completion"
                value="true"/>
      <property name="hibernate.hbm2ddl.auto" value="create-drop"/>
      <property name="hibernate.show_sql" value="true"/>
      <property name="hibernate.transaction.manager_lookup_class"
        value="org.hibernate.transaction.JBossTransactionManagerLookup"/>
    </properties>
  </persistence-unit>
</persistence>
```

使用事务型数据源的能力使得集成测试能够紧密地模仿应用服务器内部执行环境，从而提高测试精确度。

除了 persistence.xml 之外，完全可以按照与设置单元测试相同的方式来设置集成测试，如 26.4 节所示。

第 VII 部分

生产部署

Seam 应用程序可以部署于所有兼容 Java EE 5.0 和 J2EE 1.4 版本的应用服务器上，也可以部署到 Tomcat 的 Servlet/JSP 服务器。在这一部分中将介绍非常重要的部署相关问题，例如使用生产数据库、性能和可伸缩性调整以及搭建服务器集群。

第 28 章

使用生产数据库

对于开发数据库驱动型 Web 应用程序来说，Seam 是一个理想的解决方案。然而，出于简单化的考虑，本书到目前为止并没有在示例应用程序中使用生产质量级别的关系数据库，而是使用内嵌于 JBoss 应用服务器之的 HSQL 数据库引擎来存储数据。使用 HSQL 数据库的好处是，开发人员不再需要在应用程序中额外配置数据库，它本身就是服务器环境中默认的 java:/DefaultDS 数据源。

然而，在真正的 Web 应用程序中，我们几乎始终需要使用生产数据库，例如 MySQL、Oracle、Sybase 或 MS SQL 来存储应用程序数据。但是，为 Seam 应用程序配置其他数据库后端实际上是一件非常容易的事情。本章将展示如何为 Seam Hotel Booking 示例建立一个 MySQL 数据库后端，同时将介绍如何在 Tomcat 中为 Seam POJO 应用程序建立 JNDI 数据源。

28.1 安装和设置数据库

显然，开发人员首先要做的就是安装中意的生产数据库服务器。数据库服务器既可以驻留在单独的计算机之上，也可以与 JBoss 应用服务器实例使用同一台计算机。大多数数据库服务器都支持多个数据库和多个用户。每个数据库都是某个用户或某个应用程序的一组关系数据表。每个用户(由用户名和密码确定身份)都具有一组数据库的读写操作权限。在本练习中，您需要安装 MySQL 数据库服务器的最新版本，然后为 Seam Hotel Booking 示例应用程序创建一个名为 seamdemo 的数据库，并为 myuser 用户(其密码为 mypass)授予 seamdemo 数据库的读写权限。

接下来，应该初始化数据库。需要创建相应的表结构，并在表中填入初始数据(在本例中即为酒店的名称和地点)。在 Seam Hotel Booking 示例中，您只需在 MySQL 命令行中针对 seamdemo 数据库运行 productiondb/seamdemo.sql 脚本即可。下面就是 seamdemo.sql 脚本文件的代码片段。

```
DROP TABLE IF EXISTS `Booking`;
CREATE TABLE `Booking` (
  `id` bigint(20) NOT NULL auto_increment,
  `creditCard` varchar(16) NOT NULL default '',
  `checkinDate` date NOT NULL default '0000-00-00',
  `checkoutDate` date NOT NULL default '0000-00-00',
  `user_username` varchar(255) default NULL,
  `hotel_id` bigint(20) default NULL,
  PRIMARY KEY (`id`),
  KEY `FK6713A0396E4A3BD` (`user_username`),
  KEY `FK6713A03951897512` (`hotel_id`)
);

DROP TABLE IF EXISTS `Hotel`;
CREATE TABLE `Hotel` (
  `id` bigint(20) NOT NULL auto_increment,
  `address` varchar(100) NOT NULL default '',
  `name` varchar(50) NOT NULL default '',
  `state` char(2) NOT NULL default '',
  `city` varchar(20) NOT NULL default '',
  `zip` varchar(5) NOT NULL default '',
  PRIMARY KEY (`id`)
);

INSERT INTO `Hotel` VALUES (...),(...)...
DROP TABLE IF EXISTS `User`;
CREATE TABLE `User` (
  `username` varchar(255) NOT NULL default '',
  `name` varchar(100) NOT NULL default '',
  `password` varchar(15) NOT NULL default '',
  PRIMARY KEY (`username`)
);
INSERT INTO `User` VALUES (...),(...)...
```

自动初始化

数据库的初始化这一步骤并不是绝对必需的。例如，在本书前面基于 HSQL 的示例中，我们配置 Seam 以根据实体 bean 的注解自动创建表模式(详见本章最后一节)。然后将 import.sql 文件放入 EJB3 JAR 文件中。在部署应用程序时，系统将自动执行 import.sql 文件中的 SQL INSERT 语句。

更多有关 MySQL 数据库服务器的细节(诸如安装数据库服务器、创建数据库、管理用户以及从命令行运行 SQL 脚本)，请参阅 MySQL 的管理文档。

在下面的小节中将展示如何设置 JBoss 应用服务器以使用生产数据库。利用 seam-gen (参阅第 5 章)可以很容易把该过程自动化。当然，我们仍然建议您仔细阅读本章的剩余部分，以理解在 seam-gen 自动化项目生成器之中究竟发生了什么。

28.2　安装数据库驱动程序

接下来要做的就是为数据库安装 JDBC 驱动程序，该驱动程序使得 Seam 应用程序可以使用标准 JDBC API 与数据库进行交互，这是 Seam 的 EJB3 持久化引擎发挥功能所必需的条件。

可以在数据库供应商的网站上找到相关的数据库 JDBC 驱动程序。例如，可以从 www.mysql.com/products/connector-j 免费下载 MySQL 的 JDBC 驱动程序。这只是一个 JAR 文件，只需要将其复制到 JBoss 应用服务器安装路径下的 server/default/lib 目录中即可(可以把 default 替换为您正在使用的任意备选服务器配置)。

28.3　定义数据源

对于应用程序来讲，如果希望将某个数据库作为数据源，那么就必须创建一个数据源配置文件。对于不同的应用服务器，数据源配置文件的创建方式有所不同。在 Seam Hotel Booking 示例中，productiondb/booking-ds.xml 文件为 JBoss 应用服务器配置 MySQL 数据源。该文件中包含用来访问数据库服务器的 URL、数据库名称以及用户(Java 应用程序将以该用户的身份来访问数据库)的用户名和密码。必须把这个文件复制到 JBoss 应用服务器安装路径下的 server/default/deploy 目录。然后，所有应用程序就可以通过从 JNDI 名称java:/bookingDatasource 获得的数据源对象来访问这个 MySQL 服务器中的 seamdemo 数据库。

```
<datasources>
  <local-tx-datasource>
    <jndi-name>bookingDatasource</jndi-name>
    <connection-url>
      jdbc:mysql://localhost:3306/seamdemo
    </connection-url>
    <driver-class>com.mysql.jdbc.Driver</driver-class>
    <user-name>myuser</user-name>
    <password>mypass</password>
  </local-tx-datasource>
</datasources>
```

28.4　配置持久化引擎

EJB3 JAR 包中 META-INF 目录下的 persistence.xml 文件为 Seam 配置底层的持久化引擎。在源代码中，可以在 resources/META-INF 目录下找到该文件。

persistence.xml 文件指定，Seam 应用程序中的 EntityManager 对象将所有的实体 bean 持久保存到java:/bookingDatasource 数据库中。回想一下，这个数据源指向 MySQL 生产服务器上的 seamdemo 数据库。同时，persistence.xml 文件配置 EntityManager 以在数据库上执行更新操作时使用 SQL 语言的 MySQL 数据库方言。而 hibernate.hbm2dll.auto=none 属性

则指定，在部署应用程序时不要自动创建表模式。如果把该属性的值设置为 create-drop，那么在部署应用程序时自动创建数据库表，并在撤消部署(或服务器关闭)时删除数据库表。最后，如果把该属性的值设置为 update，那么只对数据库模式执行更新或创建操作，而表中的数据不会被删除。对于一个生产系统而言，数据库用户通常没有创建和删除数据库表的权限。

```
<persistence>
  <persistence-unit name="bookingDatabase">
    <provider>org.hibernate.ejb.HibernatePersistence</provider>
    <jta-data-source>java:/bookingDatasource</jta-data-source>
    <properties>
      <property name="hibernate.dialect"
                value="org.hibernate.dialect.MySQLDialect"/>
      <property name="hibernate.hbm2ddl.auto"
                value="none"/>
    </properties>
  </persistence-unit>
</persistence>
```

上面所述就是为 Seam Hotel Booking 示例应用程序建立 MySQL 后端数据库需要做的所有事情！至于建立其他的生产数据库(例如 Oracle 和 MS SQL)，需要执行的操作同样简单。

28.5　关于 Tomcat

在本书前面已经讨论过，Seam POJO 应用程序可以部署在普通的 Tomcat 服务器之上(参阅第 4 章)。Tomcat 本身没有内嵌任何数据库，也没有默认的数据源。因此，即便只需要用到某个内嵌的数据库(例如 HSQL)，我们也必须在 JNDI 中对数据源进行相关的设置。在 tomcatjpa 示例中，必须在 tomcatjpa.war/META-INF/context.xml 文件中写入如下所示的代码，以便为 HSQL 数据库服务器设置好数据源。对应的 JNDI 名称位于 java:comp/env/名称空间下。hsql.jar 文件则位于 tomcatjpa.war/WEB-INF/lib 之中，其作用是为 HSQL 数据库提供 JDBC 驱动程序，而且 HSQL 数据库本身的相关库文件也包含在这个文件中。

```
<Context path="/tomcatjpa" docBase="tomcatjpa"
         debug="5" reloadable="true" crossContext="true">

<Resource name="jdbc/TestDB" auth="Container"
          type="javax.sql.DataSource"
          maxActive="100" maxIdle="30" maxWait="10000"
          username="sa"
          driverClassName="org.hsqldb.jdbcDriver"
          url="jdbc:hsqldb:.."/>

</Context>
```

显然，我们也可以按照与上面类似的方式，使用在本章前面已经描述过的技术来建立 MySQL 数据源。然而，由于 Tomcat 中并不包含 JTA 事务管理器，因此需要在 persistence.xml

文件中明确地指明该事务必须是非 JTA 事务。

```
<persistence>
  <persistence-unit name="helloworld"
                    transaction-type="RESOURCE_LOCAL">
    <provider>org.hibernate.ejb.HibernatePersistence</provider>
    <non-jta-data-source>java:comp/env/jdbc/TestDB</non-jta-data-source>
    <properties>
      <property name="hibernate.dialect"
                value="org.hibernate.dialect.HSQLDialect"/>
      <property name="hibernate.hbm2ddl.auto"
                value="create-drop"/>
      <property name="hibernate.show_sql" value="true"/>
      <property name="hibernate.cache.provider_class"
                value="org.hibernate.cache.HashtableCacheProvider"/>
    </properties>
  </persistence-unit>
</persistence>
```

Tomcat 的重新部署问题

Tomcat 从相关的 WAR 中提取 META-INF/context.xml 文件,并将其缓存于$TOMCAT/conf/Catalina。但是,当重新部署该 WAR 时,这个缓存文件似乎并没有更新。因此,如果需要更改 META-INF/context.xml 文件中的数据源配置,那么在重新部署之前必须确保删除$TOMCAT/conf/Catalina 缓存文件。

如果需要在 Tomcat 应用程序中用到 JTA 事务管理器,那么可以通过一些第三方工具达到这个目的,例如 JBoss Microcontainer 等。然而,这种做法实际上就是在 Tomcat 上构建一个 JEE 应用服务器,与其这样,还不如直接选用一个合适的 JEE 应用服务器,这样可能更为恰当。关于在 Tomcat 之上构建事务管理器的相关问题已经超出了本书的介绍范围。

第 29 章

Java EE 5.0 部署

关于 Seam 应用程序的部署环境问题，开发人员可以有很多选择。

如果是在兼容 Java EE 5.0 的应用服务器上部署应用程序，那么不会有任何问题，因为 Seam 就是为在这种环境中运行而设计的。本书中的所有示例都已经在 JBoss 应用服务器 4.0.5 以上版本的默认配置文件上进行了彻底的测试。只需要对配置文件和 JAR 包文件做细微的改动，Seam 应用程序即可在 JBoss 应用服务器 5.0 版本以及 Sun 公司的 GlassFish 应用服务器上运行。

如果没有 Java EE 5.0 应用服务器，但是可以访问 J2EE 1.4 服务器，那么可以采用 Seam POJO(而不是 EJB3 bean)来编写应用程序。我们已经在第 4 章中讨论了该方式。然而本书前面提及，Seam POJO 的功能不如 EJB3 组件那么丰富。

最后，喜欢 Tomcat 的开发人员会发现，无论是基于 EJB3 的 Seam 应用程序，还是基于 POJO 的 Seam 应用程序，都可以部署在普通的 Tomcat 服务器之上。在 Tomcat 服务器上部署时要用到 JBoss Microcontainer 容器来加载一些必需的服务。

在本章中将关注 Seam 应用程序的 Java EE 5.0 部署。

29.1 JBoss 应用服务器 4.0.5 版本

严格来说，JBoss 应用服务器 4.0.5 版本并不是一个兼容 Java EE 5.0 的应用服务器，但是它提供了两个非常重要的功能：对 EJB3 和 JSF 的支持。因此，如果您希望将 Seam 应用程序部署到 JBoss 应用服务器 4.0.5 版本之上，那么必须通过 GUI 安装程序来安装 JBoss 应用服务器 4.0.5 并选择 EJB3 配置文件。关于该问题的更多细节，请参阅附录 A。需要说明的是，本书的所有示例都是按照 JBoss 应用服务器 4.0.5 EJB3 配置文件来进行配置。

29.2 JBoss 应用服务器 4.2.x 和 5.x 系列版本

在 JBoss 应用服务器的 4.2.x 和 5.x 系列版本中嵌入的都是 JSF RI(JSF Reference

Implementation，JSF 参考实现)，而不是像 4.0.5 版本那样嵌入的是 Apache MyFaces 实现。JSF RI 遵循的是 JSF 1.2 规范。因此，如果要将 Seam 应用程序部署到 JBoss 应用服务器 4.2.x 和 5.x 系列版本上，那么就需要重新配置 app.war/WEB-INF/中的 web.xml 文件，将其中与 MyFaces 监听器有关的配置行注释掉：

```
<!-- MyFaces -->
<!--
<listener>
  <listener-class>
org.apache.myfaces.webapp.StartupServletContextListener
  </listener-class>
</listener>
-->
```

然后，您还需要在其中加入与 SeamELResolver 有关的信息，以便能够正确地解析 Web 页面中组件的名称。为此，必须在 app.war/WEB-INF/中的 faces-config.xml 文件内添加如下所示的一些标记，并且需要将其中的 XML 名称空间更新到 JSF 1.2。下面是一个示例：

```
<faces-config version="1.2"
              xmlns="http://java.sun.com/xml/ns/javaee"
              xmlns:xsi="http://www.w3.org/2001/XMLSchema-instance"
              xsi:schemaLocation="http://java.sun.com/xml/ns/javaee
              http://java.sun.com/xml/ns/javaee/web-facesconfig_1_2.xsd">

  <application>
    <el-resolver>
      org.jboss.seam.jsf.SeamELResolver
    </el-resolver>
  </application>

  <lifecycle>
    <phase-listener>
      org.jboss.seam.jsf.SeamPhaseListener
    </phase-listener>
  </lifecycle>

  ... more config ...

</faces-config>
```

最后，既然在 JSF 1.2 的参考实现库中已经绑定了 el-ri.jar 和 el-api.jar 两个包文件，所以可以从 EAR 归档中将这两个文件移除，同时将 mywebapp.ear/META-INF/application.xml 文件中对这两个文件的引用也一并移除。

29.3　GlassFish

GlassFish 是 Sun 公司的开源 Java EE 5.0 应用服务器。Seam 从 1.0 GA 版本开始一直都

在 GlassFish 中进行测试。本节将展示，如果希望本书中的所有示例(包括 seam-gen 项目)都能够在 GlassFish 应用服务器上运行，那么还需要对哪些配置文件进行更改。相比较于在 JBoss 应用服务器之上运行 Seam 项目，在 GlassFish 应用服务器上运行 Seam 项目更为复杂。

首先，我们强烈建议在 GlassFish 服务器上使用 Hibernate 作为 JPA(Java Persistence API，Java 持久化应用编程接口)提供程序。默认情况下，GlassFish 使用 TopLink Essentials(Oracle 公司提供的一个开放源代码的 JPA 实现，也称为"打折的 TopLink")作为其 JPA 实现。TopLink Essentials 也许能够满足基本的 JPA 需求，但是 Seam 要用到很多 Hibernate 特有的功能，例如 Hibernate 验证器和过滤器。实际上，明智的做法是在 Seam Framework 中使用 Hibernate JPA，因为在 GlassFish 应用服务器中安装 Hibernate JPA 是一件非常简单的事情：只要把 Hibernate 的 JAR 文件放进应用程序的 EAR 包，就可以为这个应用程序启用 Hibernate JPA。或者，直接将 Hibernate 的 JAR 文件复制到 GlassFish 的 lib 目录下，这样就能够为在该 GlassFish 应用服务器之上运行的所有应用程序添加 Hibernate JPA 功能。此外，如果要使用 Hibernate JPA，还必须在 persistence.xml 文件中选择正确的持久化服务提供程序，这一点在下面会有讲述。

对于必须使用 TopLink Essentials JPA 的开发人员，我们也在 examples/glassfish 项目中为其准备好了一个 TopLink 构建目标文件。不过在此情况下一定要注意，由于 TopLink 不能读取 import.sql 文件，因此必须手动为应用程序加载数据库中的酒店数据。

从上面所述可以看出，将 JBoss 应用服务器上的部署移植到 GlassFish 应用服务器上只涉及配置文件和 JAR 库文件的更改。

既然 GlassFish 使用的是 JSF 1.2 RI 而不是 Apache MyFaces 实现，因此应该根据 29.2 节中描述的步骤，对相应的配置文件和库文件做相应的修改，包括：将 web.xml 中有关 MyFaces 监听器的配置行都注释掉，在 faces-config.xml 文件中添加与 SeamELResolver 有关的标记，最后将 EAR 包中的 el-ri.jar 和 el-api.jar 两个文件以及 application.xml 文件中对这两个文件的引用都一并移除。

GlassFish 要求在 web.xml 文件中对所有 EJB3 会话 bean 的引用名称都进行声明，这样 Web 应用程序才能正常地访问这些会话 bean。这是一个相当冗长的过程。您必须在 web.xml 文件中为应用程序中的每一个会话 bean 都添加下列配置行：

```
<ejb-local-ref>
  <ejb-ref-name>
    projectname/ManagerAction/local
  </ejb-ref-name>
  <ejb-ref-type>Session</ejb-ref-type>
  <local>Manager</local>
  <ejb-link>ManagerAction</ejb-link>
</ejb-local-ref>
```

此外，如果应用程序中还需要使用 @In 注解将某个 EJB3 会话 bean(A)注入到另一个会话 bean(B)中，那么相应地必须在 web.xml 文件中对这种注入关系进行声明：A 所在的 JAR 文件同时也包含了 B。即使 A 和 B 实际上就是处于同一个 JAR 文件中，也必须进行这样的声明。此外，还必须在 META-INF/ejb-jar.xml 文件(该文件处于包含了 B 的 JAR 文件中)

中添加 ejb-local-ref 标记。可以看出这些操作相当冗长，这也是 GlassFish 应用服务器的严重不便之处。

```
<ejb-jar ...>
  <enterprise-beans>
    <session>
      <ejb-name>BeanA</ejb-name>
      <ejb-local-ref>
        <ejb-ref-name>
          projname/BeanB/local
        </ejb-ref-name>
        <ejb-ref-type>Session</ejb-ref-type>
        <local>BeanBInterface</local>
        <ejb-link>BeanB</ejb-link>
      </ejb-local-ref>
    </session>

    ... more injections ...

  </enterprise-beans>

  ......

</ejb-jar>
```

另外，我们还必须告诉 Seam 在 web.xml 文件中所使用的会话 bean 名称模式，这样 Seam 才能够顺利地找到这些会话 bean。确保在 components.xml 文件中包含了如下配置：

```
<core:init jndi-pattern="java:comp/env/projectname/#{ejbName}/local"
           debug="true"/>
```

为了让 Hibernate JPA 能够和 GlassFish 的内置 JavaDB 数据库(即 Derby 数据库)协同工作，还必须在 persistence.xml 文件中进行如下配置。如果要使用其他数据库，请参考 GlassFish 的相关手册。

```
<persistence ...>
  <persistence-unit name="bookingDatabase">
    <provider>
      org.hibernate.ejb.HibernatePersistence
    </provider>
    <jta-data-source>jdbc/__default</jta-data-source>
    <properties>
      <property name="hibernate.dialect"
              value="org.hibernate.dialect.DerbyDialect"/>
      <property name="hibernate.hbm2ddl.auto"
              value="create-drop"/>
      <property name="hibernate.show_sql"
              value="true"/>
      <property name="hibernate.cache.provider_class"
      value="org.hibernate.cache.HashtableCacheProvider"/>
```

```
    </properties>
  </persistence-unit>
</persistence>
```

最后，还需要在应用程序的 EAR 包中打包如下 JAR 文件(除了 JBoss 应用服务器部署所需的库文件之外)：

Hibernate*.jar　Hibernate3、注解以及 EntityManager 所需的 JAR 文件

thirdparty-all.jar　除了 JBoss 应用服务器之外为 Hibernate JPA 提供支持的所有第三方 JAR 文件

jboss-archive-browsing.jar　Hibernate EntityManager 所需的 JAR 文件

commons-beanutils-1.7.0.jar　除了 JBoss 应用服务器之外 Seam 所需的 JAR 文件

commons-digester-1.6.jar　除了 JBoss 应用服务器之外 Seam 所需的 JAR 文件

现在，应用程序就可以顺利地部署在 GlassFish 应用服务器中。

第30章

性能调整和集群

通过大量使用带注解的 POJO 对象、双向依赖注入和运行时服务拦截器，Seam 极大地提高了应用程序开发人员的开发效率。开发人员只需完成少量的编码工作，因为 Seam 能够在后台生成并执行大部分的样板代码。但是，开发人员所获得的这些便利是有代价的，Seam 承担的工作越多，整个系统的性能就越低，在运行时尤其如此。只是在如今计算机硬件的性价比不断提高的趋势下，如何提高开发人员的开发效率显然要比纯粹的性能重要得多。

然而，对于高负荷运行的 Web 应用程序来说，还是应该仔细评估，并努力补偿 Seam 运行时带来的性能损失。对于初学者来说，应该对 Seam 应用程序进行调整，以便最大限度地利用已有硬件的效能。如果单台服务器不能满足我们的需求，那么还应该考虑利用服务器集群来扩展 Seam 应用程序。本章将着重讨论 Seam 应用程序的性能调整和扩展问题。

注解和性能

在应用程序生命周期的不同阶段，需要对不同的 Seam 注解进行处理，而这些注解可能对性能有很大的影响。基本配置注解(例如@Stateful 和@Name)在应用程序的部署阶段进行处理。这些注解信息只是增加了应用程序的启动时间而已，不会对运行时性能产生不利影响。实际上，在其他的企业级 Java 框架中，这类部署信息大多在 XML 文件中指定。解析 XML 文件通常要比处理注解信息慢得多，因此，这也就意味着 Seam 不会产生额外的性能开销。

然而，有些注解，例如双向依赖注入注解(如@In 和@Out)，在每个方法调用之前和之后或属性访问之前和之后都会触发 Seam 运行时拦截器，这样就会造成性能上的不利影响。

30.1 单台服务器上的性能调整

下面是一些常见的 JBoss 最佳实践，适合于单台服务器上 Seam 应用程序的性能调整。

30.1.1 避免按值调用

在将一个 EAR 应用程序包部署到 JBoss 应用服务器的过程中，部署人员可以选择是否使能按值调用，以及是否将部署隔离开来。该选项的定义位于 $JBOSS/server/default/deploy/ear-deployer.xml 文件中：

```
<mbean code="org.jboss.deployment.EARDeployer"
        name="jboss.j2ee:service=EARDeployer">
  <!-- Isolate all ears in their own class loader space -->
  <attribute name="Isolated">true</attribute>
  <!-- Enforce call by value to all remote interfaces -->
  <attribute name="CallByValue">true</attribute>
</mbean>
```

Seam 会自动生成一个动态代理对象，该代理对象的作用就是将来自 JSF 组件的调用请求转发给 EJB3 会话 bean。如果使能按值调用，那么在这个转发的过程中，调用参数和返回值都将被串行化。这样做的好处就是能够正确地隔离 JSF 层和 EJB 组件层。如果在同一台服务器上部署了同一个 Java 类的多个不同版本，或者需要将一个应用程序从其他应用服务器移植到 JBoss 应用服务器，那么这就是一项非常有用的功能。

然而，按值调用也会降低性能，这是因为对象的串行化和反串行化都是 CPU 密集型操作。因此，与常规的通过引用来调用方法相比，通过值来调用方法的性能可能会降低 10 倍。考虑到大部分 Seam 应用程序都是为在 JBoss 应用服务器的同一个 JVM 上运行而设计的，因此建议应该尽可能不使用按值调用。

30.1.2 JVM 选项

首先，始终在启动 JVM 时使用-server 选项。该选项预先会做一些优化，虽然这样做会延长启动时间，但是可以换来更快的运行时性能。

然后，应该为 JVM 分配尽可能多的资源，这一点非常重要。对于 JVM 来说，最重要的资源莫过于内存量。因为所有服务器端的状态数据(例如 HTTP 会话和有状态会话 bean)都存储在内存之中，所以对于高负载的服务器(也就是经常会有大量并发用户的服务器)来说，配置大容量内存是一项非常关键的需求。在一台典型的服务器上，您应该将至少 75%的物理内存分配给 JVM 使用。可以通过设置 bin/run.conf 文件(在 Windows 平台上则为 bin\run.bat 文件)中 JAVA_OPTS 属性内的 JVM 启动选项来实现这一点。可以将-Xmx 选项(最大可使用的内存量)和-Xms 选项(最少要使用的内存量)设置为相同的值，从而强制 JVM 使用指定的内存量。例如，在启动 JVM 时带上-Xmx6g -Xms6g 选项，这样就可以为 JVM 分配 6GB 大小的内存。

---

64 位系统

在 32 位系统上，JVM 可访问的最大内存量只有 2GB。而在 64 位系统上，包括 AMD64 和 Intel EMT64，可以为 JVM 分配更多的内存，但前提是所使用的 JVM 也必须是 64 位版本，这样才能充分利用这些额外的内存。

　　然而，太大的内存堆也会造成系统性能的降低，这是因为垃圾收集器执行一次内存清理所消耗的时间也会变长。同时，当内存堆增大到几个 GB 大小时，JVM 的行为也变得更加不可预测。在这种情况下，特别是在多 CPU 系统中，我们建议在单台服务器上运行多个JBoss 应用服务器实例，或者简单地启动多个虚拟机(例如 VMWare)。这样就可以利用负载平衡器来动态调整各个虚拟机上的负载。有关该问题的更多细节，将在本章稍后进行讨论。

　　现代 JVM 中的垃圾收集器使用的算法非常复杂。垃圾收集器应该与其他任务同时运行，这样才能持续地对内存堆进行清理，而且可以避免因为垃圾收集器清理内存堆而必须停止其他进程所造成的长时间服务器暂停。设定并行运行垃圾收集器的方法就是在 JVM 启动时带上-XX:+UseParallelGC -XX:+UseParallelOldGC 选项。

　　最后，性能调整通常与具体的应用程序相关，并且通常需要实验观察才能证明所采用的性能调整手段是否确实有效。此外，JVM 本身也有很多选项，不仅可以改善性能，而且可以提高调试能力。例如，可以对 JVM 中的垃圾收集算法进行微调，以便在特定的用例下将垃圾收集器的停顿时间降到最少。不同的 JVM(例如 Sun 公司的 JVM、BEA 公司的 JRockitJVM 和 IBM 公司的 JVM)有着不同的性能调整选项。要了解更多相关信息，建议阅读有关JVM 性能调整的指南。

30.1.3　减少日志记录

　　在默认情况下，Seam 和 MyFaces 都需要对一些信息进行日志记录。其中，有些信息是专门为应用程序开发人员而设置的，对于生产环境并没有多大用处。过多的日志记录 I/O操作有可能成为高负载服务器的性能瓶颈。因此，为了减少生产服务器上的日志记录，我们可以取消注释 server/default/conf/log4j.xml 文件中的下列配置行，把 org.jboss 类的日志记录级别提高为 INFO，这样就可以去除 Seam 中很多不必要的日志记录：

```
<log4j:configuration>

......

<category name="org.jboss">
  <priority value="INFO"/>
</category>

<category name="javax.faces">
  <priority value="INFO"/>
</category>

</log4j:configuration>
```

30.1.4　对 HTTP 线程池进行性能调整

　　在 JBoss 应用服务器中，每个 HTTP 请求都需要一个单独的线程来进行响应。如果有许多并发用户同时访问服务器上的某个应用程序，那么操作系统管理这些线程将耗费大量的 CPU 时间。优化线程管理是提高应用程序在高负载情况下的性能表现的关键。

　　为了避免频繁地进行线程创建和线程终止操作，JBoss 应用服务器使用了一个线程池。当某个 HTTP 请求到来之时，服务器首先从线程池中为其找到一个工作者线程，以便对该请求进行处理。当处理完毕之后，服务器再将此工作者线程放回线程池，此时该工作者线程又可以响应下一个 HTTP 请求。可以为线程池指定一个最大值。如果线程池中的所有线程同时都被使用，那么新到的 HTTP 请求必须等待，直到某个线程结束其工作并可以为其提供服务为止。为了充分利用 CPU 资源，线程池的规模应该至少 5 倍于服务器的可用 CPU 数量。然而，线程池的规模太大也会降低系统性能，这是因为 CPU 不得不花费大量的时间在不同线程的上下文之间来回切换，这个时间比处理请求的时间都要长。

　　此外，关于线程池的规模还有一个限制，就是不能小于服务器所能允许的 HTTP 长连接(keepalive connection，参阅下面的提示)数量。我们可以对服务器的最大长连接数量进行配置。每个长连接都对应于一个活跃用户。如果所有的连接都是长连接，那么这个最大长连接数量实际上也就是服务器最多能够同时处理的并发用户数量。此时如果还有另外的用户发起连接，那么该用户将会收到一个连接超时的错误提示。但是可以观察到，每个长连接都需要一个工作者线程来进行处理，因此，线程池的规模至少要达到长连接的数量。对于一个高负载的服务器而言，这个长连接数量也许会很大，这就要求更多可用的线程。

　　一种典型的解决方法就是设置一个较为中等的长连接数量，以及设置一个中等偏大规模的线程池。多余的线程(也就是没有和长连接绑定在一起的线程)将用于为在长连接已满之后又发起连接的用户服务。这种方式既可以让并发用户在保持长连接的同时得到更好的性能，又可以让对连接速度要求不那么高的常规连接用户也能得到服务器的响应。当然，也可以根据您对服务器的特定要求，通过测试和错误提示信息来取得线程池的规模和长连接数量的最佳搭配。

长连接

　　长连接使得 Web 浏览器能够在同一个网络连接之上处理多个 HTTP 请求，以达到重用网络连接的目的。这样做就消除了创建和销毁多个网络连接而带来的额外开销。现在所有的 Web 浏览器默认情况下使用的都是 HTTP 长连接。当然，在服务器端也必须对长连接提供支持。服务器在决定哪个用户可以创建长连接这一方面具有很大的灵活性，这取决于服务器自身的负载情况。

　　前面讨论的这两项与线程有关的设置都是 server/default/deploy/jbossweb-tomcat55.sar/server.xml 文件中有关 HTTP Connector 元素的设置。其中，maxThreads 属性决定了线程池的规模，而 maxKeepAliveRequests 属性决定了最大的长连接数量。如果 maxKeepAliveRequests 属性为-1，就意味着服务器允许无数量限制的长连接，直到线程池全部用完。

```
<Server>

  <Service name="jboss.web"
           className="org.jboss.web.tomcat.tc5.StandardService">

    <Connector port="8080"
```

```
          address="${jboss.bind.address}"
          maxThreads="250"
          maxKeepAliveRequests="100"
          strategy="ms"
          maxHttpHeaderSize="8192"
          emptySessionPath="true"
          enableLookups="false"
          redirectPort="8443" acceptCount="100"
          connectionTimeout="20000"
          disableUploadTimeout="true"/>

  </Service>

</Server>
```

30.1.5　选择在客户端还是服务器端保存状态

JSF 可以将自身的内部组件状态保存到用户的 HTTP 会话中(即服务器端的状态保存机制)，也可以将其作为隐藏的表单字段保存到浏览器中(即客户端的状态保存机制)。服务器端的状态保存机制会消耗服务器的内存资源，而且因为需要将会话数据复制到整个服务器集群中(本章稍后将就此进行讨论)，所以通常很难扩展规模。另一方面，客户端的状态保存机制可以将状态管理所带来的负载分布到各个用户的浏览器之上。

但是，如果考虑到 CPU 的性能，那么客户端的状态保存机制要比服务器端的状态保存机制慢得多，这是因为需要将对象进行串行化。这样一来，您就必须判定内存和 CPU 究竟哪一个更有可能成为应用程序的瓶颈，然后再决定正确的状态保存方法。状态保存方法的设定是在应用程序包的 WEB-INF/web.xml 文件中进行的：

```
<webapp>
  ......

  <context-param>
    <param-name>
      javax.faces.STATE_SAVING_METHOD
    </param-name>
    <param-value>server</param-value>
  </context-param>

</webapp>
```

30.1.6　使用生产数据源

JBoss 应用服务器的默认数据源 java:/DefaultDS 指向的是服务器附带的内嵌 HSQL 数据库。尽管 HSQL 数据库非常适合于应用程序开发，但是对于生产环境来说并不足够。这主要是因为它存在性能瓶颈问题，在高负载情况下也会变得不稳定。因此，生产应用程序需要设置生产数据库作为其数据源。更多有关如何建立生产数据源的信息，可以参阅第 28 章。

瓶颈在于数据访问

在大多数实际的应用程序中，数据库访问层是最有可能成为性能瓶颈的地方。因此，必须尽可能地对数据访问进行优化。

30.1.7 使用二级数据库缓存

Seam 应用程序使用 EJB3 实体 bean 来对关系数据库表进行建模。在大部分应用程序中，访问的经常只是数据库记录中一个很小的子集。因此，如果要改善性能，我们就应该将经常访问的数据记录所对应的实体 bean 缓存到应用程序内存中，这样就可以避免对数据库中的同一条记录进行来来回回的冗余访问。本节会给出一个对象缓存工作方式的快速说明，至于更多有关此主题的细节，可以参阅第 32 章。

如果要使用实体 bean 缓存，就必须对该实体 bean 的对象类进行必要的注解。所有从该类创建的 bean 实例在初次访问之后都将被自动缓存起来，直到 EntityManager 更新数据库中的相关记录为止。

```
@Entity
@Name("person")
@Cache(usage=CacheConcurrencyStrategy.READ_ONLY)
public class Person implements Serializable {

  private long id;
  private String name;

  @Id @GeneratedValue
  public long getId() { return id;}
  public void setId(long id) { this.id = id; }

  public String getName() { return name; }
  public void setName(String name) {
    this.name = name;
  }
}
```

在这些缓存实体 bean 的 persistence.xml 文件中，必须将分布式 JBoss TreeCache 指定为缓存实现：

```
<entity-manager>
 <name>myapp</name>
 <jta-data-source>java:/DvdStoreDS</jta-data-source>
 <properties>

   ......

   <property name="hibernate.cache.provider_class"
             value="org.jboss.ejb3.entity.TreeCacheProviderHook"/>
   <property name="hibernate.treecache.mbean.object_name"
             value="jboss.cache:service=EJB3EntityTreeCache"/>
```

```
  </properties>
</entity-manager>
```

被缓存的对象按照"区域"进行存储。每个区域都有自己的规模和缓存超时设置。例如，Person 这个实体 bean 的实例就存储在名为/Person 的缓存区域中(缓存区域的名称必须和对应实体 bean 的 Java 类的完全限定名称相匹配)。这些区域的配置位于 JBoss 应用服务器的 server/default/deploy/ejb3-entity-cache-service.xml 文件中：

```
<server>
  <mbean code="org.jboss.cache.TreeCache"
         name="jboss.cache:service=EJB3EntityTreeCache">
    <depends>jboss:service=Naming</depends>
    <depends>jboss:service=TransactionManager</depends>

    ......

    <attribute name="EvictionPolicyConfig">
      <config>
       <attribute name="wakeUpIntervalSeconds">
         5
       </attribute>

    <region name="/_default_">
      <attribute name="maxNodes">
       5000
      </attribute>
      <attribute name="timeToLiveSeconds">
       1000
      </attribute>
    </region>

    <region name="/Person">
      <attribute name="maxNodes">
       10
      </attribute>
      <attribute name="timeToLiveSeconds">
       5000
      </attribute>
    </region>

    <region name="/FindQuery">
      <attribute name="maxNodes">
       100
      </attribute>
      <attribute name="timeToLiveSeconds">
       5000
      </attribute>
    </region>

    ......
```

```
      </config>
    </attribute>
  </mbean>
</server>
```

除了缓存实体 bean 的实例之外，还可以利用该区域将 EJB3 的查询结果缓存起来。例如，下列代码就将查询结果缓存于/FindQuery 缓存区域中。需要注意的是，要想使查询结果的缓存生效，还必须将该查询结果所对应的实体 bean 也一起缓存起来。在本例中就是要将 Person 这个实体 bean 也一起缓存：

```
List <Person> fans =
  em.createQuery("select p from Person p")
    .setHint("org.hibernate.cacheRegion", "/FindQuery")
    .getResultList();
```

更多有关在 JBoss EJB3 中使用二级数据库缓存的信息，可以参阅 JBoss 的相关文档。

30.1.8 谨慎使用数据库事务

第 11 章讨论了数据库事务和非事务性扩展持久化上下文。如果没有事务管理器，我们一般就是在对话的末尾刷新持久化上下文，并将所有数据库更新批量发送出去。与事务方式相比，这样做会带来性能上的如下两点好处：

- 能够在对话结束时才对数据库进行批量刷新，而不是在每个请求、响应周期的最后(也即每个线程的末尾)都进行数据库刷新。这样可以在对话过程中减少不必要的数据库往返；
- 非事务性的数据库更新要比事务性的数据库更新快得多。

当然，这种方法的缺点就是，一旦在批量更新时数据库(或者数据库连接)崩溃，就只能对数据库进行部分的更新。

一个较好的折中方案就是，在整个对话过程中把数据库修改操作放到有状态 Seam 组件中，然后在对话结束时使用一个单独的事务性方法来更新 EntityManager。通过这种方式既可以减少对话中的数据库往返，又可以在真正需要访问数据库时得到事务性的支持。更多有关于此方面的细节，可以参考 11.2 节。

30.2 利用服务器集群实现可伸缩性和故障转移

在正确地进行优化之后，Seam 应用程序可以应对大部分单台服务器之上的低负载和中等负载情形。然而，真正的企业级应用程序必须是可伸缩的，并且具有良好的容错性。

- 可伸缩性意味着可以通过加入更多的服务器来处理更多的负载。这也是应用程序的发展方向。一个由 X86 机器所组成的服务器集群处理负载的能力与一个单独的大型机相当，但是要便宜得多。
- 容错意味着当某个服务器崩溃(例如由于硬件故障)时，该服务器上的负载能够自动地切换到故障转移节点之上。这个故障转移节点应该已经保存有用户的状态数据，例如对话上下文；因此，用户根本不会察觉到服务器曾经有过中断。容错和高可靠性对于许多企业级环境来说是非常关键的要求。

作为一个企业级框架，Seam 就是为支持服务器集群而设计的。本节的剩下部分将讨论如何优化集群相关的设置。详细的 JBoss 应用服务器集群的设置细节已经超出了本书的介绍范畴，如果有需要，可以在 JBoss Application Server Clustering Guide(www.jboss.org/jbossas/docs) 中找到更为详细的资料。

安装集群配置文件

必须确保在 JBoss 应用服务器安装器(或者 JEMS 安装器)中选择 ejb3-clustered 配置文件。该配置文件包含了在服务器集群之上运行 EJB3 应用程序(此处就是 Seam 应用程序)必需的库 JAR 文件和配置文件。

30.2.1 粘性会话的负载平衡

所有的 HTTP 负载平衡器都支持粘性会话(sticky session)，这意味着同一个会话中的请求必须被转发到同一个 JBoss 服务器节点中，除非该节点发生了崩溃才转发到故障转移节点。其前提条件就是必须在设置中打开粘性会话的选项开关。在理想情况下，一个复制型集群中的所有节点都具有相同的状态，因此，负载平衡器可以将任意请求转发到任意节点。然而在现实的集群下，由于网络带宽资源和 CPU 资源的限制，将一个节点上的状态复制到另一个节点需要耗费一定时间。如果没有粘性会话的支持，那么就很有可能发生这种情况：当请求命中一个尚未具备最新复制状态的节点时，用户会随机地遇到 HTTP 500 错误。

Apache Tomcat 连接器

Apache Tomcat 连接器(也就是 mod_jk 1.2，具体信息请参阅 http://tomcat.apache.org/connectors-doc)是 Tomcat 服务器(此处也就是 JBoss 应用服务器)之上广泛使用的基于软件的负载平衡器。它使用 Apache Web 服务器来接收用户的请求，然后通过 AJP v1.3 协议将这些请求转发到各个 JBoss 应用服务器节点。有一点非常重要，就是负载平衡的 Apache 服务器上的最大并发用户数必须匹配各个 JBoss 应用服务器节点上的并发用户数的总和。

我们建议在 Apache 服务器上配合使用 mod_jk 和工作者 MPM(Multi-Processing Module，多道处理模块)或 winnt MPM。早期的 pre-fork MPM 并不是基于线程的，当遇到大量并发用户时，它的表现不尽如人意。

30.2.2 状态复制

在一个具备故障转移功能的服务器集群中，节点之间的状态复制是最大的性能瓶颈之一。在 JBoss 应用服务器集群中有 3 个独立的复制进程在运行。下面的配置文件位置均相对于 server/default/deploy 目录：

- HTTP 会话数据复制是通过 tc5-cluster.sar/META-INF/jboss-service.xml 文件进行配置的；

- EJB3 有状态会话 bean(即 Seam 有状态组件)的状态复制是通过 ejb3-clustered-sfsbcache-service.xml 文件进行配置的;
- EJB3 实体 bean 缓存(即数据库的分布式二级缓存)的状态复制是通过 ejb3-entity-cache-service.xml 文件进行配置的。

这 3 个配置文件都很相似:同样使用 JBoss 的 TreeCache 服务来进行缓存和复制对象。我们建议将 CacheMode 属性值设置为 REPL_ASYNC 以执行异步复制。在异步复制模式下,服务器节点并不会等待当前复制的结束,而是直接处理下一个请求。这样做的速度要比同步复制更快,因为同步复制会在几个等待点上阻塞系统。

此外,每个配置文件中的 ClusterConfig 元素为节点间的复制流量指定底层通信协议栈。通过 JGroups 库,JBoss 应用服务器实现了 ClusterConfig 元素对众多网络协议栈的支持。很重要的一点是,必须优化网络协议栈,以达到最佳的性能。从过去的经验来看,TCP/IP NIO 协议栈对于大多数小型集群来说都是一个最佳的选择。更多有关服务器集群协议栈的知识,可以参考 JBoss 应用服务器的相关文档。

30.2.3　故障转移体系结构

最简单的服务器集群体系结构是将所有的服务器节点组合成一个唯一的集群,并通过状态复制给予每个节点同样的状态。尽管这种单集群体系结构非常简单,但是实际效果并不理想。如果每个节点都将自身的状态复制到集群中的其他所有节点,那么随着集群规模的扩大,整个集群因状态复制而带来的工作负载将呈几何级增长。显然,当集群的规模超过 4 个或 8 个节点时,这种集群体系结构实际上就已经丧失了可伸缩性。因此,如果想得到更好的性能,我们推荐将整个服务器集群分成若干个节点对。

通过使用 JBoss Cache 1.4.0 版本中的伙伴复制(buddy replication)功能,我们可以将服务器集群中的各个节点分成若干个节点对。仍然可以设置负载平衡器,当节点对中的一个节点出现故障时,在正确的故障转移节点上重试(重新处理同样的请求)。

如果负载平衡器正好命中了一个节点对中的两个节点(当然是在粘性会话的情况下),那么当其中一个节点失败时,另一个故障转移节点将会收到该请求两次。这当然不是良好的故障转移机制,因为用户会因此感觉到网络阻塞。一种可选的方案就是采用非对称故障转移机制:负载平衡器每次都只命中节点对中的一个节点,而另一个节点作为这一个节点的状态复制故障转移节点。这种机制要求硬件具备冗余备份,但其优点是在故障转移期间整个服务器集群的计算能力保持不变。

性能调整是一个复杂的主题,特别是服务器集群的性能调整。为此,首先要对应用程序本身的需求进行仔细地评估,然后再制定最佳的策略。本章的内容只不过是提供了一些简单的指导原则而已。

第 VIII 部分

新兴技术

一直以来，Seam 不仅一直大力推动 Web Beans 规范(JSR-299)的发展，而且不断地融合各种新兴技术，以简化 Web 应用程序开发。这一部分将展示 Seam 如何在应用程序中通过 Quartz 执行定时作业，如何通过多层缓存实现应用程序的高可伸缩性，以及如何通过 Groovy 脚本语言简化应用程序开发。除此之外，本部分还将对 Web Beans 规范进行介绍，该规范最终将成为 Seam 的核心，并改变基于 Java EE 的 Web 应用程序开发的局面。

第 31 章

Web 应用程序中周期性作业的调度

周期性任务的管理是企业级应用程序的一个关键需求。例如，您可能需要每周搜集一次客户的支出情况，或者可能在每个月的第一天需要生成一个有关工资总支出的报表，等。应该如何完成这些任务呢？当然，您可以要求用户每周都动手单击一次 Collect payment(收集支付信息)按钮；但是一个优秀的企业级应用程序软件应该能够自动地完成这些无趣而又容易出错的手动任务。最佳模式就是：用户只需表明一次 Collect payment every week(每周收集一次支付信息)，服务器上的应用程序就能够自动接管后续工作。

然而，Web 应用程序存在的一个问题就是过于执着于请求/响应这一交互模式：服务器上的每个操作都是由用户的某个请求而触发的。如果没有用户的干预，应用程序通常不会自动地执行任何操作。因此，需要进行某些特殊的设置，以便在 Web 应用程序中加入能够长时间自动运行的计时器。

Seam 提供了一个简单的机制，通过 Web 操作来调度周期性任务。本章将首先展示如何通过 Seam 注解调度简单的周期性作业；然后讨论如何配置后端作业库，以管理能够随服务器启动而自动启动的持久性作业。同时，我们还将就如何在 Seam 中调度复杂的、类似于 Unix 上的 cron 作业[1]那样的周期性任务进行解释。最后，本章还将展示如何在没有用户明显参与的情况下，在服务器启动时启动周期性任务。

本章的示例应用程序即为本书源代码软件包中的 quartz 项目。

31.1　简单的周期性事件

要想通过 Web 来调度一个简单的周期性任务，首先需要将该任务放入某个方法中。然后，还需要对该方法添加@Asynchronous 注解，并将调度的配置——例如何时开始任务、任务执行的周期和何时停止任务——作为调用参数传递给这个添加注解的方法。下面示例中的任务比较简单，只是以一个固定的时间间隔从某个客户的账户中取出一定数量的金额。

---

[1] 译者注：cron 是 Unix、Solaris 和 Linux 下的一个十分有用的实用工具套件。通过 cron 脚本能使计划任务在系统后台自动运行。这种计划任务在 Unix、Solaris 和 Linux 下的术语为 cronjobs。

需要处理的客户账户以及需要扣除的支付金额都在 payment 对象中指定。

```
@Asynchronous
@Transactional
public QuartzTriggerHandle schedulePayment (
                            @Expiration Date when,
                            @IntervalDuration Long interval,
                            @FinalExpiration Date stoptime,
                            Payment payment) {

  payment = entityManager.merge(payment);

  if (payment.getActive()) {
    BigDecimal balance = payment.getAccount().adjustBalance(
                            payment.getAmount().negate());
    payment.setLastPaid(new Date());
  }
  return null;
}
```

如前所述，注解@Expiration、@IntervalDuration 和@FinalExpiration 标记的 3 个参数分别提供任务的开始时间、发生频率(以毫秒为单位)和结束时间。需要注意的是，虽然该方法声明的返回值是一个 QuartzTriggerHandle 对象，但是并没有在方法中构造此对象，而且实际上该方法的返回值为 null。这是因为 Seam 对该方法进行了拦截，自动构造出一个 QuartzTriggerHandle 对象并将其返回给方法的调用者。我们将在本章稍后对此进行讨论。

返回到上面的示例。可以看出，要想进行任务调度，必须通过一个 Web 操作方法来调用 schedulePayment()方法。这个 Web 操作可能是 Web 页面上某个按钮或链接的事件处理程序，也可能是某个页面操作方法(如果希望在加载某个页面时调度某个事件)。每次用户调用 saveAndSchedule()方法都会为该任务创建一个新的计时器。

```
@In PaymentProcessor processor;

// This method is invoked from a web action
public void saveAndSchedule() {

  // The payment, paymentDate, paymentInterval, and
  // paymentEndDate objects are constructed from the
  // web UI based on the user input.

  // This is the @Asynchronous method.
  QuartzTriggerHandle handle =
    processor.schedulePayment(paymentDate, paymentInterval,
                              paymentEndDate, payment);
  payment.setQuartzTriggerHandle( handle );
  savePaymentToDB (payment);
}
```

从 schedulePayment()方法返回的 QuartzTriggerHandle 对象可以被串行化。如果希望在将来能够再次访问该计时器,那么可以将该对象保存到数据库中。例如,下面的 Web 操作方法 cancel()展示了如何从数据库中找到一个正在运行的计时器,并在该计时器过期之前将其终止。

```
public void cancel() {
  Payment payment = loadPaymentFromDB (paymentId);
  QuartzTriggerHandle handle = payment.getQuartzTriggerHandle();
  payment.setQuartzTriggerHandle(null);
  removePaymentFromDB (payment);

  try {
      handle.cancel();
  } catch (Exception e) {
      FacesMessages.instance().add("Payment already processed");
  }
}
```

同样,如果有需要的话,我们可以随时暂停和恢复系统中的任意一个计时器。

一次性长期运行任务

本章前面所述的 schedulePayment()方法在被调用之后立刻就会返回,而且该计时器任务能够自动按照计划在后台运行,无需 Web 用户一直等待直至任务完成。这样就使得下面这件事情变得非常简单:可以通过 Web 调用某个需要长时间运行的后台任务,而无需用户一直等待任务完成。例如,我们可以立即启动某个任务,这个任务只需要运行一次。在用户单击启动按钮之后不久,事件处理程序方法立刻就可以返回,并显示给用户一条友好的消息,告知用户可以稍等片刻之后再回来查看任务完成的结果。

31.2　配置 Quartz 调度器服务

如同 Seam 提供的其他大部分功能一样,我们也可以选择使用异步方法所用计时器的替代实现方案。如果正在使用标准的 EJB3 计时器服务来管理异步方法,那么我们推荐尝试使用 Quartz 调度器服务。相比较 EJB3 计时器,Quartz 提供了更加丰富的功能,而且并不要求应用程序必须在 JEE 5 应用服务器中运行。

Quartz 是一个使用广泛的开源调度器。Quartz 支持多种不同的作业调度机制,包括使用 Unix 平台上的 cron 脚本表达式来进行作业调度(本章稍后将对此进行讲述)。Quartz 还支持将作业持久化以保存在数据库中,以及将作业持久保存在内存中。更多有关 Quartz 的信息,可以访问 Quartz 的官方网站:www.opensymphony.com/quartz。

要想使用 Quartz,必须将 quartz.jar 文件放到应用程序包中(可以在 Seam 的官方零售版中找到 quartz.jar 文件,或者可以直接从 Quartz 项目的网站下载该文件)。Quartz 的 1.5 和 1.6 版本都可以获得支持。如果将应用程序打包成 WAR 格式进行部署,就将 quartz.jar 文件放置在 app.war/WEB-INF/lib 路径中;如果将应用程序打包成 EAR 格式进行部署,就将放置在 app.ear/lib 路径中。

接下来，我们还需要在 components.xml 文件中加入下面几行配置，以通知 Seam 启动 Quartz 调度器服务：

```
<components ......
  xmlns:async="http://jboss.com/products/seam/async"
  xmlns:xsi="http://www.w3.org/2001/XMLSchema-instance"
  xsi:schemaLocation="......
                     http://jboss.com/products/seam/async
                     http://jboss.com/products/seam/async-2.0.xsd">
  ......

  <!-- Install the QuartzDispatcher -->
  <async:quartz-dispatcher/>

</components>
```

最后，可能还需要将 Quartz 作业存储到某个数据库中，以便在服务器重启之后仍然能够使用该 Quartz 调度器。为此，首先在您最喜欢的关系数据库中运行该数据库服务器对应的必要的 SQL 设置脚本(位于 Quartz 零售版中)，以创建作业存储库。我们一般可以在 Quartz 零售版的 /docs/dbTables 目录下找到该 SQL 设置脚本。Quartz 已经实现了对大多数流行的关系数据库的支持。然后，我们还需要将 seam.quartz.properties 文件加入到类路径(也就是 app.war/WEB-INF/classes 目录)中，以配置 Quartz 使用这个特定的数据源。下面就是一个典型的 seam.quartz.properties 文件的内容。只需要将该文件中的 dbname、username 和 password 字段替换成刚才创建的 Quartz 数据库表的用户凭证即可。

```
org.quartz.scheduler.instanceName = Sched1
org.quartz.scheduler.instanceId = 1
org.quartz.scheduler.rmi.export = false
org.quartz.scheduler.rmi.proxy = false

org.quartz.threadPool.class = org.quartz.simpl.SimpleThreadPool
org.quartz.threadPool.threadCount = 5

org.quartz.jobStore.class = org.quartz.impl.jdbcjobstore.JobStoreTX
org.quartz.jobStore.driverDelegateClass =
org.quartz.impl.jdbcjobstore.StdJDBCDelegate
org.quartz.jobStore.dataSource = myDS
org.quartz.jobStore.tablePrefix = QRTZ_
org.quartz.dataSource.myDS.driver = com.mysql.jdbc.Driver
org.quartz.dataSource.myDS.URL = jdbc:mysql://localhost:3306/dbname
org.quartz.dataSource.myDS.user = username
org.quartz.dataSource.myDS.password = password
org.quartz.dataSource.myDS.maxConnections = 30
```

这就是一个标准的 quartz.properties 文件。之所以将其更名为 seam.quartz.properties，是因为我们希望强调该文件用于配置 Seam 中的 Quartz 服务。

31.3　调度 cron 作业

在配置完 Quartz 调度器之后，我们就可以尝试使用 Unix cron 表达式调度计时器任务。在企业级系统上，Unix 的 cron 表达式广泛用于周期性事件的调度。相比较固定周期触发的定时器，Unix 的 cron 表达式功能更丰富，更强大。更多有关 cron 调度的语法，可以登录 http://en.wikipedia.org/wiki/Cron 网站查看。

要想使用 cron 表达式，只需要将使用@IntervalDuration 注解的方法实参替换为使用@IntervalCron 注解的 cron 表达式。仍然可以利用@Expiration 和@FinalExpiration 注解参数来分别指定作业的开始时间和结束时间。

```
@Asynchronous
@Transactional
public QuartzTriggerHandle schedulePayment (
                         @Expiration Date when,
                         @IntervalCron String cron,
                         @FinalExpiration Date stoptime,
                         Payment payment) {

  ......

  return null;
}
```

下面的 Web 操作方法调度一个自动支付任务，该任务在每周一和每月第十天的中午 12:05 和 12:10 运行：

```
QuartzTriggerHandle handle =
  processor.schedulePayment(payment.getPaymentDate(),
                        "5,10 0 10 * 1",
                        payment.getPaymentEndDate(),
                        payment);

payment.setQuartzTriggerHandle( handle );
```

从上面所述可以看出，将 Unix 的 cron 作业集成到 Seam 中非常简单！

31.4　在启动时进行作业调度

到目前为止，我们已经了解了如何通过一个 Web 操作来调度周期性任务，Web 操作的方式有很多，例如单击某个按钮、打开某个链接或简单地加载某个 Web 页面(将异步方法设置为页面操作方法)等。但是，有时还需要在某个 Seam 应用程序启动的同时启动某个计划任务，而且不能有任何的用户输入。

显而易见的解决方法就是：在某个作用域为 APPLICATION 的 Seam 组件的@Create 方法中调用这个异步方法，然后在 components.xml 文件中启动该组件。该组件类似于下面所示。

```
@Name("paymentStarter")
@Scope(ScopeType.APPLICATION)
public class PaymentStarter {

  @Create
  public void startup() {
    // Check if the recurring payment's
    // QuartzTriggerHandle already exists
    // in the database.

    if (!paymentExists) {
      startPayment ((new Date()), 3600 * 24 * 7);
    }
  }

  @Asynchronous
  @Transactional
  public QuartzTriggerHandle startPayment (
                              @Expiration Date when,
                              @IntervalDuration long interval) {

    ......

    return null;
  }
}
```

在 components.xml 文件中必须要确保，在启动调度器组件以及它依赖的所有其他组件之后才能启动上述组件。

```
<components ......>

  ......

  <!-- Install the QuartzDispatcher -->
  <async:quartz-dispatcher/>

  ......

  <component name="paymentStarter"/>

</components>
```

当然，我们也可以通过为这个组件添加@Startup 注解来启动它。然而，一定要在@Startup 注解中指定它依赖的组件，这样才能保证在 Quartz 调度器启动之后才启动该组件。

```
@Name("paymentStarter")
@Scope(ScopeType.APPLICATION)
@Startup(depends={"quartzDispatcher"})
public class PaymentStarter {
```

```
      ......

   }
```

31.5　结论

    Seam 将 Quartz 和 EJB3 计时器集成在一起，这样就带来了如下两点好处：首先，通过 Web 应用程序来进行周期性任务的调度变得非常简单；其次，很容易就可以通过一个单独的线程来异步执行长期运行任务，从而避免阻塞 UI。这是一个非常有用的功能，我们可以方便地将其用于多种应用程序场景。

第 32 章

利用多层缓存提高可伸缩性

在大部分企业级应用程序中，运行于一个服务器集群之上的多个应用程序实例共享一个数据库，甚至完全不同的几个应用程序共享一个数据库。这通常会导致数据库成为整个系统的主要性能瓶颈。此外，性能还会受到需要经常重复执行的高昂成本计算(需要耗费大量计算资源，例如 CPU、内存等)的影响。要想解决这两个问题，我们可以使用缓存。缓存就是指把某些临时数据以一种访问成本较低的方式存储。这些临时数据可能会把数据复制到其他位置(对于数据访问缓存而言)，或者可能存储某些需要高昂计算成本的结果数据。

从缓存的定义中可以看出，无论是 I/O 密集型应用程序还是 CPU 密集型应用程序，都可以从缓存中获得好处。I/O 密集型意味着完成整个计算所需要耗费的时间直接取决于获取数据所耗费的时间。例如，从数据库中检索数据这一过程所引起的主要开销就是数据的编组与解组、建立数据库连接和销毁连接以及网络延迟；而 CPU 密集型则意味着应用程序完成整个计算所需要耗费的时间主要取决于 CPU 的运行速度和主内存的数据传输速度。下面是几个真实的场景：

- 对非面向用户的应用程序所进行的性能分析表明，该类应用程序 90%的处理时间都耗费在数据访问上，而其 CPU 占用率非常低。这就意味着该应用程序属于 I/O 密集型应用程序。对此，我们可以启用 ORM 提供程序的二级缓存，将某些具有重要意义的实体进行缓存，这样可以将性能提升 60%；

- 对面向用户的应用程序所进行的性能分析表明，在某些页面上，80%的处理时间都耗费在对大型数据表的处理上，而 I/O 的数据量非常小。如果只是使用 ORM 提供程序将呈现的数据通过二级缓存进行缓存，那么呈现本身的计算也要耗费相当多的系统资源。由此可见，如果数据表自身不是经常需要修改，而又经常被访问的话，那么该表的呈现不仅是一种重复性的工作，而且每次处理都需要耗费大量的 CPU 资源。因此，我们可以将包含数据表的部分页面进行缓存，这样可以提升 70%的性能。

应用程序可以通过缓存得到性能上的极大改善。除此之外，缓存还可以减轻资源的负载。显然，如果能够降低一半的数据访问量，那么就可以将节省下来的时间提供给其他同样需要这些共享资源的用户；CPU 的占用率也是如此。学习完本章全部内容之后就会发现，在 Seam 中通过缓存技术可以很容易地提高系统的可伸缩性，同时减轻系统的负载。

32.1　多层缓存

可以将一个 Seam 应用程序按照应用程序的不同层进行缓存。通过分层，可以很容易地对应用程序进行扩展。如图 32-1 所示，我们可以按照传统的应用程序分层将缓存也分成不同部分。

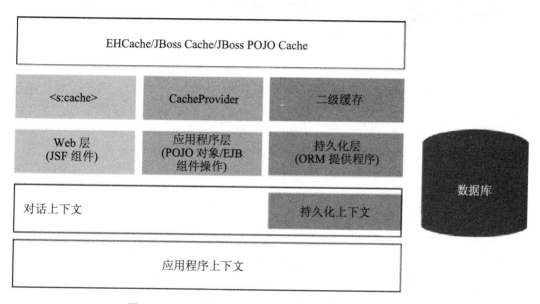

图 32-1　Seam 应用程序中的多层缓存，以层次进行分隔

第一级缓存即为数据库，这一级当然有用，而且非常重要，但仅限于此。在某些时候，应用程序必须确定是否确实需要访问数据库。图 32-1 表明：应该根据应用程序层的不同在不同的位置提供缓存服务，以避免往返数据库。

持久化层包含了两级缓存。在第 11 章中介绍过 PersistenceContext，该上下文所维护的缓存中保存某个用户在整个对话过程中从数据库检索的数据。在此可以进一步说明，PersistenceContext 维护的是一个一级缓存。ORM 解决方案还提供了二级缓存，其中保存的数据在不同用户之间共享，这些数据很少进行更新。而 Hibernate 可以与 Seam 所支持的每一种缓存提供程序直接集成，这一点将在本章后面进行讨论。

在第 8 章中讨论了对话的用法。对话可以用于维护一个缓存，该缓存中保存的是与当前用户跨越多个请求的交互相关的状态。而且，除了对话上下文之外，还可以将应用程序上下文用于缓存一些非事务性状态。但是有一点必须注意，集群中的应用程序上下文不会跨越节点复制。一个非事务性状态的典型示例就是配置数据。

除此之外，Seam 直接把缓存提供程序(例如 EHCache 和 JBoss Cache)也集成进来，以便在应用程序的 Web 层中能够进行缓存。如同在 32.3 节中介绍的那样，CacheProvider 组件直接提供给 POJO 对象使用，也可以通过依赖注入提供给 EJB 操作使用。在本章后面将展示<s:cache/>这个 JSF 组件的用法,通过该组件可以将 Web 页面进行分段缓存。

Rules Booking 示例是一个类似于留言簿的示例,用户可以在入住酒店期间对酒店入住情况发表评论,然后当有其他用户查看该旅馆的信息时,能够看到这些用户评论,如图 32-2 所示。

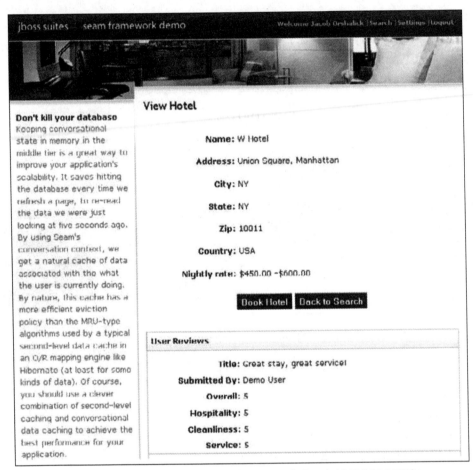

图 32-2　hotel.xhtml 页面显示了酒店的详细信息,包括所有用户评论

尽管可以添加新的评论,但是该数据不可能经常改变。在认清这一点之后,我们就可以通过缓存技术来提高性能。这样就不需要在每次想要获取某个酒店的信息时都不得不访问数据库,而只需要访问内存中已经缓存的数据即可。这样不但可以减少网络通信延迟,而且可以节省 CPU 资源,以便将更多的 CPU 处理时间空闲出来留给其他任务。

32.2　通过 Seam 集成缓存提供程序

通过集成缓存提供程序,Seam 可以很容易地实现性能上的改善。Seam 支持 3 种不同的缓存提供程序,包括 JBoss Cache、JBoss POJO Cache 和 EHCache。表 32-1 描述了每种缓存程序所必需的 JAR 库文件支持,这些库文件必须包括在 EAR 归档中的 lib 目录下。

表 32-1　缓存技术兼容性列表和所需的 JAR 库文件

缓存提供程序	兼　容　性	所需的 JAR 库文件
JBoss Cache 1.x	JBoss 4.2.x 和其他容器	jboss-cache.jar—JBoss Cache 1.4.1， jgroups.jar—JGroups 2.4.1
JBoss Cache 2.x	JBoss 5.x 和其他容器	jboss-cache.jar—JBoss Cache 2.2.0， jgroups.jar—JGroups 2.6.2
JBoss POJO Cache 1.x	JBoss 4.2.x 和其他容器	jboss-cache.jar—JBoss Cache 1.4.1， jgroups.jar—JGroups 2.4.1， jboss-aop.jar—JBoss AOP 1.5.0
EHCache	全部容器	ehcache.jar—EHCache 1.2.3

在其他应用服务器容器中使用 JBoss Cache 时需要注意的情况

如果需要在 JBoss 应用服务器之外的容器中使用 JBoss Cache，就必须满足一些额外的依赖关系。有关此方面的更多信息，可以参考 JBoss Cache 的 wiki(http://wiki.jboss.org/wiki/JBossCache)，其中提供了相关详情以及额外的配置选项。

对于 JBoss Cache 来说，我们必须为其定义一个 treecache.xml 文件，以便能够配置应用程序的缓存。在 rulesbooking 项目中提供了一个 treecache.xml 示例文件，其中的配置适用于非集群环境。JBoss Cache 的配置包括大量与集群和节点间复制相关的配置信息，而这已经超出了本书的介绍范畴，如果需要的话，可以参阅 JBoss Cache 的参考文档，其中提供了与配置相关的详细信息。下面的程序清单来自 Rules Booking 示例，它展示了如何配置 components.xml，以便为 JBoss Cache 1.x 提供程序设置 treecache.xml 文件的路径。

```xml
<?xml version="1.0" encoding="UTF-8"?>
<components xmlns="http://jboss.com/products/seam/components"
  xmlns:cache="http://jboss.com/products/seam/cache"
  xmlns:xsi="http://www.w3.org/2001/XMLSchema-instance"
  xsi:schemaLocation=
    "http://jboss.com/products/seam/cache
    http://jboss.com/products/seam/cache-2.1.xsd
    http://jboss.com/products/seam/components
    http://jboss.com/products/seam/components-2.1.xsd">

  <cache:jboss-cache-provider configuration="treecache.xml" />
  ......
```

至于 EHCache，如果没有专门为其提供配置信息，则使用默认配置，然而为其指定一个自定义配置非常简单。与 JBoss Cache 一样，缓存名称空间可用来配置 EHCache 提供程序，如下面的程序清单所示：

```xml
<?xml version="1.0" encoding="UTF-8"?>
<components xmlns="http://jboss.com/products/seam/components"
  xmlns:cache="http://jboss.com/products/seam/cache"
```

```
xmlns:xsi="http://www.w3.org/2001/XMLSchema-instance"
xsi:schemaLocation=
  "http://jboss.com/products/seam/cache
  http://jboss.com/products/seam/cache-2.1.xsd
  http://jboss.com/products/seam/components
  http://jboss.com/products/seam/components-2.1.xsd">

<cache:eh-cache-provider configuration="ehcache.xml" />
......
```

在 http://jboss.com/products/seam/cache 名称空间中，Seam 支持的每一种缓存提供程序都对应有一个配置元素。

一旦在应用程序归档中将所需的 JAR 文件和配置文件包含进来，那么就可以很容易地使用 Seam CacheProvider 组件。通过使用 @In 注解，我们可以直接通过名称将 CacheProvider 组件的一个实例注入到应用程序的组件中。如下所示的 HotelReviewAction 展示了这种注入方法：

```
import org.jboss.seam.cache.CacheProvider;

// ......

@Name("hotelReview")
@Stateful
public class HotelReviewAction implements HotelReview
{
  @In private CacheProvider<PojoCache> cacheProvider;

  // ......
```

一旦注入，我们就可以很容易地通过 CacheProvider API 向缓存中添加数据元素或从中移除某些数据元素。表 32-2 列出了 CacheProvider API 的一些关键方法：

表 32-2 CacheProvider API

方　　法	说　　明
put(String region, String key, Object object)	将对象放入 key 和 region 对应的缓存区域中
get(String region, String key)	获取 region 和 key 对应的缓存区域中的对象
remove(String region, String key)	将 region 和 key 对应的缓存区域中的对象从缓存中移除

从表 32-2 可以看出，通过调用 CacheProvider.getDelegate() 方法，我们就可以直接使用底层的缓存提供程序。对于执行具体实现特有的操作来说，这一点非常有用，例如利用 JBoss Cache 来管理树形结构的缓存等。当然，这种直接使用委托的方式也有其缺点，就是会直接将组件与底层缓存实现耦合起来，这样在将来希望更改缓存机制时就会非常困难。

利用 JBoss Cache 建立树形结构的缓存

JBoss Cache 将对象以树形结构的形式保存在缓存中。这就意味着在树的特定节点上缓存对象，从而使缓存对象实例的组织工作变得简单。使用这种组织结构形式还可以在需要时有策略地将对象从缓存中清除。树形结构中的节点按照它的完全限定名称(Fully Qualified Name，FQN)来进行标识。通常来说，为节点赋予一个名称只需要简单地指定一个字符串即可，但是也可以在缓存中创建复杂的树形结构。更多详细信息可以参阅 JBoss Cache 的参考指南：http://www.jboss.org/jbosscache/docs。

32.3　Seam 中简化的缓存实现

既然在前面已经看到了一些 API，那么接下来就查看如何使用它们。本章前面提及，Rules Booking 示例充分利用了 CacheProvider 以在获取用户评论信息时能够减少数据库访问次数。为了将用户已有的评论缓存起来，该示例使用了 Seam 提供的 UI 组件<s:cache>，该组件可用来将页面分段进行缓存，具体方法很简单，只需要在这些页面部分的首尾使用<s:cache>进行标记即可。在标记时，我们必须指定该对象应该存储在缓存的哪个区域(region)，以及能够唯一标识该对象实例的一个键(key)。一般来说，这个键可以是该实体的数据库 ID，或者可以是其他的某个唯一标识符。

```
<s:cache key="#{hotel.id}" region="hotelReviews">
  <h:dataTable value="#{hotel.reviews}" var="review">
    <h:column>
      <f:facet name="header">
        User Reviews
      </f:facet>

      <div class="label">Title:</div>

      <div class="output">
        <h:outputText value="#{review.title}" />
      </div>

      ......

    </h:column>
  </h:dataTable>
</s:cache>
```

从以上代码中可以看出，该缓存的 key 值是#{hotel.id}。这个 key 必须确保对于 hotel 实例来说是唯一的，这样才能保证从缓存中加载正确的评论。至于如何将数据放入缓存，则由 Seam 来自动地完成，具体过程如下：在第一次访问某个数据时，Seam 会检查缓存，发现还没有将标识为 key 的某个区域(标识为 region)的数据进行缓存。此时，系统将通过惰性加载从数据库中加载相关评论以呈现 h:dataTable 标记。在呈现的时候，Seam 会捕获呈现结果，并将其放置在以 key 和 region 定义的缓存区域之中。这样一来，如果有后续的访问，Seam

就可以直接从缓存中获取结果数据，而无须为了加载这些已有的评论而重复访问数据库。

现在出现一个新问题：如果需要刷新缓存中的数据，应该如何操作？例如，如果某个用户新增了一条针对某个酒店的评论，那么必须保证在下一次其他用户访问该酒店时，他们能够看到这一条新评论，这一点非常重要。可以通过几种方式解决这个问题，第一种方式就是自定义过期策略。使用过期策略可以明确地定义应该在何时将某个对象从缓存中排除出去。JBoss Cache 实现和 EHCache 都带有多种过期策略可供选择。第一种实现过期策略的方式就是将排除的控制权交给缓存提供程序。本书强烈建议一定要指定一个合理的过期策略。有关过期策略的更多细节已经超出了本书的介绍范畴，如果有需要的话，读者可以自行查找缓存提供程序相关的参考指南。

第二种方式就是将排除的控制权交给应用程序。当然，我们经常需要将上述两种方式结合起来使用。在 Rules Booking 示例中，我们采用的就是第二种方式。如果新增了评论，那么 HotelReviewAction 组件将从缓存中移除所有与此酒店相关的评论，如下面的代码所示：

```java
@Name("hotelReview")
@Stateful
public class HotelReviewAction implements HotelReview
{
  @In private CacheProvider<PojoCache> cacheProvider;

  // ......

  @End
  @Restrict("#{s:hasPermission('hotel', 'review', hotelReview)}")
  public void submit()
  {
    log.info("Submitting review for hotel: #0", hotel.getName());

    hotel.addReview(review);
    em.flush();

    cacheProvider.remove("hotelReviews", hotel.getId());
    facesMessages.add("Submitted review for hotel: #0", hotel.getName());
  }
}
```

通过 CacheProvider API，我们可以很容易地将缓存中的评论删除。其实，HotelReviewAction 组件只是调用 CacheProvider API 的 delete 操作，通过 key 和 region 两个参数来指定要从缓存中删除的页面片段。

配置 Hibernate 二级缓存的缓存提供程序

如果将 Hibernate 与 Seam 配合使用，而且已经配置了缓存提供程序，那么设置 Hibernate 二级缓存将是非常容易的事情。在使用 JBoss Cache 之前，我们首先应该确保已经将 jgroups.jar 这个库文件放置在应用服务器实例的库文件路径中。然后，只要将下面所示的设置加入 persistence.xml 文件中即可：

```
<properties>
  <property name="hibernate.cache.use_second_level_cache"
            value="true"/>
  <property name="hibernate.cache.provider_class"
            value="org.hibernate.cache.TreeCacheProvider"/>
  ......
</properties>
```

　　JBoss Cache 是目前 Hibernate 支持的唯一的事务性缓存。使用 JBoss Cache 带来的好处就是，可以选择一个只读的、事务性的并发策略。EHCache 在配置上甚至更为容易，但是它只提供了一个简单的读写缓存。要配置 EHCache，只需要在 persistence.xml 文件中进行如下设置：

```
<properties>
  <property name="hibernate.cache.use_second_level_cache"
            value="true"/>
  <property name="hibernate.cache.provider_class"
            value="org.hibernate.cache.EhCacheProvider"/>
  ......
</properties>
```

　　使用缓存可以极大地改善服务器上应用程序的运行性能，降低资源的负载。Seam 所提供的分层缓存技术使得缓存在使用上更为方便，也更有利于开发高可伸缩性的 Web 应用程序。

第 33 章

Seam 对 Groovy 的支持

您是一名 Groovy 开发人员吗？这个问题问的不是您的编程风格，而是问您对编程语言的选择。Java 平台现在正越来越受到广为欢迎的动态语言的影响，Java 开发社区对多语言编程(Polyglot Programming)的兴趣也日益浓厚。多语言编程这个概念源自于 Neal Ford 在 http://memeagora.blogspot.com/2006/12/polyglot-programming.html 上的描述，这种编程模式鼓励人们使用正确的工具来开展工作。每种编程语言都有其优点和不足，而多语言编程模式允许从策略上考虑编程语言的选择，以满足特定的系统需求。

Groovy 的独特之处就在于它是一个可运行于 Java 虚拟机上的动态语言，这样就不会强制让您放弃已经习惯的 Java 框架，也不会要求您从头开始学习一门新语言。相反，Groovy 的目标是通过构建于 Java 之上提供动态语言的功能，而不是抛弃 Java 平台。这一点对于大型公司和组织来说非常具有吸引力，因为他们既可以充分利用动态语言的优点，又可以保护在 Java 平台上的已有投资。

第 5 章中讨论了如何使用 Seam 进行 RAD(Rapid Application Development，快速应用程序开发)，如今在 Groovy 的帮助下，我们可以将 RAD 带上一个更高的层次。在 Seam 中使用 Groovy 有以下几点好处：

- 可以使用动态语言功能来进行快速开发。当然，您也可以在合适的时候仍然使用 Java 来解决某个特殊的问题；
- 可以维护并改进 Java EE 提供的牢固基础；
- 可以保护您已有的 Java 投资，因为 Groovy 类可以直接调用 Java 类；
- 如果与 seam-gen(参见第 5 章)配合使用，那么可以迅速看到 Groovy 文件修改带来的效果，而无需重新部署。

在 Seam Framework 中，要将 Groovy 用于您的应用程序是一件非常容易的事情。在 33.3 节中可以看到，添加对 Groovy 的支持并不需要实现什么特别的接口或后台服务。

Groovy 的强大之处就在于它的动态特性。本章将通过一个名为 Groovy Time-Tracking 的应用程序来展示 Groovy 的强大功能。该应用程序是一个开源项目，其源代码可以从 http://code.google.com/p/groovy-seam 找到并下载。该应用程序不仅展示了 Groovy 的强大之处，而且展示了不借助任何 Java 类就可以充分利用 Seam 和 JPA。

本章的前两节主要介绍 Groovy，并展示 Groovy 的几个示例应用程序，以体现在 Seam 应用程序中 Groovy 所展现出来的语法优势。如果您已经对 Groovy 比较熟悉，那么可以跳过这两节，直接进入 33.3 节。33.3 节将会讲述如何在 Seam 应用程序中使用 Groovy。

33.1　Groovy 实体

Groovy 简化了域模型的实现。我们是域驱动设计的坚定支持者，Eric Evans 的经典著作 *Domain-Driven Design*(2004 年出版)使我们认识到域模型是编写业务逻辑的位置，而 Groovy 的闪光之处就在于实现业务逻辑。接下来通过创建一个工时进度表来开始我们的 Groovy 之旅。

```
@Entity
class GroovyTimesheet
{
  @Id @GeneratedValue
  Long id

  @OneToMany
  @JoinColumn(name="TIMESHEET_ID")
  List<GroovyTimeEntry> entries = new ArrayList<GroovyTimeEntry>()

  GroovyTimesheet(PayPeriod payPeriod, int month, int year)
  {
    (payPeriod.getStartDate(month, year)..
      payPeriod.getEndDate(month, year)).each
    {
      entries << new GroovyTimeEntry(hours:0, date:it)
    }
  }

  // ......
}
```

上述代码都做了什么？在本质上，我们定义了一个要遍历的日期范围，其中 PayPeriod 是一个简单的枚举变量，它决定了一个工时周期的开始日期和结束日期。通过指定 (payPeriod.getStartDate(month, year)..payPeriod.getEndDate(month, year))，我们可以定义一个日期的范围。Groovy 能够理解这个日期范围的意义，并且允许以一种非常简练的方式来进行表达(您可以试着使用 Java 来表述该日期范围，这样就可以有一个大致的印象)。除此之外，我们还可以在这个日期范围上使用 each 操作。该操作可用来定义一个闭包(closure)，该闭包以 Groovy 循环的形式依次遍历这个日期范围中的每一天。通过这种方式，我们可以对整个工时周期内的每个 GroovyTimeEntry 实例执行初始化。

此外，注意代码中<<运算符(即 leftShift 运算符)的使用。该运算符是为 List 对象定义的，作用就是把新元素添加到列表中。GroovyTimeEntry 实例的初始化是通过默认构造函数来完成的。在默认情况下，构造函数的命名参数可以按照任意顺序指定，以初始化对象的实例。如果我们另外定义了一个构造函数，那么默认构造函数不再有效。最后，还要注意

在闭包中为每个each操作定义的it关键字的使用,该关键字代表的是迭代中当前元素的值。在这里的循环中,当遍历整个日期范围时,日期范围内的每个日期都将传递到GroovyTimeEntry的构造函数中。

代码中是否会因为缺少分号而不能通过编译

Groovy 支持宽松的语法规则,表现之一就是语句末尾的分号是可选的。这当然取决于编程人员的个人喜好,然而在与开发小组的其他成员协商之后,大多数开发人员会认为语句末尾的分号是不必要的累赘。总之,只要您使用 Groovy 进行开发,那么这个决定权就取决于您!

当然,我们还必须定义一个 GroovyTimeEntry。如下面的程序清单所示,我们可以看到这个定义非常简单:

```
@Entity
class GroovyTimeEntry {
  @Id @GeneratedValue
  Long id

  BigDecimal hours
  Date date
}
```

这就是定义 GroovyTimeEntry 的全部代码,看起来非常整洁,不是吗?如同本章前面提到的那样,我们可以通过默认构造函数指定命名参数。除此之外,自动为每个属性都提供了 getter 和 setter 方法。

您可能已经注意到代码中使用了 JPA 注解,这是完全合法的方式,而且这个 Groovy 类将成为一个 JPA 实体。这一点同样适用于使用@Name 注解的 Seam 组件。具体的工作原理是什么?在后台,Groovy 类将被编译成 Java 字节码,这样在运行时就可以将所有的 JEE 和 Seam 功能应用于 Groovy 类。只需使用 groovyc 编译器,或者将 Ant 任务 groovyc 添加到构建脚本中。

现在,如果我们希望通过编程方式将 GroovyTimeEntry 实例添加到 GroovyTimesheet 实例中,应该如何操作?实现方法如下面的代码所示:

```
@Entity
class GroovyTimesheet {
  // ......

  void leftShift(GroovyTimeEntry entry) {
    entries << entry
  }
  // ......
}
```

Groovy 提供的 leftShift 运算符是可以重载的，您可以自定义其具体实现。通过定义一个自定义 leftShift 实现，就可以通过如下方式来添加一个 GroovyTimeEntry 实例：

```
// ......
timesheet << new GroovyTimeEntry(new Date())
// ......
```

运算符重载并不只局限于 leftShift，我们也可以重载其他的运算符，例如＋：

```
// ......
BigDecimal plus(GroovyTimeEntry entry) {
  this.hours + entry.hours
}
// ......
```

通过上述代码，使用简单的＋运算符就可以将两个 GroovyTimeEntry 实例的 hours 属性进行相加。可以注意到该方法并没有指定返回值，实际上这也是可选的，因为系统假定最后一行代码已经包含了返回值。

使用 Groovy 进行单元测试

通过扩展 GroovyTestCase 类，Groovy 提供了简化的 JUnit 测试功能，这样就可以在 Groovy 语法中使用附加的 JUnit 断言语句。下面所示的测试说明 Groovy 可以提升测试用例的可读性：

```
void testOverloadedPlusOperation() {
  int expectedHours = 9

  assertEquals("Should result in ${expectedHours} hours", expectedHours,
    new GroovyTimeEntry(hours : 5) + new GroovyTimeEntry(hours : 4))
}
```

如上所示，通过使用一个带有命名实参的构造函数，我们可以对每一个 GroovyTimeEntry 实例中的 hours 属性进行初始化。使用 GString 可以很容易地在断言失败消息中指定预期结果。这只是一个非常基本的测试，但是我们可以设想一下，如果使用本章前面已经讨论过的 Groovy 构造函数，那么创建一个非常复杂的单元测试应该也不是难事。

33.2　Groovy 操作

现在我们已经了解到使用 Groovy 定义实体带来的好处，那么如果使用 Groovy 来定义 Seam 操作又会怎么样呢？答案是同样可以从 Groovy 提供的动态特性中获益。接下来再次查看 Groovy Time-Tracking 应用程序示例。

Groovy Time-Tracking 示例使得用户可以以项目为单位建立工时进度表。管理人员不仅可以对每个 Project 实例的细节进行更新操作，而且可以将用户与项目关联起来(如图 33-1 所示)。

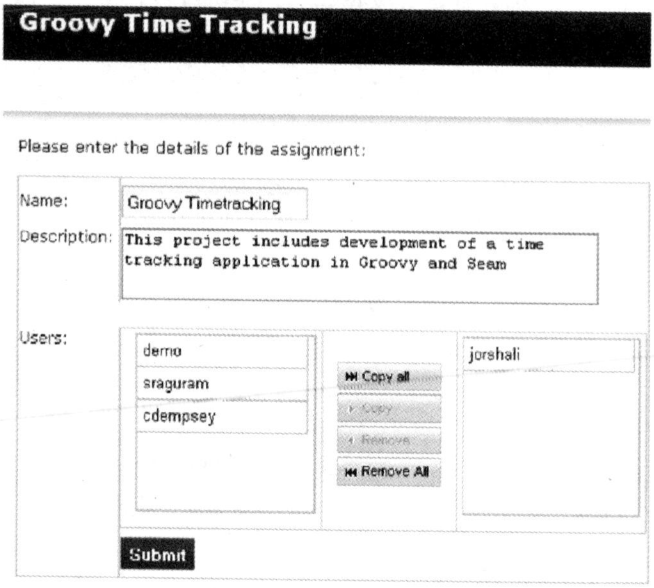

图 33-1   projectEdit.xhtml 页面：在该页面中用户可以对项目名称、项目描述进行更新，并为项目指派开发人员

这里使用名为 pickList 的 RichFaces 组件来显示为项目指派的用户：

```
<td>Users:</td>
<td>
  <rich:pickList value="#{editProject.userIds}">
    <f:converter converterId="javax.faces.Long" />
    <s:selectItems value="#{users}" itemValue="#{user.id}"
                   var="user" label="#{user.username}" />
  </rich:pickList>
</td>
```

当选中某个 Project 时，就必须在指定的列表中显示该 Project 指派的用户。Groovy 提供了一些语法上的便利，使得 EditProjectAction.select()方法非常具有吸引力：

```
@Name("editProject")
@Scope(CONVERSATION)
class EditProjectAction {
  // ......

  List<Long> userIds

  String select() {
    project = projectSelection
    userIds = new ArrayList<Long>()

    project.users.each {
      userIds << it.id
    }
```

```
    "/projectEdit.xhtml"
  }
  // ......
}
```

与以前一样，我们可以访问 EditProjectAction 对象的属性，而无需手动编写这些属性的 getter 和 setter 方法。除此之外，这里还通过闭包和 leftShift 运算符(即<<运算符)来创建 userIds 的 List 对象。最后，不需要任何单独的返回操作就可以指定导航结果，这是因为 Groovy 默认地将方法中的最后一条语句作为该方法的返回值。

33.3　与 Groovy 的集成

Groovy 代码经过编译之后就是标准的 Java 字节码，这样就可以在使用 Java 的任何地方使用 Groovy。这使得将 Groovy 集成到 Seam 应用程序中变得非常简单。接下来查看集成 Groovy 都需要做哪些工作。

第一步就是编译 Groovy 代码。在生产发布构建脚本中必须包括这一步，然而如果应用程序使用的是 seam-gen 自动生成工具(详见下面的提示)，那么这一步在开发阶段中并不是必需的步骤。其实关于这一步并不需要太多担心，因为只需要在构建脚本中添加少量语句，如下所示：

```
<path id="lib.classpath">
  <pathelement path="/path/to/groovy-all.jar" />
  ......
</path>


......
<target name="compile">
  <taskdef name="groovyc"
           classname="org.codehaus.groovy.ant.Groovyc"
           classpathref="lib.classpath" />
  <mkdir dir="${build.classes}"/>
  <groovyc destdir="${build.classes}" classpathref="lib.classpath">
    <src path="${src}"/>
  </groovyc>
</target>
```

上面所示的代码片段来自 Groovy Time-Tracking 示例，展示了如何将 Groovy 代码的编译命令添加到 Ant 构建脚本中。在此之前，我们必须确保已经将 groovy-all.jar 归档添加到类路径中，并且已经完成了 org.codehaus.groovy.ant.Groovyc 任务定义；然后，我们就可以在定义 Groovy 类的目录(即 src 目录)中执行 groovyc 任务。

联合编译

前面展示的任务定义只是对 Groovy 类进行编译。但是有一点必须注意，就是在编译 Groovy 类之前，Groovy 类所依赖的所有 Java 类都必须完成编译；反之亦然。groovyc 任务还通过联合编译提供了混合编译不存在依赖关系的 Groovy 类和 Java 类的功能。更多有关 groovyc 编译任务的配置，请参见相关文档。

在 seam-gen 中使用 Groovy

如果某个 seam-gen 应用程序中包含有 Groovy 代码，那么必须将 .groovy 文件放入 src/hot 文件夹中，这样才能获得热部署(hot-deployment)支持。这样就获得了一种真正的 Groovy RAD 方法，因为可以在运行时解释 Groovy 类。当然，如果要发布的是生产应用程序，或者是进行性能测试，那么对 Groovy 代码进行编译还是必不可少的步骤，因为解释执行所耗费的各种资源代价是非常高昂的。更多有关 seam-gen 工具的信息，可以参见第 5 章。

无论是在使用 seam-gen 工具还是把 Groovy 代码编译成字节码，在执行期间都必须将 Groovy 运行时环境包含在类路径中。其实该操作也非常简单，只需要将 groovy-all.jar 归档添加到要部署的 WAR 或 EAR 应用程序包中即可，如下所示：

```
<target name="ear">
  <mkdir dir="${build.jars}"/>

  <ear destfile="${build.jars}/${projname}.ear"
       appxml="${resources}/META-INF/application.xml">
    <fileset dir="${build.jars}" includes="*.jar, *.war"/>
    <metainf dir="${resources}/META-INF">
      <include name="jboss-app.xml" />
    </metainf>
    <fileset dir="${lib}">
      <include name="jboss-seam.jar"/>
      ......
    <include name="groovy-all.jar" />
    </fileset>
  </ear>
</target>
```

如上所示的任务将生成一个 EAR 归档，并将 groovy-all.jar 文件也包含在其中。这样 Groovy 类就可以在执行期间正常使用 Groovy 运行时环境。

第 34 章

Web Beans 简介

Seam 已经推进了 Java EE 环境中的 Web 开发，而现在 Web Beans 则宣称要在这一领域发动一次革命。Web Beans 规范(JSR-299)是社区协作的产物，它受到了 Seam 和 Guice(http://code.google.com/p/google-guice)的深刻影响。Web Beans 不仅想要把这些框架引入的众多概念标准化，而且希望在它们的基础之上进行改善以定义下一代 Web 开发模型。在"Web Beans 宣言"(http://relation.to/Bloggers/TheWebBeansManifesto)中，该规范的领导者 Gavin King 将 Web Beans 的主旨描述为"带有强类型的松散耦合"。

松散耦合提供了能够使系统变得灵活的动态行为。但是，松散耦合通常是以牺牲类型安全性来实现的。XML 配置目前是大多数框架中最容易产生安全问题的方面，但即使 Seam 在其注入构造中也要依靠组件名称，从而牺牲了类型安全性。那么，如何在维护类型安全性的同时实现松散耦合呢？这正是 Web Beans 组件模型的核心目标。

Web Beans 将把一个适用应用程序多个层的类型安全的组件模型标准化。这最终将统一 Web 层和 EJB 层，从而极大地简化 Java Web 开发。既然您已经学习过 Seam 的组件模型，那么 Web Beans 组件模型的很多概念都会让您感觉非常熟悉，但是很快就会注意到，Web Beans 模型引入了额外的类型安全性以及功能强大的新构造。在这一章中将再度审视 Hotel Booking 示例，查看 Web Beans 提供了哪些新功能。

34.1 定义 Web Beans 组件

Web Beans 提供了一个容器，该容器在运行时会根据当前上下文注入所有必要的依赖(参见图 34-1)。注意，这里提到了上下文，与 Seam 一样，当注入组件或值的时候，上下文就可以派上用场！

现在就查看第一个 Web Beans 组件。下面的程序清单声明了 Hotel Booking 示例中的 HotelSearchingAction，它现在就是一个 Web Beans 组件：

```
@Production              // Deployment Type
@Named("hotelSearching") // Component Name
```

```
@ConversationScoped          // Context Scope
@Stateful
public class HotelSearchingAction implements HotelSearching {
  // ......
```

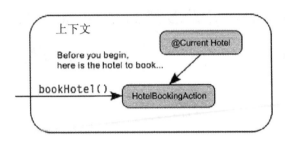

图 34-1　Web Beans 从酒店预订的上下文中提供当前的 Hotel 对象

对于 Seam 用户而言,第一个注解看上去可能有点陌生,但是它的行为并不陌生。@Production 注解是部署类型,首先也是最重要的是,部署类型将类标识为 Web Beans 组件。通过为 HotelSearchingAction 添加@Production 注解,我们就将其标识为一个组件。此外,部署类型还指定安装优先级以及环境可用性,与 Seam 提供的@Install 注解(在 7.2.1 节中讨论过该注解)类似。

与 Seam 一样,这个注解可用于(通过框架甚至测试用的应用程序组件)重写 Web Beans 实现提供的组件。@Production 注解是一个提供给应用程序组件使用的注解,但是使用 @DeploymentType 注解来指定应用程序自己的部署类型也是一件相当简单的事情。注意,还必须在 web-beans.xml 文件(本章稍后就会讨论)中启用任何自定义部署类型。

@Named 注解为组件指定了一个名称。与 Seam 一样,现在可以在 EL 中通过名称来引用这个组件。例如,如果希望引用查询酒店的搜索字符串,那么现在可以使用表达式 #{hotelSearching.searchString}。@ConversationScoped 注解指定这个组件的作用域为对话。本章稍后将讨论 Web Beans 定义的对话作用域。

注意,@Stateful 注解将这个组件定义为一个有状态会话 bean。可以将 EJB 定义为 Web Beans 组件,但是与 Seam 一样,并不要求 Web Beans 一定是 EJB。实际上,EJB 甚至不必是 Web Beans 组件也依然能够定义 Web Beans 注入字段!只要 EJB 运行在 Web Beans 容器中,这些字段就会由容器负责注入。

Web Beans 如何找到应用程序的组件

与 Seam 中的标记文件 seam.properties 一样,当 Web Beans 容器在类路径或归档中找到一个 web-beans.xml 文件时,它将扫描该文件以查找 Web Beans 组件。此外,web-beans.xml 文件还可用来配置组件、定义自定义部署类型、配置拦截器以及其他功能。当然,考虑到类型安全性这个目标,应该限制在这个文件中的配置,而且在大多数情况下这些并不是必需的配置。

34.2　组件注入

Web Beans 完全承袭依赖注入的传统，旨在分离 API 及其实现。快速复习一下，依赖注入是一种反向控制技术，它构成了现代框架的核心。按照传统，对象负责获取与其协作的对象的引用。这些对象是外向型的，因为它们要获取它们的依赖。这就导致了紧密耦合，加大了代码的测试难度。相反，可以让 Web Beans 容器来自动根据当前上下文提供依赖。

一旦通过指定部署类型定义了一个组件，那么当被另一个组件或 EJB 注入或者通过 EL 引用时，容器就会实例化该组件。Web Beans 没有注出的概念，但是所有的组件和上下文值都是有上下文的。这意味着可以获取与使用 Seam 时相同的解耦级别。接下来查看 Web Beans 组件 HotelBookingAction 的定义：

```
@Named("hotelBookingAction")
@ConversationScoped
@Production
@Stateful
public class HotelBookingAction implements HotelBooking {
  @Current User user;
  Booking booking;
  // ......

  @PersistenceContext
  EntityManager entityManager;

  public void bookHotel(long hotelId) {
    // ......

    Hotel hotel = entityManager.find(Hotel.class, hotelId);

    booking = new Booking(hotel, user);
  }

  // ......

  public Booking getBooking() {
    return booking;
  }
}
```

注意，我们感兴趣的是@Current User 实例。Web Beans 注入上下文中的 User 实例。与 Seam 类似，将从上下文中查找该 User 实例，但与 Seam 不同的是，这种查找基于属性类型和任意的绑定类型。@Current 就被视为一种绑定类型，而且如果没有指定绑定类型，它就是默认的绑定类型。因此，这个 HotelBookingAction 的绑定类型为@Current。

绑定类型只是用来将感兴趣的具体组件实例限定为某种特定的类型。这可以确保如果请求的类型有多个实现可用，就会选择正确的实例。例如，假设需要授权酒店预订付款。首先定义一个简单的接口来处理付款：

```
public interface PaymentService {
  public boolean authorizePayment(Payment payment);
}
```

Booking 应用程序最初只支持信用卡支付。在这种情况下，我们可以很容易地定义一个支持 PaymentService API 的组件：

```
@Production
@Named
@Stateless
public class CreditCardPaymentService implements PaymentService {
  public boolean authorizePayment(Payment payment) {
    // ......
  }
}
```

注意，我们虽然使用了@Named 注解，但是没有指定具体的名称。在这种情况下，CreditCardPaymentService 组件将具有默认的名称，也就是把类名称的首字母转换成小写后的字符串。

现在只需要指定默认的绑定类型@Current，就可以将这个组件注入到 HotelBookingAction 中来授权支付。

```
@Named("hotelBookingAction")
@ConversationScoped
@Production
@Stateful
public class HotelBookingAction implements HotelBooking {
  @Current PaymentProcessor paymentProcessor;

  // ......

  public void confirm() {
    boolean isAuthorized =
      paymentProcessor.authorize(booking.getPayment());

    if(isAuthorized) {
      entityManager.persist(this.booking);
      // ......
    }
  }
  // ......
}
```

那么，如果现在需要支持奖励积分支付，应该如何操作？这就要求使用某种绑定类型来限定容器应该注入哪一种实现。

```
@Production
@Named
@Stateless
```

```
@CreditCard
public class CreditCardPaymentService implements PaymentService {
  // ......
```

现在可以在注入点指定绑定类型，以确保在不建立与 CreditCardPaymentScrvice 类的直接依赖关系的前提下接收注入的该类型的实例：

```
@Named("hotelBookingAction")
@ConversationScoped
@Production
@Stateful
public class HotelBookingAction implements HotelBooking {
  @CreditCard PaymentProcessor paymentProcessor;

  // ......
}
```

使用@BindingType 元注解来定义绑定类型。下面的定义指定@CreditCard 绑定类型：

```
@BindingType
@Target({FIELD, PARAMETER, TYPE})
@Retention(RUNTIME)
public @interface CreditCard {}
```

在这里声明，可以在 FIELD、PARAMETER 和 TYPE 级别上指定该注解。在前面的示例中，我们已经使用了 FIELD 和 TYPE 定义，但是 PARAMETER 的作用何在？我们将在 34.3 节中看到，实参可以作为参数注入到方法中。

简单 Web Beans 组件的创建与 EJB 的创建

在构造 POJO Web Beans 组件时调用了 Web Beans 组件的构造函数。这使得我们可以通过构造函数参数来使用构造函数注入方法并执行任何必需的设置工作。但在另一方面，EJB 是通过 JNDI 获取的，这意味着它们的创建过程由 EJB 容器控制，但是它们的生命周期方法可用于任何的构造后设置工作中。

34.3　生产者方法

生产者方法与 Seam 中的@Factory 方法的相似之处在于它们都声明了创建某些上下文对象的方法，但是相似之处仅限于此。生产者方法要比@Factory 方法更加灵活，而且提供了与新组件模型一样的类型安全性。下面就查看一个示例生产者方法：

```
@Named
@ConversationScoped
@Production
@Stateful
public class HotelSearchingAction implements HotelSearching {
  private String search;
```

```
// ......

@Produces @ConversationScoped @Named("hotels")
public List<Hotel> queryHotels()
{
  // query for hotels and return result
}

// ......
}
```

@Produces 注解将这个方法标识为生产者方法。您还将注意到前一节中描述过类似的注解。如果在视图中访问#{hotels}，或者通过@Current List<Hotel>注入酒店列表，就会调用这个生产者方法来提供注入的对象。hotels 的作用域也变成当前对话上下文的生命周期，我们将在 34.4 节中讨论这一点。

还可以将这个生产者方法重写如下。在这里，酒店列表的名称还是 hotels，但是这个名称是根据 JavaBean 命名约定推导出来的：

```
@Named
@ConversationScoped
@Production
@Stateful
public class HotelSearchingAction implements HotelSearching {
  private String search;

  // ......

  @Produces @ConversationScoped
  public List<Hotel> getHotels()
  {
    // query for hotels and return result
  }
}
```

本章前面讨论过的绑定类型也可以用来区分为同一类型定义的生产者方法。例如，我们可能希望定义多个用来检索酒店列表的方法：

```
@Named
@ConversationScoped
@Production
@Stateful
public class HotelSearchingAction implements HotelSearching {
  // ......

  @Produces @ConversationScoped @All
  public List<Hotel> getAllHotels()
  {
    // query for all hotels and return result
```

```
  }

  @Produces @ConversationScoped @MostPopular
  public List<Hotel> getMostPopularHotels()
  {
    // query for most popular hotels and return result
  }
}
```

我们还可以将对象注入到生产者方法中。在需要对组件注入做出决策的场合中，这是非常有用的方法。例如，在讨论 PaymentService 时曾经介绍过可能会注入多种实现。我们可以通过绑定类型来区分这些实现，但是如果需要的 PaymentService 取决于当前上下文，应该如何操作？下面的示例演示了如何通过生产者方法来实现该操作：

```
@Production
public class PaymentServiceResolver {
  @Produces
  public PaymentService getPaymentService(
     @CreditCard PaymentService creditCardPaymentService,
     @Rewards PaymentService rewardsPaymentService,
     @Current Booking booking) {
   PaymentService paymentService;
   PaymentType paymentType = booking.getPayment().getPaymentType();

   switch(paymentType) {
    case CREDIT_CARD : paymentService = creditCardPaymentService;
      break;
    case REWARDS : paymentService = rewardsPaymentService;
      break;
    default: throw new IllegalStateException("A PaymentType has "
      + "been defined without an associated PaymentService");
   }

   return paymentService;
  }
}
```

在这里，@Current PaymentService 根据@Current Booking 实例的状态来确定。可以看到，这样就能够对组件或对象注入进行细粒度的控制。

现在就查看本章到目前为止一直忽略的上下文。

34.4　上下文模型

Seam 或 JSF 开发人员会对 Web Beans 提供的上下文模型感到非常熟悉。该上下文模型包括了标准的 JSF 作用域，此外，还增加了对话作用域(由 Seam 引入)和依赖作用域(Web Beans 规范独有)。在依赖作用域之外的所有作用域都被视为普通作用域，而依赖作用域称为伪作用域(pseudoscope)。不要太关注术语，简而言之，伪作用域就是行为不像普通作用域的作用域,关于它的精确定义请参阅规范。在继续深入讨论之前,回顾一下与 Web Beans 相关的标准 JSF 上下文。

请求上下文(request context)   这个上下文的生命周期只是一次 Web 请求。要想把组件的作用域设为请求上下文,要为其添加@RequestScoped 注解。

会话上下文(session context)   这个上下文在同一个 HTTP servlet 会话中发生的多次请求之间传播,当该会话无效或超时后,这个上下文也随之销毁。要想把组件的作用域设为会话上下文,要为其添加@SessionScoped 注解。

应用程序上下文(application context)   这个上下文在访问同一个 Web 应用程序上下文的所有 servlet 请求之间共享。要想把组件的作用域设为应用程序上下文,要为其添加@ ApplicationScoped 注解。

与 Seam 一样,Web Beans 也定义了对话上下文,而且每个 JSF 请求都关联到一个对话。如果要把某个组件定义为对话作用域组件,应该为其添加@ConversationScoped 注解。Web Beans 对话模型与在 8.2.2 节中讨论的 Seam 模型非常类似,但有一些细微的区别。图 34-2 表示了 Web Beans 模型中对话的可能状态。

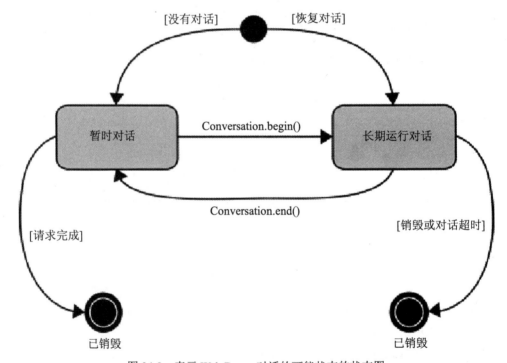

图 34-2   表示 Web Beans 对话的可能状态的状态图

对话要么处于暂时(transient)对话状态,要么处于长期运行(long-running)对话状态。暂时对话的含义实际上与 Seam 中的临时对话一样。除非恢复了一个长期运行对话,否则每个请求都与一个暂时对话关联。一旦请求完成,它的暂时对话(及其上下文)就将随之销毁。在两次请求之间,长期运行对话的状态在 HttpSession 中得以维持,这使得在后续的请求中可以恢复该对话。与 Seam 一样,对话可以自动跨越重定向传播。

注意,在图 34-2 中使用 Conversation API 将一个对话从暂时对话转换成长期运行对话,反

之亦然。因为在默认情况下，所有的请求都与一个暂时对话相关联，所以调用 Conversation.begin()
方法会通知 Web Beans 容器应该将该对话上下文存储到 HttpSession 中，并在后面的请求中
恢复它。与之相反，调用 Conversation.end()方法会通知容器应该将该对话标记为暂时对话，
这意味着在请求结束时销毁该对话。

　　如何恢复长期运行对话呢？本章前面曾经提过，当前对话会自动跨越重定向传播。此
外，如果用户提交了某个在长期运行对话上下文中呈现的表单，那么将为该请求恢复对话。
注意，这提供了 Seam 应用程序具有的多窗口和多选项卡操作。与 Seam 一样，一个简单的
GET 请求将导致创建新的暂时对话，从而允许在同一个用户会话中存在多个并发长期运行
对话。关于多窗口操作的示例，请参阅第 8 章。

　　既然已经讨论了语义，接下来查看启动和结束长期运行对话的语法：

```
@Named
@ConversationScoped
@Production
@Stateful
public class HotelBookingAction implements HotelBooking {
  @Current Conversation conversation;

  // ......

  public void bookHotel(long hotelId) {
    conversation.begin();

    Hotel hotel = entityManager.find(Hotel.class, hotelId);

    this.booking = new Booking(hotel, user);
  }
  // ......

  public void confirm() {
    entityManager.persist(this.booking);

    conversation.end();
  }
  // ......
}
```

　　可以看到，我们可以注入@Current Conversation 实例。一旦注入，通过 Conversation API
启动和结束长期运行对话就是一件简单的事情。当用户决定预订某家酒店时，就启动了一
个长期运行对话，用来在请求之间维持预订上下文。在确认之后，我们就可以在请求的末
尾安全地结束这个长期运行对话，并允许销毁它。

　　注意，每次用户试图预订酒店时，就会启动一个新的对话。这意味着用户可以在多个
窗口或选项卡之间预订多家可选的酒店，而不会遇到任何问题，因为这些对话每个都有不
同的对话上下文。

Web Beans 引入的新作用域是@Dependent 伪作用域。这个作用域仅意味着这个组件被绑定到它所注入的组件的生命周期，不会有两个组件能够共享同一个实例。如果熟悉 UML(Unified Modeling Language，统一建模语言)，那么这与组合关系类似，如图 34-3 所示。

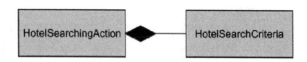

图 34-3 HotelSearchingAction 和 HotelSearchCriteria 之间的组合关系

在图 34-3 中，HotelSearchingAction 包含了 HotelSearchCriteria 实例。这意味着如果 HotelSearchingAction 被销毁，那么 HotelSearchCriteria 也将随之销毁。在这种情况下，HotelSearchingCriteria 组件将带有@Dependent 注解。

34.5 组件原型

原型并不是一个新概念。实际上，UML 将它们用作一种定义新模型元素的扩展机制，这些模型元素具有适合于问题领域的特定元素。听起来是不是很熟悉？

图 34-4 演示了到目前为止我们遇到过的一些原型。

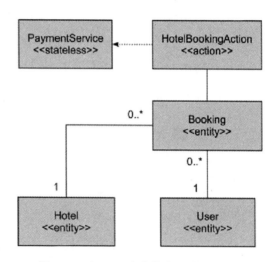

图 34-4 由 UML 定义的表示原型的类图

很明显，这表明图 34-4 中的每个类都有自己特定的某些语义。一般说来，原型的语义描述放在某种附加文档中，必须通过各种模式整合到代码中。

在图 34-4 中，可以看到一个现有的 Java 原型示例<<entity>>。只需要为类添加@Entity 注解就可以获取与实体相关的横切行为。此外，请注意<<stateless>>的使用，这只是翻译成隐含横切行为(事务性、对象池等)的@Stateless 注解。困难之处在于实现域特有的原型，例如 Action。

至今没有简单的方法使用 Java 在域特有的设置中实现这个概念。当然，可以使用继承加上模板方法模式或其他模式来捕获组件的共性，但是没有简单的办法来注入原型隐含的横切行为。通过 Web Beans 原型方法，可以采用声明式方式来指定这种行为(就像在模型中一样)，而通过拦截可以应用属性。

　　回忆一下，HotelBookingAction 和 HotelSearchingAction 拥有一些公共的注解。在像操作这样的常见组件定义中，这些重复性的注解可能变成多余的语句。此外，如果操作要求对横切行为做一些修改，那么我们将不得不费力找出每种实现以对注解进行必要的修改，很明显这违反了 DRY(Don't Repeat Yourself，不要重复自己)原则。要定义图 34-4 中给出的 <<action>>，我们可以创建以下原型：

```
@ConversationScoped
@Production
@Named
@Stereotype
@Target(TYPE)
@Retention(RUNTIME)
public @interface Action {}
```

注意@Stereotype 注解的使用。这个元注解声明@Action 是一个原型，并且声明应用到该组件的所有注解。

　　这个@Action 声明了如下几项：

- 该组件的作用域应该是对话；
- 应该把该组件作为应用程序组件进行部署；
- 如果没有声明名称，那么应该为其指定默认名称。

　　现在可以清空 HotelBookingAction 以及 HotelSearchingAction 的组件定义，如下面的程序清单所示：

```
@Stateful
@Action
public class HotelSearchingAction implements HotelSearching {
    ......
}

@Stateful
@Action
public class HotelBookingAction implements HotelBooking {
    ......
}
```

　　假设现在需要所有的@Action 组件都是@Transactional 和@Secure。使用新定义完成该任务显然非常简单：

```
@Transactional
@Secure
@ConversationScoped
@Production
@Named
@Stereotype
@Target(TYPE)
```

```
@Retention(RUNTIME)
public @interface Action {}
```

不需要额外的配置，这是因为@Transactional 和@Secure 拦截器绑定(参阅 34.6 节)将确保为这个组件启用适当的拦截器来完成事务管理，并确保该实例的安全。各种模式的实现立即变得非常简单，甚至对于初级开发人员也是如此。

那么这对于我们而言有什么意义呢？例如，实现代码与 UML 图的表述方式一样。如果查看 HotelBookingAction 类，可以了解到它是一个@Action，这表明了某些与该类关联的固有行为。这种固有行为是通过注解以一种完全类型安全的方式传递进来的。此外，我们获得了简化组件测试的能力，这是因为横切行为将在容器环境中引入。我们可以只测试自己的逻辑，而不用担心横切方面，因为我们知道它们将在运行时由容器引入。

现在就来查看拦截器绑定类型，它们为希望通过原型实现的隐含的横切行为提供了各种构造。

34.6　实现横切行为

如果需要实现自己的横切行为，应该如何操作？例如，可能需要对某个组件上发起的所有用户操作进行审核。通过实现自己的拦截器和拦截器绑定类型即可完成该任务。拦截器绑定类型只是一种带有@InterceptorBindingType 注解的注解。接下来查看这个审核示例：

```
@InterceptorBindingType
@Target({TYPE, METHOD})
@Retention(RUNTIME)
public @interface Audited {}
```

一旦定义拦截器绑定类型，就可以定义一个带有@Audited 注解和@Interceptor 注解的 Web Beans 拦截器：

```
@Audited @Interceptor
public class AuditInterceptor {
  @AroundInvoke
  public Object aroundInvoke(InvocationContext invocationContext) {
    // do auditing logic ...
  }
}
```

注意，这个拦截器与 EJB 的拦截器规范是兼容的。事实上，所有 Web Beans 拦截器完全兼容 EJB 规范，包括@Interceptor 注解和拦截器绑定类型。既然已经定义了拦截器绑定类型和拦截器，那么现在就可以将横切行为整合到 HotelBookingAction 中：

```
@Action
@Stateful
public class HotelBookingAction implements HotelBooking {
  // ......
```

```
private Booking booking;

@PersistenceContext
private EntityManager entityManager;
// ......

@Audited
public void confirm() {
  entityManager.persist(this.booking);
  // ......
  }
}
```

　　在这里，我们为 confirm() 方法添加了 @Audited 注解。因为这会将拦截器绑定到 confirm() 方法，所以我们的拦截器逻辑将负责执行审核。应用横切行为变成了一件简单的事情，而且使实现与组件解耦。此外，自定义拦截器也可以应用到 34.5 节中讨论的原型，可用来创建具有固有的域特有行为的组件。

34.7　总结

　　Web Beans 宣称要革新 Web 开发，因为它成为新的 Java Web 开发标准。Web Beans 将把一种适用应用程序多个层次的类型安全组件模型标准化，并最终统一 Web 层和 EJB 层。这将简化 Java Web 开发，同时让系统更加灵活。在 http://jcp.org/en/jsr/detail?id=299 中可以找到更多有关 Web Beans 规范的内容。要了解最新的公告，可访问 http://seamframework.org/WebBeans。

附录 A

安装和部署 JBoss 应用服务器

JBoss Seam 在最新版本的 JBoss 应用服务器上进行开发和测试。它构建在多项 JBoss 服务之上,例如 JBoss AOP(Aspect Oriented Programming,面向方面编程)、Hibernate、EJB3、JSF、JBoss Cache 以及 JBoss Transaction Manager。Seam 为访问所有这些重量级企业服务提供了一个简单、统一的编程模型。

本书中所有示例应用程序的构建脚本都直接构建可以部署到 JBoss 应用服务器上的 EAR 文件(关于如何构建这些示例应用程序的信息,请参阅附录 B)。

在 JBoss 应用服务器之外运行 Seam 应用程序

尽管对于 Seam 应用程序来说 JBoss 应用服务器是最佳的服务器,但是如果需要的话,也可以将 Seam 应用程序部署在 JBoss 应用服务器以外的服务器上运行。更多有关这方面的信息,请参阅第 4 章。

A.1 必不可少的 JDK 5.0

我们可以在操作系统的命令行中运行 java -version 命令,以此来检查当前已安装的 JDK 版本。如果正在运行的 JDK 低于 5.0 版本,那么就需要对其进行升级。Linux/UNIX 和 Windows 用户可以从 Sun 公司网站的相关页面 http://java.sun.com/j2se/1.5.0/download.jsp 下载最新的 JDK 安装程序,Mac OS X 用户则应当从 http://www.apple.com/java 上下载 Apple JDK 5.0 的测试版。

为了成功运行 JBoss 应用服务器,我们还需要设置环境变量 JAVA_HOME,将其指向 JDK 5.0 的安装目录。在 Windows 系统中,我们可以直接在系统的控制面板工具中进行设置,即单击"开始"菜单,然后依次选择"控制面板"、"系统"、"高级"、"环境变量"选项;对于使用 UNIX/Linux/Mac OS X 系统的用户,则可以通过 shell 脚本来进行设置。

A.2 安装 JBoss 应用服务器

安装 JBoss 应用服务器非常简单，只需要下载 JBoss 应用服务器的安装程序文件(ZIP 格式的压缩包)，并将其内容解压到指定的任一本地目录即可。JBoss 应用服务器的最新稳定零售版本可以在 www.jboss.org/jbossas/downloads 上找到。本书提供的所有示例应用程序都已经在 JBoss 应用服务器 4.2.3 GA 版本上通过测试。

如果使用的是 JDK 6.x 系列版本，那么请确认自己下载的 JBoss 应用服务器零售版本也是基于 JDK 6 构建的正确版本。分辨不同零售版本的方式很简单，直接查看它们的文件名(例如 jboss-4.2.3.GA-jdk6.zip)就一目了然。

关于 Seam 库

每个 Seam 应用程序都需要加载一个独立的 Seam 容器，因此我们应该将库文件 jboss-seam.jar 包含在应用程序的 EAR 文件中。此外，对于 jboss-seam-ui.jar 和 jsf-facelets.jar 这两个库文件也同样如此——上述 3 个库文件必须都包含在 EAR 文件(实际上是 WAR 文件)之中，这样才能够支持 Seam 特有的 UI 标记和 Facelets。有关于此方面的更多细节，请参阅附录 B。

A.3 部署和运行应用程序

Seam 应用程序的部署非常简单，只需要将正确的 EAR 应用程序文件(即源代码中编译脚本的编译目标)复制到 JBoss 应用服务器的 server/default/deploy 目录下即可。

对于本书中的示例，我们首先需要在示例的根目录建立 build.properties 文件，在其中指定 JBoss 应用服务器的安装目录。然后，只需要运行 ant 和 ant deploy 命令来部署应用程序即可。

至于服务器的启动，如果是 Linux/UNIX 系统，则运行 bin/run.sh；如果是 Windows 系统，则运行 bin\run.bat。现在就可以访问 Seam Web 应用程序的 URL:http://localhost:8080/myapp(使用您的 EAR 或 WAR 文件中配置的应用程序 URL 替换 myapp)。

JBoss 应用服务器 4.0.5

如果您正在使用的 JBoss 应用服务器版本是 4.0.5，那么就需要使用 all 配置，这样才能够正常使用 EJB3 会话 bean。

附录 B

将示例应用程序用作模板

在第 5 章中介绍了如何使用 seam-gen 来为 Seam 项目生成应用程序模板。seam-gen 生成的模板中包含有常见的配置文件、构建脚本以及所有的支持库，有时甚至还包括了一个应用程序范例。seam-gen 模板对 Eclipse 和 NetBeans 这两款 IDE 提供了良好的集成支持，此外，容器外测试以及快速的编辑/保存/重新加载开发循环等方面在该模板中都得到了体现。可以这么说，seam-gen 模板是开始构建 Seam 应用程序的最佳起点。

然而，seam-gen 模板项目需要占用相当大的存储空间，因为它需要在项目中包含所有支持库 JAR 文件。同时，对于非 JBoss 应用服务器之上的部署，seam-gen 模板也支持有限，缺乏灵活性。因此，对于本书的读者而言，一种替代方法就是在自己的项目中使用本书的示例项目作为模板，而不是使用 seam-gen 自动生成的模板。虽然这种方式比使用 seam-gen 更为复杂，但是会带来更大的灵活性——而且，在使用示例项目作为模板的过程中，您或许能够学到更多有关 Seam 的知识。在本附录中，我们将讨论如何对本书的示例应用程序进行修改和定制。

本书源代码软件包中的所有项目都依赖于 Seam 2.1 零售版中的 JAR 库文件，可以从 http://seamframework.org/Download 获取这些文件。每个示例项目使用的 build.properties 文件都可以在零售版中找到，我们只需要对该文件中的如下属性进行简单的编辑即可：

- jboss.home 即为本地 JBoss 实例的路径(相关示例已经针对 JBoss 应用服务器的 4.2.3.GA 版本进行了测试)；
- seam.home 即为最新的 Seam 零售版的路径(相关示例已经针对 JBoss Seam 的 2.1.0.GA 版本进行了测试)。

在修改这些设置之后，就只需要执行 ant main deploy 命令即可。该命令将构建示例，并将其部署到已经配置好的 JBoss 实例上。

B.1　基于 EJB3 的简单 Web 应用程序

对于基于 EJB3 的 Seam Web 应用程序，integration 示例是最佳的起点。下面就是源项目的目录结构：

```
mywebapp
|+ src
   |+ Java Source files
|+ view
   |+ web pages (.xhtml), CSS, and images
|+ resources
   |+ WEB-INF
      |+ web.xml
      |+ components.xml
      |+ faces-config.xml
      |+ pages.xml
   |+ META-INF
      |+ persistence.xml
      |+ application.xml
      |+ jboss-app.xml
      |+ ejb-jar.xml
      |+ seam.properties
|+ lib
   |+ App specific lib JARs
|+ test
   |+ components.xml
   |+ persistence.xml
   |+ testng.xml
   |+ Java source for test cases
|+ nbproject
   |+ NetBeans integration and support
|+ build.xml
```

要根据上述示例定制自己的应用程序，请遵循以下步骤：

- 将 Seam 组件和其他类添加到 src 目录中；
- 将网页、图像和其他 Web 资源添加到 view 目录中；
- 编辑 build.xml 文件，以便通过 war 或 ear 任务将应用程序所需的所有第三方库文件都包含进来。例如，可以像在第 20 章中所做的那样将 Ajax4jsf 的所有 JAR 库文件包含进来；
- 修改 resources/WEB-INF/navigation.xml 文件，以便为新的应用程序定义新的导航规则(即页面流)；
- 编辑 resources/WEB-INF/pages.xml 文件，以便将 RESTful 页面(参阅第 15 章)所需的页面参数、页面操作以及状态导航规则(参阅 24.5 节)包含进来；
- 修改 resources/META-INF/persistence.xml 文件，以便为新的应用程序指定持久化选项，前提是具有这些选项(可以参阅第 28 章以了解一些示例)；
- 更改应用程序名称如下：
  - 将 build.xml 文件中的项目名称 integration 更改成自己的项目名称(例如 mywebapp)；
  - 修改 resources/META-INF/application.xml 文件，以反映您的应用程序的上下文根 URL；

- 将 resources/META-INF/jboss-app.xml 中的类加载器名称更改成适合您的应用程序的唯一名称;
- 将 resources/WEB-INF/components.xml 文件中的 JDNI 名称模式更改成匹配您的应用程序的名称(即 mywebapp)。

JSP 与 Facelets XHTML 的对比

Seam 的 integration 项目模板使用 Facelets 作为其展示技术。我们强烈建议在 Seam 应用程序中使用 Facelets 技术(参阅 3.1 节)。然而,如果确实需要在网页中使用 JSP,那么可以使用 helloworld 示例作为模板。具体的设置步骤类似于刚刚讨论过的 integration 项目。

执行上述步骤之后,我们就可以在项目目录中运行 ant 来构建应用程序,构建的结果就是 build/jars/mywebapp.ear 文件。下面所示就是该 EAR 归档的目录结构:

```
mywebapp.ear
|+ app.war
   |+ web pages (.xhtml), CSS, images
   |+ WEB-INF
      |+ web.xml
      |+ components.xml
      |+ faces-config.xml
      |+ pages.xml
      |+ lib
         |+ jsf-facelets.jar
         |+ jboss-seam-ui.jar
         |+ jboss-seam-debug.jar
|+ app.jar
   |+ Java classes
   |+ seam.properties
   |+ META-INF
      |+ persistence.xml
      |+ ejb-jar.xml
|+ jboss-seam.jar
|+ lib
   |+ jboss-seam-el.jar
|+ META-INF
   |+ application.xml
   |+ jboss-app.xml
```

如果还需要对应用程序进行单元测试或集成测试,那么应该将测试用例(.java 源文件)和 testng.xml 文件放置在项目的 test 目录下。此外,测试目录中还包含有一个可选的 components.xml 文件。test/components.xml 和 resources/WEB-INF/components.xml 这两个同名文件之间的区别在于,测试目录下的 components.xml 文件的 JNDI 模式中没有应用程序的名称(参阅 26.4 节),这是因为测试是在应用服务器的容器之外运行的。因此,如果我们在应用程序中对 resources/WEB-INF/components.xml 文件进行了修改和定制,那么也必须相应地对 test/components.xml 文件执行同样的修改。下面就是 test/components.xml 文件的一个示例。

```
<components ...>
  // same as resources/WEB-INF/components.xml

  <core:init jndi-pattern="#{ejbName}/local" debug="false"/>

  <core:ejb installed="true"/>
</components>
```

同样，persistence.xml 文件也对应有一个测试版本，其作用就是明确指定在测试环境下使用 JBoss 事务管理器进行查找。此外，在启动和完成测试时，可能还需要让 Hibernate 实时地创建和删除数据库中的表。

```
<persistence>
  <persistence-unit name="helloworld">
    <provider>org.hibernate.ejb.HibernatePersistence</provider>
    <jta-data-source>java:/DefaultDS</jta-data-source>
    <properties>
      ......
      <property name="hibernate.hbm2ddl.auto" value="create-drop"/>
      <property name="hibernate.transaction.manager_lookup_class"
        value="org.hibernate.transaction.JBossTransactionManagerLookup"/>
    </properties>
  </persistence-unit>
</persistence>
```

当在项目目录中运行 ant test 命令时，构建脚本将运行 test/testng.xml 文件中定义的所有测试用例，并将测试结果同时输出至控制台和 build/testout 目录。

为了便于参考，我们在下面列出了完整的 build.xml 脚本：

```
<project name="HelloWorld" default="main" basedir=".">

  <description>Hello World</description>
  <property name="projname" value="myapp" />

  <property file="../build.properties"/>
  <property name="jboss.deploy"
            location="${jboss.home}/server/default/deploy"/>

  <property name="lib" location="${seam.home}/lib" />
  <property name="applib" location="lib" />

  <path id="lib.classpath">
    <fileset dir="${lib}" includes="*.jar"/>
    <fileset dir="${applib}" includes="*.jar"/>
  </path>

  <property name="testlib" location="${seam.home}/lib/test" />
  <property name="eejb.conf.dir" value="${seam.home}/bootstrap" />

  <property name="resources" location="resources" />
```

```
<property name="src" location="src" />
<property name="test" location="test" />
<property name="view" location="view" />


<property name="build.classes" location="build/classes" />
<property name="build.jars" location="build/jars" />
<property name="build.test" location="build/test" />
<property name="build.testout" location="build/testout" />

<target name="clean">
  <delete dir="build"/>
</target>


<target name="main" depends="compile,war,ejb3jar,ear"/>

<target name="compile">
  <mkdir dir="${build.classes}"/>
  <javac destdir="${build.classes}"
         classpathref="lib.classpath"
         debug="true">
    <src path="${src}"/>
  </javac>
</target>

<target name="test" depends="compile">

  <taskdef resource="testngtasks" classpathref="lib.classpath"/>

  <mkdir dir="${build.test}"/>

  <javac destdir="${build.test}" debug="true">
    <classpath>
      <path refid="lib.classpath"/>
      <pathelement location="${build.classes}"/>
    </classpath>
    <src path="${test}"/>
  </javac>

  <copy todir="${build.test}">
    <fileset dir="${build.classes}" includes="**/*.*"/>
    <fileset dir="${resources}" includes="**/*.*"/>
  </copy>

  <!-- Overwrite the WEB-INF/components.xml -->

  <copy todir="${build.test}/WEB-INF" overwrite="true">
    <fileset dir="${test}" includes="components.xml"/>
  </copy>
```

```xml
<!-- Overwrite the META-INF/persistence.xml -->

<copy todir="${build.test}/META-INF" overwrite="true">
  <fileset dir="${test}" includes="persistence.xml"/>
</copy>

<path id="test.classpath">

  <path path="${build.test}" />

  <fileset dir="${testlib}">
    <include name="*.jar" />
  </fileset>

  <fileset dir="${lib}">
    <!-- Don't include seam-ui -->
    <exclude name="jboss-seam-ui.jar" />
    <exclude name="jboss-seam-wicket.jar" />
    <exclude name="interop/**/*" />
    <exclude name="gen/**/*" />
    <exclude name="src/**/*" />
  </fileset>

  <path path="${eejb.conf.dir}" />

</path>

<testng outputdir="${build.testout}">
  <jvmarg value="-Xmx800M" />
  <jvmarg value="-Djava.awt.headless=true" />
  <classpath refid="test.classpath"/>
  <xmlfileset dir="${test}" includes="testng.xml"/>
</testng>

</target>

<target name="war" depends="compile">
  <mkdir dir="${build.jars}"/>

  <war destfile="${build.jars}/app.war"
       webxml="${resources}/WEB-INF/web.xml">
    <webinf dir="${resources}/WEB-INF">
      <include name="faces-config.xml" />
      <include name="components.xml" />
      <include name="navigation.xml" />
      <include name="pages.xml" />
    </webinf>
    <lib dir="${lib}">
      <include name="jboss-seam-ui.jar" />
      <include name="jboss-seam-debug.jar" />
```

```xml
            <include name="jsf-facelets.jar" />
          </lib>
          <fileset dir="${view}"/>
        </war>
      </target>
        <target name="ejb3jar" depends="compile">
          <mkdir dir="${build.jars}"/>

          <jar destfile="${build.jars}/app.jar">
            <fileset dir="${build.classes}">
              <include name="**/*.class"/>
            </fileset>
            <fileset dir="${resources}">
              <include name="seam.properties" />
            </fileset>
            <fileset dir="${applib}">
              <include name="*.jar" />
            </fileset>
            <metainf dir="${resources}/META-INF">
              <include name="persistence.xml" />
              <include name="ejb-jar.xml" />
            </metainf>
          </jar>
      </target>

      <target name="ear">
        <mkdir dir="${build.jars}"/>

        <ear destfile="${build.jars}/${projname}.ear"
             appxml="${resources}/META-INF/application.xml">
          <fileset dir="${build.jars}" includes="*.jar, *.war"/>
          <metainf dir="${resources}/META-INF">
            <include name="jboss-app.xml" />
          </metainf>
          <fileset dir="${seam.home}">
            <include name="lib/jboss-seam.jar"/>
            <include name="lib/jboss-el.jar"/>
          </fileset>
        </ear>
      </target>

      <target name="deploy">
        <copy file="${build.jars}/${projname}.ear" todir="${jboss.deploy}"/>
      </target>

      <target name="undeploy">
        <delete file="${jboss.deploy}/${projname}.ear"/>
      </target>
</project>
```

B.2 基于 POJO 的 Seam Web 应用程序

如果您的 Seam 应用程序基于 POJO 对象，而不是基于 EJB3 会话 bean，那么可以选择使用 jpa 项目(详情请参阅第 4 章)作为模板。该应用程序项目的构建结果是一个 WAR 文件，该 WAR 文件可以部署在兼容 J2EE 1.4 版本的 JBoss 应用服务器 4.0.5 以上版本中。而且，只需要对配置文件进行少量调整，就能够重新构建可以部署在任意的 J2EE 1.4 版本应用服务器(例如 WebLogic 或 Sun 公司的应用服务器)之上的 WAR 文件。

下面给出 jpa 项目的目录结构：

```
mywebapp
|+ src
   |+ Java Source files
|+ view
   |+ web pages (.xhtml), CSS, and images
|+ resources
   |+ WEB-INF
      |+ web.xml
      |+ components.xml
      |+ faces-config.xml
      |+ pages.xml
      |+ jboss-web.xml
    |+ META-INF
      |+ persistence.xml
   |+ seam.properties
|+ lib
   |+ App specific lib JARs
|+ test
   |+ persistence.xml
   |+ testng.xml
   |+ Java source for test cases
|+ nbproject
   |+ NetBeans integration and support
|+ build.xml
```

要根据已有的项目定制您的应用程序，请遵循下列步骤：

- 将 Seam 组件和其他类添加到 src 目录中；
- 将网页、图像和其他 Web 资源添加到 view 目录中；
- 编辑 build.xml 文件，以便通过 war 和 ear 任务将应用程序所需的所有第三方库文件都包含进来。例如，我们可以像在第 20 章中所做的那样将 Ajax4jsf 的所有 JAR 库文件包含进来；
- 对 resources/WEB-INF/navigation.xml 文件进行修改，以便为新的应用程序定义新的导航规则(即页面流)；
- 编辑 resources/WEB-INF/pages.xml 文件，以便将 RESTful 页面(参阅第 15 章)所需的页面参数、页面操作以及状态导航规则(参阅 24.5 节)包含进来；

- 修改 resources/META-INF/persistence.xml 文件，以便为新的应用程序指定持久化选项(可以参阅第 28 章以了解一些示例)，前提是具有这些选项。对于 Hibernate 应用程序而言，可以根据需要修改 resources/hibernate.cfg.xml 文件；
- 按下面所示更改应用程序的名称：
  - 将 build.xml 文件中的项目名称 jpa 更改成自己的项目名称(例如 mywebapp)；
  - 修改 resources/META-INF/jboss-web.xml 文件，以反映您的应用程序的上下文根 URL。

在项目目录中运行 ant 脚本，以便构建 build/jars/mywebapp.war 应用程序归档。必须确保将应用程序所需的 JAR 库文件包含在 WEB-INF/lib 目录中。下面就是该 WAR 文件的目录结构：

```
mywebapp.war
|+ web pages (.xhtml), CSS, and images
|+ WEB-INF
   |+ lib
      |+ jboss-seam.jar
      |+ jboss-seam-ui.jar
      |+ jboss-seam-el.jar
      |+ jboss-seam-debug.jar
      |+ jsf-facelets.jar
      |+ hibernate3.jar
      |+ hibernate-annotations.jar
      |+ hibernate-entitymanager.jar
      |+ ejb3-persistence.jar
      |+ app.jar
         |+ META-INF
            |+ persistence.xml
         |+ Java classes
         |+ seam.properties
   |+ web.xml
   |+ faces-config.xml
   |+ components.xml
   |+ jboss-web.xml
   |+ pages.xml
```

对基于 POJO 的项目进行测试与基于 EJB3 会话 bean 的项目测试是一样的。单元测试和集成测试都位于 test 目录中。既然在这里没有用到 EJB 组件，那么就不需要针对基于 POJO 的应用程序再设置一个专门用于测试的 components.xml 文件。下面就是 jpa 项目中用来构建 WAR 应用程序文件的 build.xml 脚本：

```xml
<project name="HelloWorld" default="main" basedir=".">
  <description>Hello World</description>
  <property name="projname" value="jpa" />

  <property file="../build.properties"/>
  <property name="jboss.deploy"
            location="${jboss.home}/server/default/deploy"/>
```

```xml
<property name="lib" location="${seam.home}/lib" />
<property name="applib" location="lib" />
<path id="lib.classpath">
  <fileset dir="${lib}" includes="*.jar"/>
  <fileset dir="${applib}" includes="*.jar"/>
</path>

<property name="testlib" location="${seam.home}/lib/test" />
<property name="eejb.conf.dir" value="${seam.home}/bootstrap" />
<property name="resources" location="resources" />
<property name="src" location="src" />
<property name="test" location="test" />
<property name="view" location="view" />
<property name="build.classes" location="build/classes" />
<property name="build.jars" location="build/jars" />
<property name="build.test" location="build/test" />
<property name="build.testout" location="build/testout" />

<target name="clean">
  <delete dir="build"/>
</target>

<target name="main" depends="compile,pojojar,war"/>

<target name="compile">
  <mkdir dir="${build.classes}"/>
  <javac destdir="${build.classes}"
         classpathref="lib.classpath"
         debug="true">
    <src path="${src}"/>
  </javac>
</target>

<target name="test" depends="compile">
  <taskdef resource="testngtasks" classpathref="lib.classpath"/>

  <mkdir dir="${build.test}"/>

  <javac destdir="${build.test}" debug="true">
    <classpath>
      <path refid="lib.classpath"/>
      <pathelement location="${build.classes}"/>
    </classpath>
    <src path="${test}"/>
  </javac>

  <copy todir="${build.test}">
    <fileset dir="${build.classes}" includes="**/*.*"/>
    <fileset dir="${resources}" includes="**/*.*"/>
  </copy>
```

```xml
<!-- Overwrite the META-INF/persistence.xml -->
<copy todir="${build.test}/META-INF" overwrite="true">
  <fileset dir="${test}" includes="persistence.xml"/>
</copy>

<path id="test.classpath">
  <path path="${build.test}" />

  <fileset dir="${testlib}">
    <include name="*.jar" />
  </fileset>

  <fileset dir="${lib}">
    <!-- Don't include seam-ui -->
    <exclude name="jboss-seam-ui.jar" />
    <exclude name="jboss-seam-wicket.jar" />
    <exclude name="interop/**/*" />
    <exclude name="gen/**/*" />
    <exclude name="src/**/*" />
  </fileset>

  <path path="${eejb.conf.dir}" />
</path>
  <testng outputdir="${build.testout}">
    <jvmarg value="-Xmx800M" />
    <jvmarg value="-Djava.awt.headless=true" />
    <classpath refid="test.classpath"/>
    <xmlfileset dir="${test}" includes="testng.xml"/>
  </testng>
</target>

<target name="pojojar" depends="compile">
  <mkdir dir="${build.jars}"/>

  <jar destfile="${build.jars}/app.jar">
    <fileset dir="${build.classes}">
      <include name="**/*.class"/>
    </fileset>
    <fileset dir="${resources}">
      <include name="seam.properties" />
    </fileset>
    <fileset dir="${applib}">
      <include name="*.jar" />
    </fileset>
    <metainf dir="${resources}/META-INF">
      <include name="persistence.xml" />
    </metainf>
  </jar>
</target>
```

```xml
<target name="war" depends="pojojar">
  <mkdir dir="${build.jars}"/>

  <war destfile="${build.jars}/${projname}.war"
       webxml="${resources}/WEB-INF/web.xml">
    <webinf dir="${resources}/WEB-INF">
      <include name="faces-config.xml" />
      <include name="components.xml" />
      <include name="navigation.xml" />
      <include name="pages.xml" />
      <include name="jboss-web.xml" />
    </webinf>
    <lib dir="${lib}">
      <include name="jboss-seam.jar" />
      <include name="jboss-el.jar" />
      <include name="jboss-seam-ui.jar" />
      <include name="jboss-seam-debug.jar" />
      <include name="jsf-facelets.jar" />
      <!--
      <include name="hibernate3.jar" />
      <include name="hibernate-entitymanager.jar" />
      <include name="hibernate-annotations.jar" />
      <include name="hibernate-commons-annotations.jar" />
      <include name="ejb3-persistence.jar" />
      -->
    </lib>
    <lib dir="${build.jars}" includes="app.jar"/>
    <fileset dir="${view}"/>
  </war>
</target>
  <target name="war405" depends="pojojar">
    <mkdir dir="${build.jars}"/>

    <war destfile="${build.jars}/${projname}.war"
         webxml="${resources}/WEB-INF/web.xml">
      <webinf dir="${resources}/WEB-INF">
        <include name="faces-config.xml" />
        <include name="components.xml" />
        <include name="navigation.xml" />
        <include name="pages.xml" />
        <include name="jboss-web.xml" />
      </webinf>
      <lib dir="${lib}">
        <include name="jboss-seam.jar" />
        <include name="jboss-el.jar" />
        <include name="jboss-seam-ui.jar" />
        <include name="jboss-seam-debug.jar" />
        <include name="jsf-facelets.jar" />
        <include name="jsf-api.jar" />
        <include name="jsf-impl.jar" />
```

```
            <include name="hibernate3.jar" />
            <include name="hibernate-entitymanager.jar" />
            <include name="hibernate-annotations.jar" />
            <include name="hibernate-commons-annotations.jar" />
            <include name="ejb3-persistence.jar" />
        </lib>
        <lib dir="${build.jars}" includes="app.jar"/>
        <fileset dir="${view}"/>
    </war>
</target>

<target name="deploy">
  <copy file="${build.jars}/${projname}.war" todir="${jboss.deploy}"/>
</target>

<target name="undeploy">
  <delete file="${jboss.deploy}/${projname}.war"/>
</target>
</project>
```

如果您需要将基于 POJO 的 Seam 应用程序部署到普通的 Tomcat 服务器之上，那么有关此方面的更多细节可以参考 tomcatjpa 示例。

B.3　更多复杂的应用程序

在本附录中讨论的两个应用程序都是简单的 Web 应用程序。如果您的应用程序需要用到 Seam 的更多高级功能，那么相应地也必须将更多的 JAR 库文件和配置文件一起打包放入 EAR 或 WAR 归档中：

- 如果希望 Seam 能够对基于规则的网络安全框架提供支持，那么 Drools 库(JAR 格式的文件)和相关的配置文件必不可少。更多有关此方面的细节，请参阅第 22 章；
- 如果您的 Seam 应用程序需要用到业务流程和有状态页面流，那么 jBPM 库(JAR 文件)和相关的配置文件是必不可少的。更多有关此方面的细节，请参阅第 24 章；
- 如果要对 PDF 提供支持，那么 jboss-seam-pdf.jar 和 iText 函数库(itext-*.jar)文件必不可少，必须将它们打包放入 WAR 归档的 WEB-INF/lib 目录中。更多有关此方面的细节，请参阅 3.4.1 节；
- 如果要对基于 Facelets 的电子邮件模板提供支持，那么 jboss-seam-mail.jar 库文件必不可少，必须将它打包放入 WAR 归档的 WEB-INF/lib 目录中。更多有关此方面的细节，请参阅 3.4.2 节；
- 如果要对 Wiki 文本提供支持，那么 ANTLR 库(antlr-*.jar)文件必不可少，必须将它打包放入 WAR 归档的 WEB-INF/lib 目录中。更多有关此方面的细节，请参阅 3.4.3 节。

Maven 的使用

因为 Ant 非常简单明了，所以本书中的大多数示例应用程序都使用 Ant 作为构建系统。然而，从本书的第一版开始，我们就注意到 Maven 管理构建任务的适应能力在不断增强。Maven 提供了声明式依赖关系管理方法，这一点特别适用 Seam 应用程序，因为 Seam 中集成了许多第三方库和框架。在本附录中，我们将在 Integration 示例应用程序中使用 Maven 来进行构建任务的管理，以展示如何使用 Maven 来构建 Seam 应用程序。最终的应用程序放置在 maven-ear 示例中。

首先，我们查看源代码的目录结构。要想在 Maven 中构建 EAR 应用程序包，需要将 EAR 包中的每个组件分别放置在单独的 Maven 模块中。其中，ejb 模块负责构建 EJB 组件的 JAR 包，war 模块负责构建 WAR 文件，ear 模块则负责将前面两者构建在一起并放入 EAR 包中。

```
maven-ear
|+ pom.xml
|+ ejb
   |+ pom.xml
   |+ src
      |+ main
      |+ java
         |+ EJB beans, Seam POJOs etc.
      |+ resources
         |+ seam.properties
         |+ META-INF
            |+ ejb-jar.xml
            |+ persistence.xml
|+ war
   |+ pom.xml
   |+ src
      |+ main
         |+ java
            |+ Java classes specific to the WAR
         |+ resources
```

```
                    |+ seam.properties
              |+ webapp
                 |+ XHTML files
                 |+ WEB-INF
                     |+ components.xml
                     |+ web.xml
                     |+ faces-config.xml
                     |+ pages.xml
  |+ ear
     |+ pom.xml
```

　　如上所示的目录结构示意图遵循的是 Maven 的标准约定。例如，Maven 知道在 src/main/java 目录中寻找 Java 源代码，在 src/main/resources 目录中寻找类路径资源(例如配置文件)，以及在 src/main/webapp 目录中寻找 Web 相关的各种内容。这样，我们就不必花费大量时间指定查找各种资源和源代码的目录结构。

　　上面所示的目录结构中没有 JAR 文件。构建和打包所需的所有 JAR 库文件都通过 Internet 从 Maven 的各个中央储存库下载。

　　构建系统的核心是 4 个 pom.xml 文件，接下来逐一查看这些文件。

　　项目根目录下的 pom.xml 文件定义了该项目的各种默认值。例如，它指定了整个项目中的组 ID、使用哪个 Maven 储存库、默认的版本号以及各种依赖关系的作用域等。该文件提供了一个能够查看和更新各个依赖 JAR 库文件版本号的集中处理场所——与以前不得不对每个依赖 JAR 库文件都进行单独检查的方式相比，这是很大的进步。如果某个依赖关系的作用域设置为 provided，那么就意味着该依赖关系通过类路径中的运行时环境(即应用服务器)提供。因此，Maven 只需要将设置为 provided 的依赖关系包含在编译时的类路径中即可，而无需将已经出现在最终的 EAR、WAR 或 JAR 包中的 JAR 库文件也包含进来。

```xml
<project ...>
  <modelVersion>4.0.0</modelVersion>
  <groupId>seambook</groupId>
  <artifactId>maven-ear-example</artifactId>
  <packaging>pom</packaging>
  <version>1.0</version>
  <name>maven-ear-example</name>
  <url>http://maven.apache.org</url>

  <repositories>
    <repository>
      <id>official-repo</id>
      <name>The official maven repo</name>
      <url>http://repo1.maven.org/maven2/</url>
    </repository>
    <repository>
      <id>jboss-repo</id>
      <name>The JBoss maven repo</name>
      <url>http://repository.jboss.org/maven2/</url>
    </repository>
  </repositories>
```

```xml
<dependencyManagement>
  <dependencies>
    <dependency>
      <groupId>javax.servlet</groupId>
      <artifactId>servlet-api</artifactId>
      <version>2.5</version>
      <scope>provided</scope>
    </dependency>

    <dependency>
      <groupId>javax.ejb</groupId>
      <artifactId>ejb-api</artifactId>
      <version>3.0</version>
      <scope>provided</scope>
    </dependency>

    <dependency>
      <groupId>org.hibernate</groupId>
      <artifactId>hibernate</artifactId>
      <version>3.2.5.ga</version>
      <scope>provided</scope>
    </dependency>
    <dependency>
      <groupId>org.hibernate</groupId>
      <artifactId>hibernate-entitymanager</artifactId>
      <version>3.3.1.ga</version>
      <scope>provided</scope>
    </dependency>
    <dependency>
      <groupId>org.hibernate</groupId>
      <artifactId>hibernate-annotations</artifactId>
      <version>3.3.0.ga</version>
      <scope>provided</scope>
    </dependency>

    <dependency>
      <groupId>org.hibernate</groupId>
      <artifactId>hibernate-validator</artifactId>
      <version>3.0.0.ga</version>
      <scope>provided</scope>
    </dependency>

    <dependency>
      <groupId>org.jboss.seam</groupId>
      <artifactId>jboss-seam</artifactId>
      <version>2.0.0.GA</version>
      <exclusions>
        <exclusion>
          <groupId>javax.el</groupId>
```

```xml
        <artifactId>el-api</artifactId>
      </exclusion>
    </exclusions>
  </dependency>

  <dependency>
    <groupId>org.jboss.seam</groupId>
    <artifactId>jboss-seam-ui</artifactId>
    <version>2.0.0.GA</version>
    <exclusions>
      <exclusion>
        <groupId>javax.el</groupId>
        <artifactId>el-api</artifactId>
      </exclusion>
    </exclusions>
  </dependency>

  <dependency>
    <groupId>org.jboss.seam</groupId>
    <artifactId>jboss-seam-debug</artifactId>
    <version>2.0.0.GA</version>
    <exclusions>
      <exclusion>
        <groupId>javax.el</groupId>
        <artifactId>el-api</artifactId>
      </exclusion>
    </exclusions>
  </dependency>

  <dependency>
    <groupId>org.jboss.seam</groupId>
    <artifactId>jboss-el</artifactId>
    <version>2.0.0.GA</version>
    <exclusions>
      <exclusion>
        <groupId>javax.el</groupId>
        <artifactId>el-api</artifactId>
      </exclusion>
    </exclusions>
    <type>jar</type>
  </dependency>

  <dependency>
    <groupId>com.sun.facelets</groupId>
    <artifactId>jsf-facelets</artifactId>
    <version>1.1.14</version>
  </dependency>

  <dependency>
    <groupId>javax.faces</groupId>
    <artifactId>jsf-api</artifactId>
```

```xml
      <version>1.2_04-p02</version>
      <scope>provided</scope>
    </dependency>

    <dependency>
      <groupId>javax.faces</groupId>
      <artifactId>jsf-impl</artifactId>
      <version>1.2_04-p02</version>
      <scope>provided</scope>
    </dependency>
  </dependencies>
</dependencyManagement>
  <modules>
    <module>ejb</module>
    <module>war</module>
    <module>ear</module>
  </modules>

  <build>
    <plugins>
      <plugin>
        <artifactId>maven-antrun-plugin</artifactId>
        <executions>
          <execution>
            <id>echohome</id>
            <phase>validate</phase>
            <goals>
              <goal>run</goal>
            </goals>
            <configuration>
              <tasks>
                <echo>JAVA_HOME=${java.home}</echo>
              </tasks>
            </configuration>
          </execution>
        </executions>
      </plugin>
      <plugin>
        <groupId>org.apache.maven.plugins</groupId>
        <artifactId>maven-compiler-plugin</artifactId>
        <configuration>
          <source>1.5</source>
          <target>1.5</target>
        </configuration>
      </plugin>
    </plugins>
  </build>

</project>
```

ejb/pom.xml 文件则声明了 EJB 模块中各个类之间在编译时的依赖关系，并将这些依赖关系全部设置为 provided，因为这些依赖关系所对应的服务或功能由应用服务器或 EAR 中包含的库文件提供。请注意，这里提到的依赖关系是没有版本号的，因为它们由项目根目录中的父 pom.xml 文件继承而来。

```xml
<project>

  <parent>
    <groupId>seambook</groupId>
    <artifactId>maven-ear-example</artifactId>
    <version>1.0</version>
  </parent>

  <modelVersion>4.0.0</modelVersion>
  <groupId>seambook</groupId>
  <artifactId>maven-ear-example-ejb</artifactId>
  <name>maven-ear-example - ejb</name>
  <version>1.0</version>
  <url>http://maven.apache.org</url>

  <build>
    <finalName>ejb</finalName>
  </build>

  <dependencies>

    <dependency>
      <groupId>org.jboss.seam</groupId>
      <artifactId>jboss-seam</artifactId>
      <scope>provided</scope>
    </dependency>

    <dependency>
      <groupId>javax.ejb</groupId>
      <artifactId>ejb-api</artifactId>
      <scope>provided</scope>
    </dependency>

    <dependency>
      <groupId>org.hibernate</groupId>
      <artifactId>hibernate</artifactId>
    </dependency>
    <dependency>
      <groupId>org.hibernate</groupId>
      <artifactId>hibernate-entitymanager</artifactId>
    </dependency>
    <dependency>
      <groupId>org.hibernate</groupId>
      <artifactId>hibernate-annotations</artifactId>
```

```
      </dependency>
      <dependency>
        <groupId>org.hibernate</groupId>
        <artifactId>hibernate-validator</artifactId>
      </dependency>

    </dependencies>

  </project>
```

war/pom.xml 文件声明了 WAR 模块中的依赖关系。这些依赖关系与上面提到的 ejb/pom.xml 文件中的情况正好相反，不能设置为 provided。换句话说，不能设置为 provided 的依赖关系都放置在 WAR 的 WEB-INF/lib 目录中。此外，所有已编译的 Java 类都位于 WEB-INF/classes 中。

```
<project>
  <parent>
    <groupId>seambook</groupId>
    <artifactId>maven-ear-example</artifactId>
    <version>1.0</version>
  </parent>
  <modelVersion>4.0.0</modelVersion>

  <artifactId>maven-ear-example-war</artifactId>
  <name>maven-ear-example - web</name>
  <packaging>war</packaging>
  <url>http://maven.apache.org</url>
  <build>
    <finalName>maven-ear-example-war</finalName>
  </build>

  <dependencies>

  <dependency>
    <groupId>seambook</groupId>
    <artifactId>maven-ear-example-ejb</artifactId>
    <version>1.0</version>
    <scope>provided</scope>
  </dependency>

  <dependency>
    <groupId>org.jboss.seam</groupId>
    <artifactId>jboss-seam-ui</artifactId>
  </dependency>

  <dependency>
    <groupId>org.jboss.seam</groupId>
    <artifactId>jboss-seam-debug</artifactId>
  </dependency>

  <dependency>
```

```
    <groupId>com.sun.facelets</groupId>
    <artifactId>jsf-facelets</artifactId>
  </dependency>

  <!-- The "provided" dependencies are
       only need for compilation -->

  <dependency>
    <groupId>javax.servlet</groupId>
    <artifactId>servlet-api</artifactId>
  </dependency>

  <dependency>
    <groupId>org.jboss.seam</groupId>
    <artifactId>jboss-seam</artifactId>
    <scope>provided</scope>
  </dependency>

  <dependency>
    <groupId>javax.faces</groupId>
    <artifactId>jsf-api</artifactId>
  </dependency>

  <dependency>
    <groupId>javax.faces</groupId>
    <artifactId>jsf-impl</artifactId>
  </dependency>

  <dependency>
    <groupId>org.hibernate</groupId>
    <artifactId>hibernate-validator</artifactId>
  </dependency>

  </dependencies>
</project>
```

构建流程中最后执行的就是 ear/pom.xml 文件,它负责将 JAR 文件组装成为一个 EAR 文件。EAR 中的所有模块和 JAR 库文件都必须声明为依赖关系。这样就可以在脚本的 maven-ear-plugin 部分指定每个模块的类型，以及应该将其放置在 EAR 归档中的什么位置。Maven 将根据这些信息实时构建 application.xml 文件。同样，我们也可以在构建脚本中指定 JBoss 加载器，这样 Maven 就能自动生成一个 jboss-app.xml 文件。

```
  <project>

    <parent>
      <groupId>seambook</groupId>
      <artifactId>maven-ear-example</artifactId>
      <version>1.0</version>
    </parent>
```

```xml
<modelVersion>4.0.0</modelVersion>
<artifactId>maven-ear-example-ear</artifactId>
<name>maven-ear-example - ear</name>
<packaging>ear</packaging>
<url>http://maven.apache.org</url>

<dependencies>

  <dependency>
    <groupId>seambook</groupId>
    <artifactId>maven-ear-example-ejb</artifactId>
    <type>ejb</type>
    <version>1.0</version>
  </dependency>

  <dependency>
    <groupId>seambook</groupId>
    <artifactId>maven-ear-example-war</artifactId>
    <type>war</type>
    <version>1.0</version>
  </dependency>

  <dependency>
    <groupId>org.jboss.seam</groupId>
    <artifactId>jboss-seam</artifactId>
    <type>ejb</type>
    <version>2.0.0.GA</version>
    <exclusions>
      <exclusion>
        <groupId>javax.el</groupId>
        <artifactId>el-api</artifactId>
      </exclusion>
    </exclusions>
  </dependency>

  <dependency>
    <groupId>org.jboss.seam</groupId>
    <artifactId>jboss-el</artifactId>
  </dependency>

</dependencies>
  <build>
    <plugins>
      <plugin>
        <groupId>org.apache.maven.plugins</groupId>
        <artifactId>maven-ear-plugin</artifactId>
        <configuration>
          <jboss>
            <version>4</version>
            <loader-repository>exp:loader=exp.ear</loader-repository>
```

```
        </jboss>

        <modules>
         <webModule>
           <groupId>seambook</groupId>
           <artifactId>maven-ear-example-war</artifactId>
           <contextRoot>maven-ear-example</contextRoot>
         </webModule>

         <ejbModule>
           <groupId>seambook</groupId>
           <artifactId>maven-ear-example-ejb</artifactId>
         </ejbModule>

         <ejbModule>
           <groupId>org.jboss.seam</groupId>
           <artifactId>jboss-seam</artifactId>
         </ejbModule>

         <!-- The stuff that needs to go in the lib directory.
              They will not be included in application.xml -->

         <jarModule>
           <groupId>org.jboss.seam</groupId>
           <artifactId>jboss-el</artifactId>
           <bundleDir>lib</bundleDir>
         </jarModule>

        </modules>
       </configuration>
      </plugin>
     </plugins>
    </build>

</project>
```

Maven 的 pom.xml 文件在篇幅上可能要比 Ant 的脚本长得多，但是 Maven 在本质上是可声明的，这就使得 Maven 更容易学习和理解。

现在我们已经对 Maven 项目中的 EAR 文件的目录结构有了大致的了解。我们可以很容易地将这种 EAR 文件转换为 WAR 文件(针对基于 POJO 的 Seam 应用程序)。而且，实现这种 EAR 文件对测试的支持也很简单。更多有关 Maven 的细节，请参阅相关文档。

直接访问 Hibernate API

在本书的大多数示例应用程序中，我们使用 JPA(Java 持久化 API)来处理持久化逻辑，并选择 Hibernate 作为 JPA 实现。然而，作为一个处于 ORM 创新最前沿的开源框架，Hibernate 中的某些功能还没有标准化。特别是，JPA 还不支持如下功能：

- JPA 定义的查询语言不如 Hibernate 中的查询语言那么丰富。例如，JPA 不支持 Hibernate 的按条件查询和按示例查询；
- Hibernate 提供了更多的方法来管理处于分离状态的对象，而 JPA 仅仅只在 EntityManager 组件中提供了 merge()操作；
- Hibernate 中的对象类型系统也比 JPA 中更为丰富；
- Hibernate 提供了对扩展持久化上下文规模的更多控制。

如果需要使用这些功能，您必须直接使用 Hibernate API。如果您还在使用老版本的 Hibernate 代码(如果在现有应用程序中包含大量 XML 映射文件和查询语句，就属于此类情况)，那么也需要直接使用 Hibernate API。这就意味着在 Seam 组件中只能使用 Hibernate 的 Session 组件，而不能使用 JPA 的 EntityManager 组件。本目录中在使用的示例可以在 hibernate 示例中找到，该示例属于 integration 示例的一部分。

D.1 使用 Hibernate API

为了使用 Hibernate API 来管理数据库对象，我们将一个 Hibernate Session 组件(而不是 EntityManager 组件)注入到 ManagerPojo 类中。Hibernate Session 组件的 API 方法大致相当于 EntityManager 组件的类似方法，只是在方法名称上稍有不同。下面就是 ManagerPojo 类的 Hibernate 版本：

```
@Name("manager")
public class ManagerPojo {

  @In (required=false) @Out (required=false)
  private Person person;
```

```java
@In (create=true)
private Session helloSession;

Long pid;

@DataModel
private List <Person> fans;

@DataModelSelection
private Person selectedFan;

public String sayHello () {
  helloSession.save (person);
  return "fans";
}

@Factory("fans")
public void findFans () {
  fans = helloSession.createQuery("select p from Person p").list();
}

public void setPid (Long pid) {
  this.pid = pid;

  if (pid != null) {
    person = (Person) helloSession.get(Person.class, pid);
  } else {
    person = new Person ();
  }
}

public Long getPid () {
  return pid;
}

public String delete () {
  Person toDelete = (Person) helloSession.merge (selectedFan);
  helloSession.delete( toDelete );
  findFans ();
  return null;
}

public String update () {
  return "fans";
}

}
```

D.2　配置 Hibernate API

当引导(和注入)Hibernate 会话组件 helloSession 时，Seam 将在其类路径的 JAR 库文件中寻找 hibernate.cfg.xml 文件，而不是 persistence.xml 文件。下面就是 Hibernate 应用程序中的 app.jar 文件的目录结构：

```
app.jar
|+ ManagerPojo.class
|+ Person.class
|+ seam.properties
|+ hibernate.cfg.xml
```

hibernate.cfg.xml 文件与 persistence.xml 文件差不多有着相同的选项。hibernate.cfg.xml 文件负责构建某个 Hibernate 会话组件工厂，并使用工厂的名称在 JNDI 的名称空间 java:/ helloSession 下进行注册。请注意，我们必须将数据库实体 POJO 类的名称放置在 mapping 元素中；如果应用程序中包含有多个实体 POJO 类，那么就必须使用多个 mapping 元素。mapping 元素的作用就是告诉 Hibernate 读取这些类的 ORM 注解，并将其映射到数据库表。

```
<hibernate-configuration>
  <session-factory name="java:/helloSession">
    <property name="show_sql">false</property>
    <property name="connection.datasource">
      java:/DefaultDS
    </property>
    <property name="hbm2ddl.auto">
      create-drop
    </property>
    <property name="cache.provider_class">
      org.hibernate.cache.HashtableCacheProvider
    </property>
    <property name="transaction.flush_before_completion">
      true
    </property>
    <property name="connection.release_mode">
      after_statement
    </property>
    <property name="transaction.manager_lookup_class">
      org.hibernate.transaction.JBossTransactionManagerLookup
    </property>
    <property name="transaction.factory_class">
      org.hibernate.transaction.JTATransactionFactory
    </property>

    <mapping class="Person"/>
  </session-factory>
</hibernate-configuration>
```

最后，您必须在 components.xml 文件中引导 helloSession 组件。core:hibernate-session-factory 组件负责创建一个 Hibernate 会话组件工厂，core:managed-hibernate-session 组件则负责创建一个名为 helloSession 的 Hibernate 会话组件，该组件可被注入到 ManagerPojo 之中。需要注意的是，Hibernate 会话组件的名称必须与 hibernate.cfg.xml 文件中的 JNDI 名称相匹配，这样 Hibernate 才会知道由哪个会话组件工厂负责该会话组件的创建。

```
<components ...>

  <core:init debug="true"/>

  <core:manager conversation-timeout="120000"/>

  <!-- Bootstrap Hibernate -->
  <core:hibernate-session-factory/>
  <core:managed-hibernate-session name="helloSession"
                                  auto-create="true"/>
</components>
```

这就是要想使用 Hibernate API 而必须在持久层中进行的各项设置和操作。